图像灰色模型理论与算法

郑 列 李 刚 著

科学出版社

北　京

内 容 简 介

  本书首先介绍了灰色系统理论概况及本书所用的灰色理论基础，然后从路面裂缝自动检测的问题入手，对灰色理论与路面图像处理的吻合性进行诠释和分析，并进一步讨论了灰色系统理论在路面图像处理中的应用与发展现状，最后从基于灰色序列算子的路面图像数据预处理技术、图像灰色模型（包括灰色图像关联度模型、图像灰熵模型、图像灰色预测模型），以及灰色图像处理算法（包括灰色图像滤波算法、灰色图像对比度增强算法、灰色图像边缘检测算法）三个方面对灰色理论在图像处理领域的应用进行研究，附录给出了算法实现的 MATLAB 源程序核心代码。

  本书可作为高等院校计算机、测控、机电、应用数学、信息与计算科学和系统工程等专业的高年级本科生和研究生的学习参考书，也可供相关领域的技术人员阅读参考。

图书在版编目 (CIP) 数据

图像灰色模型理论与算法 / 郑列，李刚著. —北京：科学出版社，2017.6
 ISBN 978-7-03-052972-5

 Ⅰ. ①图… Ⅱ. ①郑… ②李… Ⅲ. ①灰色模型 Ⅳ. ①N945.12

中国版本图书馆 CIP 数据核字（2017）第 118052 号

责任编辑：任 静 / 责任校对：郭瑞芝
责任印制：张 倩 / 封面设计：迷底书装

科 学 出 版 社 出版
北京东黄城根北街 16 号
邮政编码：100717
http://www.sciencep.com

新科印刷有限公司 印刷
科学出版社发行 各地新华书店经销
*
2017 年 6 月第 一 版 开本：720×1 000 1/16
2017 年 6 月第一次印刷 印张：21
字数：415 000
定价：95.00 元
（如有印装质量问题，我社负责调换）

作 者 简 介

郑列，男，湖北英山县人，三级教授，硕士研究生导师，国家公费留学回国人员，2004～2014年任湖北工业大学理学院副院长，现任湖北工业大学理学院教授委员会主任，湖北省计算数学学会常务理事，湖北省大学数学教学指导委员会常务委员，湖北工业大学教师发展专家委员会主任委员，湖北工业大学学术委员会委员。主要研究方向为应用数学、应用统计与计算机应用技术。近年来主持完成国家人力资源和社会保障部留学回国人员科技活动择优资助项目、湖北省自然科学基金等省部级科研课题六项；公开发表独撰学术论文20余篇，其中多篇论文被SCI、EI收录，并有六篇学术论文分别获得湖北省自然科学优秀学术论文二、三等奖；出版大学数学教材三部；担任湖北省精品资源共享课"高等数学"的课程负责人。在数学基础理论研究、应用数学建模以及计算机应用技术等方面取得了一系列成果，是湖北省自然科学三等奖、湖北省高等学校教学成果二等奖的获得者。

李刚，男，湖北枝江人，副教授，2010年6月于武汉理工大学博士毕业，现为湖北工业大学理学院教师，2011年6月评为硕士研究生导师。主要从事灰色系统理论、图像处理、自动检测、应用数学与统计等方面的研究。近年来主持完成湖北省自然科学基金、湖北省教育厅优秀中青年项目、湖北工业大学博士科研启动基金等科研项目，参与了国家社会科学基金、国家自然科学基金、武汉市科技攻关基金等项目。以第一作者在国内外学术刊物上发表论文20余篇，其中已经被SCI或EI收录15篇。2015年6月入围湖北工业大学"第三届最受学生欢迎的教师"前30名，2015年12月获得湖北省第三次全国经济普查课题研究二等奖。

作者简介

序

　　灰色系统理论(简称灰色理论或灰理论)是华中科技大学邓聚龙教授于 1982 年首创的一门交叉学科，它通过灰生成的方式把系统内部蕴含的指数或近似指数规律性地予以呈现，用于解决"部分信息已知、部分信息未知"的"少数据、贫信息"领域。如今三十多年过去了，经过几代灰色系统理论研究者的努力，灰色系统理论已经逐步发展壮大，影响也日趋深入和更加广泛。今天虽然已经是大数据风起云涌的时代，各种云计算、并行式计算与分布式处理等大数据处理技术风生水起、日新月异，但是依然要看到相比于整个浩瀚无比的信息的海洋，我们能够所知、所见、所获的数据着实还是很有限的，世界对于我们仍然是"部分信息已知、部分信息未知"的。大数据时代，小数据的研究同样精彩！邓聚龙已然作古，但他留给人类知识宝库的财富——灰色系统理论的发展经历了时间的考验正蓬勃发展，并日趋强盛。目前灰色系统理论除了自身的理论框架正在完善，还广泛地应用到工业、农业、经济、军事等领域，并与其他学科领域交相融合，逐步形成灰色水文学、灰色历史学、灰色地质学等交叉与新兴学科分支。

　　随着不确定性理论与信息技术的快速发展，灰色系统理论逐步应用到数字图像处理领域中，并得到人们越来越多的关注。从宏观来看，数字图像数据是拥有基于大样本的海量数据的对象，但是从图像的微观领域来看，真正能决定或影响一个图像在人眼中的视觉或机器识别的关键却是当前像素及其紧邻的几个像素，其他像素随着距离当前像素越远，这种相关性大大降低。因此，灰色图像处理算法是应用小数据工具去解决大数据对象的小数据局部问题，是一种化整为零、化繁为简的科学思维的延伸与扩展。该书探索性地研究了灰色系统理论与图像工程对接的问题。作者在基于灰色序列算子的路面图像预处理技术、灰色图像模型及其相关算法方面做出了有益的探索，并取得了一些初步的成果。随着信息时代的发展，将灰色系统理论应用到图像处理中，给数字图像工程这门古老的学科注入了新鲜的血液，打开了新的理解角度和视觉层面。目前图像处理和灰色系统理论方面的书籍很多，但是结合两者的书籍仍然非常有限，希望该书的出版能够为从事图像处理、灰色系统理论、信号处理、自动控制与系统工程等方面的教师、学生和科技工作者提供一种参考和借鉴，也为正在形成和发展中的"灰色图像学"添砖加瓦，做出应有的贡献。

前　言

  近年来，随着国家交通基础设施建设的完善，全国大多数省份均建设完成了超长里程的高等级公路，并逐渐形成了十分复杂的纵横交错的道路网格形状。这极大地方便了人们的出行，也积极促进了交通运输事业的发展，"要想富、先修路"的理念也更加深入人心，与此同时也带来了大量繁重和耗费巨大的后期维护任务。由于传统的人工、半人工的路面检测方式存在效率低、耗费大、安全隐患多等弊端，越来越多的专家与技术人员投入路面自动检测的装置与技术研究中。由于路面自身的特点和路面图像在采集、传输、存储过程中仍然不可避免地会引入噪声、阴影、图像畸变等病害特征，目前很多学者都将研究的重点转向了对采集后的路面图像进行去噪、滤波、增强、边缘检测等预处理与裂缝目标的分割阶段，而且这一环节的处理质量将直接影响到后期的识别、分类等裂缝检测的效果。常规的图像处理技术在对路面图像的预处理与分割算法中发挥了重要作用，但是，随着路面状况的复杂化和对检测要求的进一步提高，传统的常规数字图像处理技术已经不能满足要求，人们将眼光转向了一些新兴的、特殊的数学分支与工具，寄希望于这些特殊的算法能够带来路面图像处理质量的飞跃。于是，模糊数学、数学形态学、马尔可夫随机场、神经网络等方法先后被应用到路面图像裂缝检测的研究中。

  灰色系统理论应用到数字图像处理中的时间并不长，把它应用到路面图像裂缝检测中的做法鲜有报道。我国对路面自动检测设备和算法的研究起步晚于世界上主要的发达国家，目前研究的整体水平也滞后于发达国家，但是可喜的是研究的步伐已经迈开并且迅速发展。本书以蓬勃发展的灰色系统理论为工具，以日益庞大的灰色系统理论研究群体和日益强大的研究实力为背景，提出将灰色关联分析、灰熵理论、灰色预测模型等灰色系统理论知识应用到对路面裂缝图像的去噪或滤波、增强和边缘检测中，并与基本的数字图像处理技术、模糊数学等特殊工具相结合，旨在进一步提高路面图像的预处理与裂缝目标的分割效果，为蓬勃发展的中国交通公路事业的进步做出应有的贡献，也为让国人引以为豪的灰色系统理论进一步走向世界，得到更加广泛的研究人士的认知、认可和应用而不懈努力。

  本书以当前公路建设过程中的路面裂缝自动检测技术为出发点，通过对路面图像特点的分析，挖掘出路面裂缝图像的灰色特性，将新兴的灰色系统理论知识应用到对路面图像的预处理与分割中，旨在提高路面图像的质量和目标检测效果，为路面裂缝图像的后期处理，即裂缝识别、自动测量与计算、裂缝分类等相关操作奠定基础。

  本书的部分内容来源于作者多年来的科研项目成果与最新研究思想的总结。全书共分9章（外加1个附录）：第1章介绍了灰色系统理论概况以及本书所用的灰理论基础；

第 2 章从路面图像处理的起源和发展状况入手,论证了灰色系统理论应用到路面图像处理算法的可行性与吻合性;第 3 章对路面图像自动检测技术的概况与发展状况进行了综述,并介绍了图像滤波、对比度增强、边缘检测等主要算法的思想与结构;第 4 章探讨了基于灰生成算子的路面图像数据预处理技术;第 5 章研究了灰色图像关联分析、灰色图像关联熵、灰色图像预测模型为主的图像灰色模型;第 6~8 章则分别从灰色图像滤波、灰色图像对比度增强、灰色图像边缘检测三个方面详细地给出了十几种图像预处理与分割算法,探索了灰色系统理论在图像处理领域的应用;第 9 章对全书进行了简要的总结,同时提出了一些值得继续探讨的问题。由于本书主要研究了图像灰色模型的理论与算法,更侧重于灰色模型在图像处理算法中的实施与应用,所以本书的附录部分给出了算法实现的主要 MATLAB 代码,进一步增进了算法的完整性和可读性。

　　　本书的主要内容和整体框架结构如下图所示。

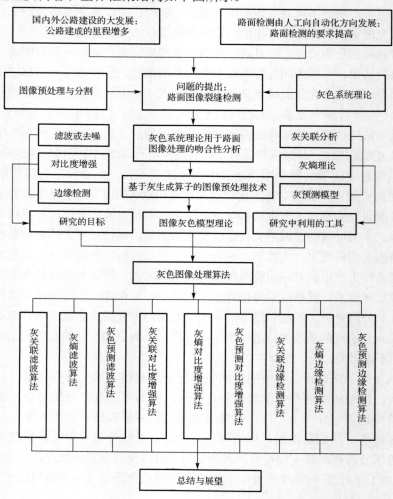

　　本书由湖北工业大学理学院郑列和李刚一起策划、共同执笔和统一定稿，其中郑列负责第 1～4 章(约 10 万字)，李刚负责第 5～9 章和附录(约 31.5 万字)。本书的部分研究成果得到了国家自然科学基金项目"基于矩阵分析的灰序列生成预测建模及应用研究"(项目编号：70471019)、湖北省自然科学基金青年项目"路面裂缝图像的灰序列生成建模与边缘判决关键技术研究"(项目编号：2015CFB632)、湖北省自然科学基金项目"无标定视觉伺服机械手运动控制关键技术研究"(项目编号：2016CFB653)、湖北省教育厅科学技术研究计划优秀中青年人才项目"基于灰熵的路面图像裂缝检测算法研究"(项目编号：Q20111408)、湖北省教育厅重点项目"面向芯片贴装的显微视觉在线检测技术研究"(项目编号：D20151406)、湖北工业大学绿色工业科技引领计划项目"复杂工业过程建模与产品质量控制"(项目编号：ZZTS2017010)、现代制造质量工程湖北省重点实验室及湖北工业大学"产品质量工程"研究院联合开放基金"基于统计分析方法的产品质量预测控制研究"(项目编号：201608)等国家、省市和学校基金项目的支持。同时，本书的完成也得到了武汉理工大学理学院肖新平教授、桂预风教授，湖北工业大学机械工程学院孙国栋教授、胡新宇博士，湖北大学计算机与信息工程学院刘斌教授等的真诚帮助，在此一并致谢。

　　由于作者水平有限，书中难免存在不足之处，恳请广大读者、同行专家批评指正。

作　者

2017 年 4 月于湖北工业大学

目　　录

第1章 灰理论基础

随着现代交通装备事业的发展，对路面图像的高速获取和实时检测已经不再是一个难题。在对路面图像的实时处理中，除了利用硬件设备提高检测效率和效果，各种软件系统也相继被开发出来。除了经典的概率统计、偏微分方程、随机分析理论，小波分析、数学形态法、粗糙集理论、神经网络、模糊理论等一些新兴的学科分支交相辉映，结合各种理论的智能算法在信息处理界形成百花齐放的格局。鉴于路面检测要求高速处理和实时判决的特点，正好与灰色系统理论擅长"少数据、贫信息"建模的优点相吻合，本书将灰色系统理论应用到路面图像的检测和处理算法中。由于灰色系统理论目前是一个庞大的体系，本章不可能面面俱到地阐述所有的基础理论，只能选取几个在本书中将直接应用的知识点进行介绍，以便为后面算法中的应用作铺垫。

1.1 灰色系统理论概述

灰色系统理论是 20 世纪 80 年代由华中科技大学邓聚龙首创的[1]。之后几十年里，灰色系统理论取得了飞速发展。它是一门由中国学者创立，主要在中国高速发展，并引起全世界的众多学者和专家关注与参与的一门新科学。目前，国内外众多的学术单位和创新团队加入了研究灰色系统理论的热潮。华中科技大学、南京航空航天大学、武汉理工大学、西北工业大学、武汉大学、陕西师范大学等众多大学与科研院所的硕士生和博士生正在进行卓有成效的研究。从最近几年举办的灰色系统理论国际会议的参会情况来看，灰色系统理论吸引了全世界很多学者的热烈讨论和积极参与；从参会人员的学科组成与分布来看，有经济、金融、机械、电子、生物、化工、材料、交通、水利水电、石油、矿产等，几乎遍布了所有的学科领域。由此可见，灰色系统理论使用范围的广泛性与深入性。世界上已经有专门的杂志(1989 年创办于英国的 *The Journal of Grey System*、2010 年英国著名 Emerald 出版集团创办新的期刊 *Grey Systems: Theory and Application* 等)来报道灰色系统理论最新的研究进展和学术概况。一大批学术专著和论文、教材等刊物也为灰色系统理论的发展注入了持续的活力和动力，其中，比较有影响力的有邓聚龙撰写的《灰理论基础》、刘思峰等撰写的《灰色系统理论及其应用(第 7 版)》[2]、肖新平等撰写的《灰技术基础及其应用》[3]、《灰预测与决策方法》[4]等。目前，在中国知网(CNKI)等国内知名数据库中，关于灰色系统理论的论文已经引起了较大反响和较高的文献引用量。在 EI、SCI 等国际著名论文收录数据库中，关于灰色系统理论的相关论文也引起了越来越多国际同行、专家和学者的关注与认可。以灰色系统理论为主题的国际会议、国内会议也引起了广大学者的热情参与和积极响应。2015 年 8 月，由 IEEE 灰色系统委员会、中国优选法统筹法与经济数学研究会灰色系统专业委员会发起，南京航空航天大学和英国 De Montfort 大学承办的第 5 届 IEEE 灰色系统与智能服务国际会议 (The 5th IEEE International Conference on Grey Systems and Intelligent Services (IEEE GSIS)) 在英国 De Montfort 大学召开；2016 年 4 月，第 28 届全国灰色系统学术会议在武汉理工大学成功举行。2004 年西北工业大学的谢松云获批国家自然科学基金 "基于灰色系统理论和机器学习的脑功能图像处理新方法和新技术研究"，2008 年陕西师范大学的马苗获批国家自然科学基金 "基于灰色理论的 SAR 图像分割及其效果评价方法研究"，这意味着灰色系统理论在图像处理中的应用已经得到了国家层面的基金项目支持。所有这些都说明了灰色系统理论正引起广泛的关注和广大学者孜孜不倦的投入，是一门正在迅速发展、具有光明发展前途的新兴学科。

概率统计、模糊数学、灰色系统理论是三种典型的不确定性系统研究方法和科学。概率统计的基础是康托尔集，是为了解决样本数据多但是缺乏明显数据分布规律的 "大样本不确定性" 问题的工具；而模糊数学的基础是模糊集，处理 "认知不确定性" 问题；有别于传统的不确定性理论 (概率统计、模糊数学)，灰色系统理论的基础是灰朦胧集，以善于 "少数据、贫信息" 的建模而得到飞速发展，即灰色系统理论是为了处理 "少数据不确定性" 问题而提出的；由此可见，三者的研究对象不同，因而处理方法也将不同。

灰概念的本质在于 "灰性"，是一种介于 "黑" 和 "白" 之间的过渡性；是指信息部分确定、部分不确定、部分完全确定、部分不完全确定的灰色系统；从运行机制上来看，它的结构、关系、模型、认知都是灰的。灰色系统理论的概念和定义包括灰数、灰数灰度的公理化定义、平射、序列、灰生成、灰靶理论等。

最后，我们要特别指出的是，灰色系统理论是中国学者首创的新的学科分支，除了邓聚龙，刘思峰、党耀国、肖新平等，还有一大批学者坚持奋战在灰色系统理论的科研和教学一线，兢兢业业、刻苦攻关，为灰色系统理论的成长壮大做出了卓越的贡献。

1.2　序　列　算　子

对序列算子的讨论和研究在最近几年得到了越来越多的学者的重视[2]。灰色系统理论的原理告诉我们，尽管客观世界的表象复杂、数据离乱，但是作为现实存在的一个整体来看，总有一定的客观内在规律隐藏其中，只是这种规律以一种不那么显性的方式存在着。我们研究序列算子的目的就是要利用各种灰生成的手段或途径，弱化灰色系统理论的不确定性，呈现和放大灰色系统内在的规律性。序列算子就是灰色生成的工具，主要用于挖掘信息系统内部的规律。

目前国内对序列算子的研究比较有名的除了华中科技大学的邓聚龙提出的开创性的初值化算子、均值化算子、区间值化算子、紧邻均值生成算子、累加生成算子、累减生成算子等，南京航空航天大学刘思峰课题组对这一问题的研究进一步将它推向了深入发展。目前级比生成、光滑比生成也用来处理序列端点值的生成，还有一些灰色生成的方式用来进行缺省数据的填补。只要经过修理的数据更有利于灰色建模，我们就可以说这种灰色生成的方式是可行的。

南京航空航天大学的谢乃明、关叶青分别在其硕博士论文[5,6]中分析了序列算子在灰色模型的预处理、灰生成及灰建模过程中的机理与作用，并对数乘变换算子、冲动扰动系统与缓冲算子、数据空穴与均值生成算子等灰生成序列的特性进行了深入的探讨，这些理论上的积累为结合图像纹理信息对新灰生成算子的定义与推导提供了样本与参照；肖新平、宋中民、李峰在著作《灰技术基础及其应用》中对灰生成技术的应用也提到"如果原始序列呈现递增趋势，采用传统累加生成；当呈现递减趋势时，可以采用反向累加生成对其进行变化"，这为结合原始序列特性合理使用灰生成算子打下了良好的基础。

序列算子的作用可以使得灰色序列的数据更加光滑，可以使得原始序列更适合灰色建模，这种对数据的加工技术可以进一步提高模型的精度，并扩大灰色模型的使用范围，使得灰色建模的对象不再狭隘地局限于某一类很显式地呈现指数规律性的数据序列，也就是说，哪怕原始序列最开始是无序可循的，如果经过序列算子的预处理能够建模，则这类数据适用于灰色系统理论建模。由此可见，对序列算子的研究意义不可小觑。

先来看一下目前比较常见的几大类算子的定义和内容。

定义 1.1[2]　设序列

$$X = (x(1), x(2), \cdots, x(k), x(k+1), \cdots, x(n))$$

$x(k)$ 与 $x(k+1)$ 为 X 的一对紧邻值，$x(k)$ 称为前值，$x(k+1)$ 称为后值，若 $x(n)$ 为新信息，则对任意 $k \leqslant n-1$，$x(k)$ 称为老信息。

定义 1.2[2]　设序列 X 在 k 处有空穴，记为 $\varphi(k)$，即

$$X = (x(1), x(2), \cdots, x(k-1), \varphi(k), x(k+1), \cdots, x(n))$$

则称 $x(k-1)$ 和 $x(k+1)$ 为 $\varphi(k)$ 的界值，$x(k-1)$ 为前界，$x(k+1)$ 为后界，当 $\varphi(k)$ 由 $x(k-1)$ 和 $x(k+1)$ 生成时，称生成值 $x(k)$ 为 $[x(k-1), x(k+1)]$ 的内点。

定义 1.3[2]　设 $x(k)$ 和 $x(k-1)$ 为序列 X 中的一对紧邻值，若有

(1) $x(k-1)$ 为老信息，$x(k)$ 为新信息；

(2) $x^*(k) = \alpha x(k) + (1-\alpha) x(k-1), \alpha \in [0,1]$；

则称 $x^*(k)$ 为由新信息和老信息在生成系数（权）α 下的生成值，当 $\alpha > 0.5$ 时，称 $x^*(k)$ 的生成是"重新信息、轻老信息"生成；当 $\alpha < 0.5$ 时，称 $x^*(k)$ 的生成是"重老信息、轻新信息"生成；当 $\alpha = 0.5$ 时，称 $x^*(k)$ 的生成是非偏生成。

定义 1.4[2]　设序列 $X = (x(1), x(2), \cdots, x(k-1), \varphi(k), x(k+1), \cdots, x(n))$，为在 k 处有空穴 $\varphi(k)$ 的序列，而 $x^*(k) = 0.5x(k-1) + 0.5x(k+1)$ 为非紧邻均值生成数，用非紧邻均值生成数填补空穴所得的序列称为非紧邻均值生成序列。

当 $x(k+1)$ 为新信息时，非紧邻均值生成是新老信息等权的生成。在信息缺乏难以衡量新老信息对 $x(k)$ 的影响程度时，往往采用等权生成。

定义 1.5[1]　设序列 $X = (x(1), x(2), \cdots, x(n))$，若

$$x^*(k) = 0.5x(k) + 0.5x(k-1)$$

则称 $x^*(k)$ 为紧邻均值生成数。由紧邻均值生成数构成的序列称为紧邻均值生成序列。

在 GM 建模中，常用紧邻信息的均值生成。它是以原始序列为基础构造新序列的方法。

在灰色关联分析中，我们要求序列的量纲处于同一个数量级以便于进行比较，需要对所有的序列实施初值化算子，从而得到初值像序列。

定义 1.6[1]　设 $X_i = (x_i(1), x_i(2), \cdots, x_i(n))$ 为因素 X_i 的行为序列，D_1 为序列算子，且 $X_i D_1 = (x_i(1)d_1, x_i(2)d_1, \cdots, x_i(n)d_1)$，其中 $x_i(k)d_1 = x_i(k) / x_i(1); k = 1, 2, \cdots, n$，则称 D_1 为初值化算子，X_i 为原像，$X_i D_1$ 为在初值化算子 D_1 下的像，简称初值像。

定义 1.7[1]　设 $X_i = (x_i(1), x_i(2), \cdots, x_i(n))$ 为因素 X_i 的行为序列，D_2 为序列算子，$X_i D_2 = (x_i(1)d_2, x_i(2)d_2, \cdots, x_i(n)d_2)$，其中 $x_i(k)d_2 = \dfrac{x_i(k)}{\bar{X}_i}, \bar{X}_i = \dfrac{1}{n}\sum_{i=1}^{n} x_i(k), k = 1, 2, \cdots, n$，则称 D_2 为均值化算子，$X_i D_2$ 为 X_i 在均值化算子 D_2 下的像，简称均值像。

定义 1.8[1]　设 $X_i = (x_i(1), x_i(2), \cdots, x_i(n))$ 为因素 X_i 的行为序列，D_3 为序列算子，且 $X_i D_3 = (x_i(1)d_3, x_i(2)d_3, \cdots, x_i(n)d_3)$，其中 $x_i(k)d_3 = \dfrac{x_i(k) - \min x_i(k)}{\max x_i(k) - \min x_i(k)}, k = 1, 2, \cdots, n$，则称 D_3 为区间值化算子，$X_i D_3$ 为 X_i 在区间值化算子 D_3 下的像，简称区间值像。

命题 1.1[2]　初值化算子 D_1、均值化算子 D_2 和区间值化算子 D_3 皆可以使系统行为数据序列无量纲化，且在数量上归一。一般地，D_1、D_2、D_3 不宜混用、重叠作用。实际使用时，应该根据实际情况选用其中一个。

定义 1.9[1]　设 $X_i = (x_i(1), x_i(2), \cdots, x_n(n))$，$x_i(k) \in [0,1]$ 为因素 X_i 的行为序列，D_4 为序列算子，且 $X_i D_4 = (x_i(1)d_4, x_i(2)d_4, \cdots, x_i(n)d_4)$，其中 $x_i(k)d_4 = 1 - x_i(k)$，$k = 1, 2, \cdots, n$，则称 D_4 为逆化算子，$X_i D_4$ 为行为序列 X_i 在逆化算子 D_4 下的像，简称逆化像。

命题 1.2[2]　任意行为序列的区间值像有逆化像。一般来说，区间值像中的数据皆属于[0,1]区间，故可以定义逆化算子。

定义 1.10[1]　设 $X_i = (x_i(1), x_i(2), \cdots, x_i(n))$ 为因素 X_i 的行为序列，D_5 为序列算子，且 $X_i D_5 = (x_i(1)d_5, x_i(2)d_5, \cdots, x_i(n)d_5)$，其中 $x_i(k)d_5 = 1/x_i(k)$，$x_i(k) \neq 0$，$k = 1$,

$2, \cdots, n$，则称 D_5 为倒数化算子，$X_i D_5$ 为行为序列 X_i 在逆化算子 D_5 下的像，简称倒数化像。

命题 1.3[2]　若系统因素 X_i 与系统主行为 X_0 呈负相关关系，则 X_i 的逆化算子作用像 $X_i D_4$ 和倒数化作用像 $X_i D_5$ 与 X_0 具有正相关关系。

定义 1.11[2]　称 $D = \{D_i \mid i = 1, 2, 3, 4, 5\}$ 为灰色关联算子集。

定义 1.12[2]　设 X 为系统因素集合，D 为灰色关联算子集，称 (X, D) 为灰色关联因子空间。

以上是关于序列算子的比较常见的定义和概念，它们共同搭建了灰生成算子的空间体系。研究和利用好灰生成算子，并进一步开拓灰生成算子的分支体系，对于提高建模的精度和水平、扩大灰色模型的使用范围、呈现客观世界的内在规律性具有重要意义。

1.3　灰　色　模　型

在灰色系统理论中，比较常见的灰色模型主要有灰色关联分析模型和灰色预测模型。这两大模型的用途不一样，建模的要求和使用范围、目的也不一样。但是，有的时候也有结合这两大模型处理同一个问题的不同方面。灰熵模型延续了信息熵、模糊熵等模型相关概念的一些元素，但是又融进了灰色理论的精髓，使得灰熵具备了更加强大的功能和作用。严格来说，前面介绍的序列算子也应当属于灰色模型的一个组成成分，只是由于序列算子在灰色生成过程中的作用特殊，同时在功能模块上又有一定的独立性，所以单独作为一节进行介绍也是为了引起大家的重视。为了不至于太多重复，本节在介绍灰色模型的数据预处理部分时，直接给出相关做法和步骤，不再过多重复序列算子的作用机理和意义。

1.3.1　灰色关联分析

作为用来衡量灰色系统内部各因素之间的相互关系的一个重要工具，灰色关联分析正成为灰色系统理论体系中一个十分重要的概念和部分。目前灰色关联分析正广泛应用于经济、金融、机械、电子、生物、化工等各行各业的统计与分析中。灰色关联分析自身的理论也在完善和发展中，从邓聚龙提出邓氏关联度开始，据不完全统计，目前已经有大约 20 种灰色关联分析模型被提出来，针对灰色关联模型的规范性、整体性、偶对称性、接近性的讨论和证明从来就没有停止过。与传统方法相比，灰色关联模型具有以下三个优点[7]：①不需要大量的样本数据；②不需要知道系统的具体统计规律；③不需要考虑各因素的独立性。此外，容易建模和分析能力强也是灰色关联分析受欢迎的一个因素。

1) 邓氏关联度

在灰色关联分析中，最经典的、应用最广泛的还是传统的邓氏关联度[1]。

设系统特征序列(参考序列)为

$$X_0 = \{x_0(1), x_0(2), \cdots, x_0(n)\} \tag{1.1}$$

相关因素序列(比较序列)为

$$X_1 = \{x_1(1), x_1(2), \cdots, x_1(n)\} \tag{1.2}$$

$$\cdots$$

$$X_i = \{x_i(1), x_i(2), \cdots, x_i(n)\} \tag{1.3}$$

$$\cdots$$

$$X_m = \{x_m(1), x_m(2), \cdots, x_m(n)\} \tag{1.4}$$

令 $\xi \in (0,1)$ 为分辨系数，一般取 0.5，有

$$\gamma(x_0(k), x_i(k)) = \frac{\min_i \min_k |x_0(k) - x_i(k)| + \xi \max_i \max_k |x_0(k) - x_i(k)|}{|x_0(k) - x_i(k)| + \xi \max_i \max_k |x_0(k) - x_i(k)|} \tag{1.5}$$

$$\gamma(X_0, X_i) = \frac{1}{n} \sum_{k=1}^{n} \gamma(x_0(k), x_i(k)) \tag{1.6}$$

则 $\gamma(X_0, X_i)$ 适合灰色关联四公理的条件，称为 X_0 与 X_i 的灰色关联度；$\gamma(x_0(k), x_i(k))$ 称为 $x_0(k)$ 与 $x_i(k)$ 的灰色关联系数。

实际应用中，为了规范各序列的数据量纲，增强数据的可比性，计算灰色关联度前，一般要进行一个数据规范化处理；灰色关联度的计算步骤如下。

(1)将各序列初值化(均值化)

$$X_0' = X_0 / x_0(1) = (x_0'(1), x_0'(2), \cdots, x_0'(n)) \tag{1.7}$$

$$X_1' = X_1 / x_1(1) = (x_1'(1), x_1'(2), \cdots, x_1'(n)) \tag{1.8}$$

$$\cdots$$

$$X_i' = X_i / x_i(1) = (x_i'(1), x_i'(2), \cdots, x_i'(n)) \tag{1.9}$$

$$\cdots$$

$$X_m' = X_m / x_m(1) = (x_m'(1), x_m'(2), \cdots, x_m'(n)) \tag{1.10}$$

(2)计算差序列

$$\Delta_i(k) = |x_0'(k) - x_i'(k)| \tag{1.11}$$

$$\Delta_i = (\Delta_i(1), \Delta_i(2), \cdots, \Delta_i(n)), i = 1, 2, \cdots, m \tag{1.12}$$

（3）计算极差

$$M = \max_i \max_k \Delta_i(k), m = \min_i \min_k \Delta_i(k) \tag{1.13}$$

（4）求关联系数

$$\gamma_{0i}(k) = \frac{m + \xi M}{\Delta_i(k) + \xi M}, \xi \in (0,1), k = 1,2,\cdots,n, i = 1,2,\cdots,m \tag{1.14}$$

（5）得到关联度

$$\gamma_{0i} = \frac{1}{n} \sum_{k=1}^{n} \gamma_{0i}(k), i = 1,2,\cdots,m \tag{1.15}$$

2）灰色几何关联度

目前，典型的关联度模型除了邓氏关联度，常见的关联度模型还有点关联度、绝对关联度 I、绝对关联度 II、相对关联度、斜率关联度、B 型关联度、C 型关联度、T 型关联度、区间关联度 I、区间关联度 II、几何关联度等，一共有二十多种关联度的形式或类型。

下面重点介绍一下由谢乃明提出的一种新型关联度——几何关联度。

定义 1.13[8]　设参考序列 $X_0 = \{x_0(1), x_0(2), \cdots, x_0(n)\}$，比较序列 $X_i = \{x_i(1), x_i(2), \cdots, x_i(n)\}$，$i = 1,2,\cdots,m$。对它们进行始点零化变换

$$f : X \rightarrow Y \tag{1.16}$$

其中，$y_0(k) = x_0(k) - x_0(1)$；$y_i(k) = x_i(k) - x_i(1)$；$k = 1,2,\cdots,n$；$i = 1,2,\cdots,m$。再进行次初值单位化处理

$$s_0(k) = \frac{y_0(k)}{y_0(2)}, s_i(k) = \frac{y_i(k)}{y_i(2)}, k = 1,2,\cdots,n \tag{1.17}$$

$$\gamma(k+1) = \frac{1}{1 + |s_0(k+2) - s_i(k+2)|}, \quad k = 1,2,\cdots,n-2 \tag{1.18}$$

$$\gamma(X_0, X_i) = \frac{1}{n-2} \sum_{k=1}^{n-2} \gamma(k) \tag{1.19}$$

称 $\gamma(X_0, X_i)$ 为几何关联度。

1.3.2　灰熵理论

在传统的灰色关联分析中，灰色关联度等于各关联系数的算术平均值，这样的计算方法容易导致两种极端的情况：对关联系数等权的平均有可能造成关联度的值主要由灰色关联系数中较大的个别系数所决定，很大的关联系数有可能掩盖较小的关联系数在平均运算中的地位和分量，从而造成关联度不能反映各因素序列与系统特征序列

整体的相似情况；相反地，当要着重考虑和强调某一个重要的系统因素序列时，纯粹的平均运算又会导致"吃大锅饭"、抹杀个性的情况发生。后来，张岐山等基于灰色关联分析与熵理论，提出了灰色关联熵的概念，在一定程度上克服了这一情况的发生。

熵最初起源于热力学概念，迄今大约有 140 年的历史。香农将熵的概念引入信息论，指出熵是信息系统不确定性的度量。熵越小，信息越大，系统的不确定就越小；反之，熵越大，信息越小，系统的不确定性越大。灰熵是把经典熵理论与灰色系统理论相结合，产生的一个重要概念。

定义 1.14[9]　设 $X = \{x_i \mid i = 1, 2, \cdots, n\}$ 是一个有限离散序列，$\forall i, x_i \geqslant 0$，且 $\sum_{i=1}^{n} x_i = 1$，则称

$$H(X) = \begin{cases} -\sum_{i=1}^{n} x_i \ln x_i, & x_i \neq 0 \\ 0, & x_i = 0 \end{cases} \tag{1.20}$$

为序列 X 的灰熵。

从灰熵的定义可以看出，灰熵源于有限信息空间，而香农熵源于无限信息空间。

定理 1.1[9]　灰熵增定理：设 $X = \{x_i \mid i = 1, 2, \cdots, n\}$ 是一个有限离散序列，$\forall i, x_i \geqslant 0$，并且 $\sum_{i=1}^{n} x_i = 1$，则任何使得 X 的各分量均等的变化，哪怕使 X 的各分量趋于常数列的变化，都会使式(1.20)所定义的灰熵值增加。

从灰熵增定理可以发现，序列的灰熵值越大，序列各分量就越均衡；反之，序列的灰熵值越小，序列各分量的相异程度就越高。我们可以用灰熵来度量序列均衡程度的大小。

特别地，当序列 X 的各分量相等时，即 $x_1 = x_2 = \cdots = x_n$，灰熵取得极大值，并且极大值为

$$H_m = \ln n \tag{1.21}$$

即灰熵的极大值只与序列各分量的个数有关，与分量的大小无关。

定义 1.15[9]　设 $X = \{x_i \mid i = 1, 2, \cdots, n\}$ 是一个有限离散序列，$\forall i, x_i \geqslant 0$，并且 $\sum_{i=1}^{n} x_i = 1$，则称

$$B = \frac{H(X)}{H_m} \tag{1.22}$$

为序列 X 的灰熵的均衡度。其中，$H(X)$、H_m 分别由式(1.20)、式(1.21)确定。灰熵的均衡度是灰熵的一个相对测度指标。

一般地，我们可以通过灰色关联分析来计算灰关联熵[10]。

对于式(1.14)，我们增加几步就可以得到灰关联熵：

(1)接式(1.14)，将其进行归一化，得到

$$\gamma'_{0i} = \frac{\gamma_{0i}}{\sum_{i=1}^{m} \gamma_{0i}}, i = 1, 2, \cdots, m \tag{1.23}$$

(2)计算灰关联熵与其平衡度

$$H = -\sum_{i=1}^{m} \gamma'_{0i} \ln \gamma'_{0i} \tag{1.24}$$

$$B = \frac{H}{\ln m} \tag{1.25}$$

本书充分挖掘灰熵理论蕴含的机理，努力从图像的噪声去除、图像增强、边缘检测等方面寻找灰熵与算法实现的结合点和应用点，深入探讨了灰熵在图像加权滤波中权值选择、在图像边缘检测中阈值选取、对比度增强系数的扩大等方面的应用。目前，香农熵、模糊熵的发展和应用已经非常广泛。灰熵是灰色系统理论中的重要概念，作为度量各系统分量的离散或集中程度的一个测度，在社会各行各业的应用起步相对较晚。正如灰色系统理论起步晚但是发展快的现象，对灰熵的研究也正在引起广大学者的广泛注意与兴趣。在图像处理界，灰熵的应用也尚处于起步阶段。本书所做的研究是一个大胆的尝试。从理论上探讨灰熵的其他形式与内涵，并与香农熵、模糊熵相结合，探讨图像处理中更多的灰熵理论的切入点，进一步改进算法的实现机理，将是后续需要考虑的问题与方向。

1.3.3　灰色预测模型

灰色预测模型是灰色系统理论的核心内容和经典部分。自从灰色系统理论诞生之日起，灰色预测理论就引起了广大学者和专家的浓厚兴趣。与传统的回归预测模型不同，灰色预测模型在少数据(一般认为最少 4 个样本数据)、贫信息的建模情况下就可以取得较好的精度，克服了传统统计方法建模需要大容量的样本数据库的缺点。

灰色预测模型的基本过程为：首先灰色预测模型通过对原始序列的累加生成，使得灰色系统蕴含的指数规律得以呈现，通过对一次微分方程的离散近似，建立带有参数的离散的灰色预测模型，借助最小二乘法对参数进行估计；然后对新生成的预测序列进行累减，还原得到原始序列的近似序列；最后对结果进行精度检验，对符合精度要求的拟合式进行时间延伸就可以得到预测序列。

1)GM(1,1)定义型

在灰色预测模型中，最经典的模型是 GM(1,1)模型，最早由邓聚龙提出，是目前影响最大、应用最广的形式，也称为 EGM。

定义 1.16[1]　设原始序列 $x^{(0)}$ 为非负序列

$$x^{(0)} = \left(x^{(0)}(1), x^{(0)}(2), \cdots, x^{(0)}(n)\right) \tag{1.26}$$

$x^{(1)}$ 为 $x^{(0)}$ 的一次累加生成序列

$$x^{(1)} = \left(x^{(1)}(1), x^{(1)}(2), \cdots, x^{(1)}(n)\right) \tag{1.27}$$

其中，$x^{(1)}(k) = \sum_{i=1}^{k} x^{(0)}(i) = x^{(1)}(k-1) + x^{(0)}(k)$，$k = 1, 2, \cdots, n$。

$z^{(1)}$（或称为背景值）是 $x^{(1)}$ 的紧邻均值生成序列

$$z^{(1)} = \left(z^{(1)}(2), \cdots, z^{(1)}(n)\right) \tag{1.28}$$

其中，$z^{(1)}(k) = 0.5 x^{(1)}(k-1) + 0.5 x^{(1)}(k)$，$k = 2, 3, \cdots, n$。

则称

$$x^{(0)}(k) + a z^{(1)}(k) = b \tag{1.29}$$

为 GM(1,1) 模型。

称与之对应的近似微分方程

$$\frac{\mathrm{d} x^{(1)}}{\mathrm{d} t} + a x^{(1)} = b \tag{1.30}$$

为 GM(1,1) 模型 $x^{(0)}(k) + a z^{(1)}(k) = b$ 的白化方程（或影子方程）。

定理 1.2[1]　设 $P = \begin{bmatrix} a \\ b \end{bmatrix}$，$Y = \begin{bmatrix} x^{(0)}(2) \\ x^{(0)}(3) \\ \vdots \\ x^{(0)}(n) \end{bmatrix}$，$B = \begin{bmatrix} -z^{(1)}(2) & 1 \\ -z^{(1)}(3) & 1 \\ \vdots & \vdots \\ -z^{(1)}(n) & 1 \end{bmatrix}$，由最小二乘估计参数法，

则 GM(1,1) 模型 $x^{(0)}(k) + a z^{(1)}(k) = b$ 的参数列满足

$$P = (B'B)^{-1} B'Y \tag{1.31}$$

定理 1.3[1]　设 P, Y, B 如定理 1.2 中所述，则

白化方程 $\dfrac{\mathrm{d} x^{(1)}}{\mathrm{d} t} + a x^{(1)} = b$ 的解为

$$x^{(1)}(t) = \left(x^{(1)}(1) - \frac{b}{a}\right) \mathrm{e}^{-at} + \frac{b}{a} \tag{1.32}$$

GM(1,1) 模型 $x^{(0)}(k) + a z^{(1)}(k) = b$ 的时间响应序列为

$$\hat{x}^{(1)}(k+1) = \left(x^{(0)}(1) - \frac{b}{a}\right) \mathrm{e}^{-ak} + \frac{b}{a}, \quad k = 1, 2, \cdots, n \tag{1.33}$$

原始序列的还原值为

$$\hat{x}^{(0)}(k+1) = \hat{x}^{(1)}(k+1) - \hat{x}^{(1)}(k) = (1 - e^a)\left(x^{(0)}(1) - \frac{b}{a}\right)e^{-ak}, \quad k = 1, 2, \cdots, n \quad (1.34)$$

其中，参数 $-a$ 称为发展系数，反映了序列的发展态势，即曲线变化的快慢；b 称为灰色作用量，是从背景值挖掘出来的数据，反映数据变化的关系，是内涵外延化的具体体现。

2）派生模型 $GM(1,1,C)$ [1]

从 $GM(1,1,D)$ 可以推导出派生模型 $GM(1,1,C)$ —— $GM(1,1)$ 内涵型，这个模型也是灰色预测模型中比较常见的模型之一。

$$GM\left(1,1,C\right)_1: \ x^{(0)}(k) = \left(\frac{1-0.5a}{1+0.5a}\right)^{k-2}\frac{b - ax^{(0)}(1)}{1+0.5a} \quad (1.35)$$

$$GM(1,1,C)_2: x^{(0)}(2) = \frac{b - ax^{(0)}(1)}{1 + 0.5a} \quad (1.36)$$

3）离散灰色预测模型[2]

$$GM(1,1,\mathrm{dis}): x^{(1)}(k+1) = \beta_1 x^{(1)}(k) + \beta_2 \quad (1.37)$$

$$\beta_1 = \frac{1-0.5a}{1+0.5a}, \beta_2 = \frac{b}{1+0.5a} \quad (1.38)$$

离散灰色预测模型最早由谢乃明和刘思峰提出。这个模型根据初值的不同，可分为始点固定的离散灰色预测模型（SDGM）、中间点固定的离散灰色预测模型（MDGM）、终点固定的离散灰色预测模型（EDGM）。这里的参数 β_1、β_2 除了可以由式（1.38）得到，还可以直接由以下运算得到

$$B = \begin{bmatrix} x^{(1)}(1) & 1 \\ x^{(1)}(2) & 1 \\ \vdots & \vdots \\ x^{(1)}(n-1) & 1 \end{bmatrix}, Y = \begin{bmatrix} x^{(1)}(2) \\ x^{(1)}(3) \\ \vdots \\ x^{(1)}(n) \end{bmatrix}, \hat{\beta} = \begin{bmatrix} \beta_1 \\ \beta_2 \end{bmatrix} = (B^{\mathrm{T}}B)^{-1}B^{\mathrm{T}}Y \quad (1.39)$$

注意，式（1.39）中的 B、Y 与定理 1.2 中的对应部分的取值略有不同。

1.4　小　结

本章介绍了本书应用的理论基础——灰色系统理论的相关知识点；介绍了灰色系统理论的产生、发展状况，并且简要介绍了灰色系统理论与概率统计、模糊数学等其他不确定性理论的不同与使用范围，介绍了灰色系统理论的基本概念与内容；并对本

书中重点用到的灰色系统理论的知识：序列算子、灰色关联分析、灰熵理论、灰色预测模型等做了详细的介绍，并简单地阐述了它们在本书路面裂缝图像处理中的应用机理，为它们在本书后面的章节算法中的应用作铺垫。值得一提的是，这里我们只是选取了几个比较有代表性的灰色模型种类进行介绍，在后面的实际算法应用中，还有更多灰色模型种类被应用进来。不同的模型种类，建模的过程也大同小异，但是最后产生的算法结果有的差别很大。比较和分析不同的模型种类对算法结果的差异有何影响也是我们要讨论和研究的问题之一。

第2章 路面图像灰色模型及其理论分析

本章首先介绍了研究问题产生的时代背景和来源的现实依据，从而引出了本书所要研究的问题本身——路面图像的裂缝检测；从路面图像的采集过程和裂缝检测的机理，阐述了路面图像的灰色特性，并从客观角度和主观角度阐述了路面图像在拍摄、传输、存储和预处理时的灰色性质的形成原因与机理；主张将灰色系统理论应用到路面裂缝的检测中。通过查阅大量国内外的相关文献，从基本的数字图像处理技术、模糊数学、神经网络、小波分析等方面，综述了现有的路面图像的预处理与分割、裂缝检测等方法；综述了现有的灰色关联分析、熵理论、灰色预测模型在图像处理方面的应用，引出了本书的理论基础和研究工具—灰色系统理论，为进一步将其包含的灰色关联分析、灰熵、灰色预测模型应用到路面图像的预处理与分割中提供启发、参考和借鉴。最后对本书的框架体系、内容安排、目标、方法等方面做了一个简单的介绍。

2.1 路面图像处理的现实起源

近年来，随着交通道路事业的大发展，全球公路的建设里程也以一日千里的速度与日俱增。公路建设里程的增加，随之而来地带来了大量繁重高强度的公路检测与维护任务。公路在使用过程中，由于行车荷载和自然环境的因素，路面将会产生裂缝等病害。裂缝的产生，对路面的承载能力、美观程度，对行车安全性、舒适性，对车辆轮胎磨损等诸多方面将会产生负面影响。特别是当雨水等物质通过裂缝渗透到公路路面以下时，侵蚀了路基以后，将会酿成灾害性的后果。由于传统的人工或半自动化的检测方式可能存在影响交通流、造成人员伤亡等意外交通事故、效率低下(需要人工测量、定位、拍照、记录等)、精度或稳定性差(手工的方式会因人而异、因时而异)、难以保证检测行为的制度化和规范化等诸多不便，已经不能满足现有的检测要求，于是公路路面的检测技术由人工方式向自动化检测流程发展便成为现代化发展的必然。公路路面的自动化检测经济实惠、安全可靠，便于数据存储与分析，便于形成周期化稳定的检测制度。国内外很多学者和专家都致力于对公路路面检测装置和算法的研究。近年来，高水准的摄像技术广泛应用于路面破损采集系统，高性能的传输设备和存储设备也日益普及，计算机性能相比以前也大大提高，意味着路面图像的高速度、高质量的实时采集已经突破硬件技术的瓶颈，不再是太大的技术难题。我国在路面自动检测方面的研究起步稍晚，研究水平也滞后于世界主要发达国家的先进水平，但是，我国自 20 世纪 80 年代末期开始研究，通过技术引进与更新，目前也取得可喜的研究成果，路面的自动检测车已经在我国多个省市正式运行。

路面裂缝的检测一直是路面病害检测中的重点与难点。目前，关于路面图像的自动采集设备的研究已经比较成熟。随着计算机、电子、摄像机等技术的发展，公路路面的自动检测设备的硬件也在不停升级换代并日臻完善。对采集的路面图像的后期数据处理与分析便成为当今研究的重点。

由于路面图像前期处理的水平和质量直接关系到后期对路面图像中的裂缝部分的边缘检测、轮廓提取与分割、识别分类、自动测量与计算等重要操作，所以很多学者结合路面图像的特点和裂缝检测的要求，纷纷寻找可靠的工具应用到路面图像的处理中。传统的路面图像的基本处理技术及其相互结合的复合思想与算法有均值滤波、中值滤波、并行运算、串行运算、各种梯度算子、统计方法等，它们的一个显著共同点就是将经典数学理论与传统数字图像处理技术相融合，并提炼出各种算法的精华进行综合考虑，衍生出功能更加强大的综合算子和复合算法。后来，随着数学、统计学、系统工程和其他工程学科、交叉学科与分支的异军突起与迅速发展，如模糊数学、统计学的新兴实用方法、小波分析、分形理论等，仿佛给路面图像的处理技术注入了一支强心剂，它们加紧了数字图像与数学工具的联系的紧密性，真正从内涵上打开了一扇扇提高数字图像处理技术的质量的窗口，特别是不确定性理论的提出，正好契合了路面图像的数据缺失与信息不稳定的状况，为打破图像处理技术依赖于经典数学理论、精确数学理论的瓶颈提供了可能。

在不确定性理论中，比较常见的有三大理论：概率统计、模糊数学、灰色系统理论[1]。概率论以康托尔集为基础，需要对大量的样本数据进行统计以得到分布规律，强调数据的历史关系和重复规律，而在路面图像的处理中，图像数据是分布在一个二维的平面上，不同分布位置的图像像素在时间上并不存在先后关系的问题，也就不具有统计规律，甚至由于路面图像中噪声的污染，路面图像中相邻区域的像素分布也没有明显的可比性，所以纯粹应用概率统计的方法来解决路面图像的预处理问题还不是很完善。模糊数学以模糊集合为基础，"立足于以经验为内涵的隶属度函数"，强调先验信息的作用，模糊集的元素的取值可以是介于 0～1 的任意一个数值。在路面图像的处理中，由于目标信息在由三维空间映射到二维平面时，本身存在信息缺失造成一定的模糊，对图像的边缘、纹理等特征量的定义也存在模糊性，对路面图像底层处理的解释也不可避免地存在模糊现象[11]，因此，将这种研究"认知不确定"的模糊数学应用到图像处理中就具有一定的适应性。但是，由于路面状况的复杂性、路面裂缝的多样性、路面图像遭重污染后的少数据性，隶属度函数的确定缺乏一定的先验经验的支持，这样就会带来一定程度上的"外延量化"的障碍。由此可见，纯粹应用模糊数学的手段来处理路面图像并不能达到预期的效果。灰色系统理论以灰朦胧集为基础，主要针对"既缺少数据，又缺乏经验"的"少数据不确定性"问题而提出的，为解决具有灰性的路面图像裂缝检测问题提供了一种工具和途径。

　　灰色系统理论以灰朦胧集为基础，以信息覆盖为依据，以灰生成为手段；灰概念的本质在于"灰性"，是一种介于"黑"和"白"之间的过渡性，强调信息的部分确定、部分不确定、部分完全确定、部分不完全确定。在路面图像的高速采集与实时处理过程中，不可能苛求数据的大量性（一般考虑紧接着图像邻域中心像素周围的几个像素）与信息的完备性（路面图像数据采集、传输与存储过程中不可避免地引入噪声污染与信息丢失），也没有先验规律可以借鉴（路面裂缝的多样性与复杂性导致图像数据不具有典型规律可循），而这些正是灰色系统理论所擅长解决的"既缺少数据，又缺乏经验"的"少数据不确定性"问题。因此，利用灰色系统理论来解决同样具有灰性的路面裂缝图像处理问题是非常吻合的。

　　图像灰色模型发挥灰色系统理论的"少数据、贫信息"的建模优势，从灰生成算子作用下的灰理论与路面图像数据的对接入手，通过灰生成的方式使路面图像系统蕴含的深层次原始信息得到展现，建立一系列适应性与针对性更强的灰色模型及其参数空间，并与路面图像数据的特点相结合，进一步衍生出灰色图像关联分析等为基础的灰理论框架体系分支，扩展了灰色系统理论的建模空间，是灰色系统理论自身的一次延伸和发展。

　　灰色图像处理算法以基本的数字图像处理技术为底蕴，构造灰关联滤波、灰熵滤波、灰预测滤波、灰关联增强、灰熵增强、灰预测增强、灰关联边缘检测、灰熵边缘检测、灰预测边缘检测等基本单元为核心的算法体系，优化与提升了现有路面裂缝自动检测过程中滤波、增强、边缘检测算法的运行效果与执行效率，实现了灰色系统理论与信息处理、路面自动检测技术的对接，具有重要的科学与现实意义。将灰色系统理论中的灰色关联分析、灰熵、灰色预测模型应用到路面图像裂缝检测中，充分利用了灰色系统理论在我国学术研究体系中强势地位和先进水平，发挥了灰色系统理论的"少数据、贫信息"的建模优势，也为拓宽灰色系统理论的应用领域开枝散叶、添砖加瓦。

　　本书主要研究了路面图像裂缝检测算法，兼具理论研究与应用研究，侧重于理论知识在算法思想构建、步骤统筹、框架搭建、结果分析中的应用，促进灰色系统理论在图像处理中的应用，对提高路面图像裂缝检测水平、发展中国公路路面自动检测事业具有积极的重要的意义。从灰色模型的建模机理出发，从内涵上改进、修正和新建真正适合路面图像特点的灰生成方法与图像化的灰色模型，解决现有模型要么处理质量欠佳，要么模型稳定性差等一系列问题，促进公路路面自动检测技术的进一步发展。

2.2　路面图像裂缝检测与灰色图像处理算法的发展

　　对采集的路面图像，由于采集过程中受光照、路面杂质、镜头成像、图像传输、存储等相关过程与因素的影响，图像可能存在灰度分布不均、噪声污染、灰度对比度不合理、边缘模糊等缺点，给后续的数据处理、轮廓提取、裂缝边缘、宽度、面积、深度的计算、裂缝的分类、破坏程度的判断带来困难，因此，设计合适的算法，对图像裂缝的特征提取前进行预处理和分割就显得尤为重要和关键。

下面对现有的路面图像的裂缝检测算法进行综述，通过阐述和对比，研究现有算法的设计思想和理念，争取总结出一定的针对路面图像中的裂缝进行处理的规律；通过综述灰色关联分析、熵理论、灰色预测模型在图像中的应用和发展，提炼算法的思想和精髓，希望能对灰色关联分析、灰熵理论、灰色预测模型在路面图像处理中的应用有所启发，探索到灰色系统理论与裂缝检测的结合点，为新算法的产生提供基础和支撑。

2.2.1　路面图像裂缝检测算法

对路面图像的处理算法已经吸引了世界上很多学者的关注和研究。目前，已经有大量的优秀算法相继被报道。本书根据算法提出的理论基础和实现所依赖的工具为标准，选取一些相关参考文献分类讨论现有算法的核心思想和做法。

1) 基于基本的数字图像处理技术的路面图像裂缝检测算法

路面图像一般通过架设在高速行驶的路面图像自动采集车上的摄像机自动拍摄，利用传输介质存储到计算机相关设备中，因此路面图像就是一种特殊的数字图像，只不过图像中的内容是路面的成像，而我们需要检测和提取的目标就是路面图像中的裂缝部分。有鉴于此，数字图像的一些优秀算法和思想自然可以应用到路面图像的处理中。

一般认为，含有裂缝的路面图像的直方图是单峰的，但是有文献认为含有病害区域的路面图像由于噪声的加入，图像直方图上的另外一个突起，即灰度直方图是双峰的，这时通过设定阈值，对于病害较为明显的区域，该方法是有效的[12]。对于特定的路面病害图像，文献[13]通过经典的 Sobel 边缘检测算子先检测出路面图像的边缘，然后通过计算图像中每一个被检测出的边缘个体的边缘周长，针对给定的路面图像，设定边缘周长小于 20 像素的为路面图像中"块头"较小的噪声，予以去除，否则予以保留，从而实现对病害路面的目标分割和边缘检测。但是，当路面病害图像的内容较为复杂时，在噪声的大小和形状并不均匀的情况下，采用 20 像素这个特征值来对病害和噪声进行区分，并不一定能取得较好的效果[13]。不过这种方法通过先进行路面图像的边缘检测，然后根据边缘的情况来去除噪声，不同于一般先进行噪声去除，再进行图像的增强和边缘检测的常规流程，给我们提供了一种非常规的值得借鉴的思想。

由于实际的路面表面的图像是不连贯和不清晰的，所以基于像素和邻接区域的图像处理方法不能够准确完整地把裂缝区分出来。为了解决这个问题，文献[14]提出了一种基于区域生长的复杂路面图像的裂缝自动检测算法。文献[15]利用区域生长技术来实现路面图像分割的目的，这种方法实现起来比较简单，容易理解，对像素分布比较均匀的图像可以取得较好的效果。但是，这种基于区域生长的方法需要人工设定种子点，主观性较强，当图像被噪声污染时，容易造成边缘的错误判断，形成一些不想要的空洞[12]。

文献[16]提到对路面状况的视频或图像的自动判读领域具有挑战性的问题之一是探测存在平均裂缝宽度小于 1/4 英寸①的低到中等程度的裂缝。文献[17]提出了一种适于高速、实时路面裂缝检测的图像处理算法。文献[18]的目标就是用数字图像处理技术来自动检测和识别路面裂缝；它用一个路面裂缝图像增强算法通过消除背景亮度变化的增殖因子，来校正不规则背景照明的影响；最后用基于 Beamlet 变换的算法从路面图像的表面裂缝中提取线性特征。

文献[19]提出新的快速自适应的路面图像的裂缝断点检测与连接算法。文献[20]指出，对于含有噪声的背景比较复杂的路面图像，可以利用 χ^2 统计假设检验的方法，得出这样一个结论，那就是"Contourlet 变换系数近似服从拉普拉斯分布"，通过"最大后验贝叶斯估计得出 Contourlet 系数的萎缩公式"，这样就能获得相对比较清晰的病害纹理图像，而仿真实验也证明了改进算法能在保持图像的裂缝边缘的同时抑制图像中的噪声。

文献[21]提出了一种将大津法(最大类间方差法)和最大互信息量相结合的算法。文献[22]认为路面图像的像素可以分为四类，设计了一种对图像中不同类型的像素点分别进行不同处理、滤除噪声、保存边缘的新算法。

文献[23]、[24]介绍了经典的非线性滤波器中值滤波算法在路面图像的去噪、增强等预处理中的应用；文献[25]重点介绍了以均值滤波、中值滤波、维纳滤波、最大类间方差分割法、全局直方图阈值化分割法等几种经典的图像处理算法在路面裂缝检测中的应用，分析了各种算法的思想与具体流程，为进一步实现对路面图像中的裂缝进行特征提取与计算奠定了基础。

在文献[26]中提到，为了避免传统的人工检测路面裂缝效率低、危险、浪费时间等缺点，提出了基于基本的图像处理技术的路面病害特征检测与提取算法。在文献[27]中，针对现有算法主要集中于路面图像的裂缝增强与分割，提出将直方图均衡化方法应用到路面图像的处理上；文献[28]中提出基于样本空间缩减与插值的实时图像阈值分割算法。

文献[29]中，首先利用直方图分析方法将路面图像中的标线从图像中去除，然后对图像进行二值化处理，采用图像分块的方法，通过对小子块的阈值分割来实现对整体路面图像的二值化。

文献[30]引入了邻域中心裂缝像素与其周围的非裂缝区域像素之间的对比度。文献[31]给出了一种新的利用统计方法识别路面图像的裂缝类型的算法。

---

① 1 英寸=2.54 厘米。

文献[32]先把路面图像中的裂缝进行矢量化处理，并根据矢量的方向把它们归为两类：纵向矢量和横向矢量；根据矢量的类型确定是横向裂缝还是纵向裂缝；并根据裂缝间的相对位置和围成的面积确定裂缝是龟裂还是块裂[33]。

文献[34]在对由 CCD 摄像机获取的路面裂缝图像处理中，提出了一种 8 个方向的 Sobel 模板，来对路面图像的裂缝等病害进行检测，噪声去除后，结合邻域窗口中加权邻域均值法来进行噪声去除，并用 Ostu 算法计算图像的分割阈值，从而实现对裂缝图像的边缘检测和裂缝提取。

路面图像在采集过程中，由于受光照或障碍物遮挡等影响，路面图像中会有一些阴影出现，这些阴影会严重影响对路面图像的自动识别与分类，文献[35]在基于差分阈值的基础上，建立了近似的图像背景光照模型，然后基于这一模型消除了路面图像的阴影。

文献[36]认为，在路面裂缝图像的检测中，可以先检测出一些点和线段，然后将这些点和线段连接成曲线段或曲线段网络，从而以此进行建模。文献[37]给出了路面自动识别系统的主要思想与流程。文献[38]提出了一种基于 Crack Tree 的完全自动的路面图像裂缝检测算法。文献[39]提出了利用增强的网格单元分析的沥青路面的裂缝检测算法。文献[40]提出一种非下采样 Contourlet 变换的路面裂缝检测算法。文献[41]提出了一种邻域差直方图的路面图像分割方法。文献[42]提出了一种利用圆形模型进行路面图像边缘检测的算法。文献[43]提出了一种多传感器融合模型的道路实时检测方法；文献[44]提出了基于 SIFT 算法的路面病害图像的接合技术。

2) 基于模糊数学的路面图像裂缝检测算法

针对传统的模糊增强算法存在运算速度比较慢、图像低灰度的局部信息存在丢失的情况[45-47]，文献[48]提出一种与梯度增强算子相结合的移植性与封闭性都很好的能对图像的局部区域进行增强的模糊增强算子，并引用最大类间方差法进行阈值的选取[49]，该算法在沥青路面的裂缝检测系统中取得了较好的效果。文献[50]把模糊熵引入图像的模糊增强算法中，利用模糊熵能度量图像中心像素邻域窗口的像素灰度的变化强度，从而寻找最佳的渡越点作为图像增强的灰度阈值。

宋洁等[51]提出了一种"基于金字塔与模糊聚类的路面图像拼接方法"。杜文靖等[52]在分析路面裂缝图像的像素特点的基础上，提出了利用模糊增强技术对路面进行增强，并对图像分割得到的结果利用图像跟踪技术进行孤立点与孤立块的消除。孙成波[53]对路面图像的模糊增强技术进行了介绍。

文献[54]利用在路面图像中，裂缝的像素灰度值一般较正常像素点的灰度值要低的特点[12]，并且裂缝像素在平面分布上具有一定的连续性，提出一种新的图像分割方法：首先给出经过差分处理后路面病害图像的模糊隶属度；然后对模糊隶属度中的待定参数用遗传算法确定，并进一步对路面图像进行模糊化处理；最后将路面中的目标利用连续性连接起来，形成完整的边缘目标。

3) 基于小波分析的路面图像裂缝检测算法

文献[55]提出了一种利用连续小波变换的路面图像的自动检测算法。

左永霞[56]在充分分析了路面图像裂缝的特性的基础上，以吉林省的相关高新技术项目为依托，采用了"小波包阈值去噪"的方法，对路面病害图像进行了去噪增强处理，使得路面图像的质量得到提高，为进一步的路面裂缝的识别奠定了基础；提出了一种基于分形特征的路面图像分割技术，使得图像中的裂缝得以检测。

文献[57]提出了路面裂缝检测的小波包去噪算法。

4) 基于 BP 神经网络的路面图像裂缝检测算法

初秀民等[58]基于图像分块的思想，提出了一种基于不变矩特征的路面病害图像识别方法。首先将图像等分成 64×64 像素的小图像块，并且用灰度差来刻画图像的各子块的特征，给出了一种"基于 BP 神经网络的子块图像的模式分类器"，用子块模式矩阵的不变矩来衡量图像整体的特征，并设计了"路面破损前馈神经网络分类器"。

文献[59]提出了一种基于神经网络的结合路面图像的灰度、纹理特征来判断路面图像的损害程度的方法，如估计路面裂缝的长度、面积等相关病害特征；实验也证明，该方法的效果远好于人工测量和判断的方法。文献[60]提出了一种快速的路面破损识别方法；文献[61]提出了基于神经网络的路面图像裂缝检测算法。文献[62]提出了一种基于 BP 神经网络的路面图像的裂缝自动识别方法。

5) 基于数学形态学的路面图像裂缝检测算法

文献[63]在滤除噪声的过程中，采用了多尺度的轮廓结构元素的开和闭运算，应用小尺度的轮廓结构元素提取图像的梯度图像，然后根据人眼视觉模型的仿生学原理，由背景灰度的亮暗层次将图像的区域分为"低暗区、中间区、高亮区"，然后应用不同的公式计算图像的阈值来实现对不同区域边缘的分割。实验表明，这种方法对图像的裂缝边缘检测效果较好。

文献[64]基于数学形态学理论，设计了一套路面图像的裂缝检测、连接、平滑、细化、测量等方法。文献[65]通过对路面裂缝图像的特点分析，针对路面图像中纹理走向的特点，构造了 8 个典型方向的 Sobel 模板，应用卷积的方式对图像的裂缝边缘进行检测，然后设定阈值使得检测结果二值化。如果检测结果中有不闭合的边缘，则这时可以用形态学方法中的全方位膨胀方法来连接邻近的相似边缘，从而形成闭合完整的边缘。

6) 基于偏微分方程的路面图像裂缝检测算法

文献[66]针对基本的偏微分方程模型和现有的图像融合方法难以处理复杂背景的路面图像的问题，提出了"将三种以上的基本模型加以融合的新方法"。实验证明，新方法在路面图像的噪声去除、裂缝边缘增强和检测中都取得了较好的效果。在偏微分方程的图像处理与分析中，比较成功的算法和例子有能有效去噪的同时较好地保持图像的边缘细节的各向异性扩散方程[66]，能拉大图像灰度拐点两侧的灰度差异的 Shock 滤波器[67]。

7) 基于分形理论的路面图像裂缝检测算法

针对路面裂缝图像的特点，文献[68]提出了一种基于分形理论的路面裂缝图像分割新算法，详细地讨论了路面表面裂缝分割的分形性质的优化过程，实验表明新算法能够准确地区分出路面表面裂缝的边缘。

8) 基于马尔可夫随机场的路面图像裂缝检测算法

文献[69]给出了一种利用马尔可夫随机场的方法提取路面图像中的裂缝边缘的方法。

9) 基于支持向量机的路面图像裂缝检测算法

文献[70]介绍了一种基于支持向量机的路面图像裂缝检测算法。

10) 基于其他综合方法的路面图像裂缝检测算法

唐磊[71]对路面图像的特点进行分析，设计了基于偏微分方程、模糊增强等算法进行路面图像的预处理；并且设计了对图像裂缝的地理位置进行精确定位的方法。马常霞等[72]提出了一种非下采样 Contourlet 变换和图像形态学的路面裂缝检测算法。

文献[73]综述了利用计算机进行路面图像处理的研究进展，讨论了公路路面的综合预处理算法，并实现了对裂缝和破损部分快速准确定位的路面图像分割算法，并且文献指出了利用图像处理技术进行路面状况的自动检测的国内外起源与发展过程。文献[23]对目前的路面裂缝图像的硬件实现平台、裂缝识别和检测算法、图像分割算法的发展和未来研究方向的状况进行了综述。除此之外，还有机器视觉检测[74]、人工智能等各种技术与图像处理技术相互融合，在路面图像处理技术中大放异彩。

综上所述，随着路面自动检测技术的发展，各种路面图像的处理技术形成了百花齐放的格局。本书重点介绍了基本的数字图像处理技术、模糊理论、小波分析、人工神经网络、数学形态学、偏微分方程、分形理论、马尔可夫随机场、支持向量机、其他综合方法等诸多数学分支在路面图像的采集、预处理(去噪或滤波、增强、边缘检测与分割)、裂缝的检测与识别、分类等方面的应用发展情况。这些新型的数学理论和分支与经典的数学理论、基本的数字图像处理技术相融合，形成了一支强大的技术生力军，为路面图像裂缝检测事业的发展做出了卓越的贡献。事实上，本书对现有的各种算法做了一个粗略的分类，值得声明的是，这个分类不是非常严格的，肯定存在误差和遗漏，因为随着各种新兴学科与交叉学科的发展，有时候很难用单一的理论与方法来实现对路面图像的优质高效的处理，结合多种思想与方法来实现综合处理与分析已经形成一种常态，这也是科技复合化发展的趋势。

前面各种理论在推动路面图像裂缝检测技术的发展方面所起的作用是不可磨灭的，它们提高了路面图像的预处理与分割的质量。但是，由于路面图像自身的特点，现有算法依然不能满足路面图像处理的质量要求和高速实时处理的效率要求，而依靠改进和完善现有的数学工具与方法还是不能取得预期的效果。要攻克这个技术瓶颈，只有结合路面图像裂缝检测的特性，另辟蹊径，换一个新的角度或层面来思考问题。灰色系统理论的产生，正好为我们提供了一个新的选择。

这里通过对现有的路面图像裂缝检测技术的综述，为我们熟悉和了解路面图像的裂缝检测的概况提供了一个参考，为本书中灰色系统理论知识在路面裂缝检测中的应用给出了一个范本，为灰色关联分析、灰熵、灰色预测等知识与实际应用的结合打开一扇窗口。接下来，我们需要挖掘灰色系统理论本身的内涵，以及在图像处理中的现有应用情况。

文献[1]对灰色系统理论的产生与发展状况，以及基本概念和公式等都有比较详细的综合性的介绍。文献[75]、[76]对图像处理的基本概念和做法也有一个系统的描述。文献[77]～[79]对灰色系统理论在图像领域的应用进行了综述与总结。文献[80]、[81]分别是基于灰色系统理论的图像处理方法的具有一定代表性的硕士论文。马苗等的《灰色理论及其在图像工程中的应用》[82]的出版，是灰色理论在图像中应用的一次比较全面的总结，为促进"灰色图像学"的产生和发展起到积极的作用。下面将以灰色系统理论中的灰色关联分析、熵理论、灰色预测模型分别在图像处理中的应用展开综述。

2.2.2　灰色关联分析在图像处理中的应用

灰色关联分析理论是灰色系统理论的重要组成部分，目前仍然在不停地发展与完善中。文献[83]针对传统灰色关联度定义的缺陷，提出了一类新的广义灰色关联度的计算方法；文献[84]对灰色关联度的计算方法进行改进，并给出了计算实例；传统的邓氏关联度中的分辨系数一般取值为 0.5，而且有文献指出，关联度中分辨系数的取值变化会影响关联度的排序，有鉴于此，文献[85]给出了一种新的 ρ 的选择方法。田民等[86]对现有的主要的几类灰色关联度模型进行了综述，分析了各个关联度模型的意义与计算公式。

田红鹏等[87]通过对工程图纸的像素进行分析，选定了两个非边缘点的参考序列，以及一组比较序列，从而通过计算两个参考序列与比较序列的关联度将含噪图像的像素进行分类，这样就可以在去除噪声的同时保持图像的边缘像素。

马苗等[88]通过对灰色关联理论和图像的像素分布规律进行分析，发现边缘点就是图像的边缘像素区域存在很大的灰度突变，理想的非边缘点就是像素区域的灰度值几乎完全相等；于是选定 5 个 1 作为邻域窗口的参考序列；以邻域窗口的中心像素及其上下左右的 5 个像素作为比较序列，计算参考序列与比较序列的邓氏关联度；很显然，关联系数越大，说明邻域窗口的像素越接近于理想的非边缘点，关联系数越小，说明邻域窗口的像素越远离非边缘点。故只需设定阈值，当邻域窗口的中心像素的关联系数大于阈值时，该中心点是非边缘点；否则就是边缘点。这样就能实现图像的边缘检测。

　　针对马苗等提出的基于灰色关联理论的图像边缘检测算法，2004 年 12 月，郑子华等[89]提出，可以利用灰色关联度概念中的灰色绝对关联度来实现图像边缘的检测；在该算法中，设定一个 9 个相等值的常数列为参考序列，设定 5 个中心像素的灰度值为一个序列，逐个间隔地把中心像素上下左右的像素灰度值安插到中心像素的序列中，构成一个 9 个元素的比较序列；然后计算参考序列与比较序列的灰色绝对关联度，设定阈值，提取图像边缘，对图像各个方向的边缘都有很好的检测效果。

　　武汉大学遥感信息工程学院的胡鹏等[90]认为，传统灰关联算法虽然取得了很好的效果，但是仍然存在以下一些问题：马苗应用的是传统的邓氏关联度进行计算的，而邓氏关联度的值依赖于两个极差的取值，当图像的邻域中存在极值时，这时关联系数就会受到影响，有可能造成图像同一邻域窗口中的灰色关联度比较高，区分度不是很高等问题，造成阈值的选取困难，为图像的自动化处理与分析带来不便；邓氏关联度的计算比较复杂，运算量相对较大。有鉴于此，胡鹏等指出，应用灰色斜率关联度来计算图像各个像素邻域的灰色关联度，然后设定阈值来提取边缘可以有效避免上述两个问题的出现。

　　李俊峰等[91]将灰色绝对关联度与 Log 算子相结合，把传统拉普拉斯算子与新提出的拉普拉斯算子的 4 个模板系数分别设置为参考序列，将邻域内各像素的灰度值作为比较序列，分别计算参考序列与比较序列之间的灰色绝对关联度。然后选取最大的关联度值与阈值进行比较，如果大于阈值，说明比较序列十分接近参考序列，该点的像素处于边缘区域；否则小于阈值，说明该点的像素远离参考序列，该点的像素是非边缘点。这种做法将灰色绝对关联分析与经典的图像边缘检测算法 Log 算子相结合，为挖掘灰色关联分析与经典算法的结合点提供了范例和契机。

　　文献[92]将灰色系统理论与层次分析法相结合，将灰色关联分析方法应用到军事决策领域。2005 年，Ma 等[7]通过对当前各种主流的图像去噪方法的研究，结合灰色系统理论中的 B 型关联度模型，提出了一种基于 B 型关联度的灰关联去噪算法。实验表明，利用 B 型关联度的灰色去噪算法对含有斑点噪声、椒盐噪声、高斯噪声的二值图像都具有较好的效果，并指出下一步的研究重点将是提高运行速度和将该算法推广到灰度图像与彩色图像领域中。文献[93]通过计算图像的邻域窗口中的各像素与邻域均值的邓氏关联系数，利用邻域中各像素值与其对应的关联系数的加权平均值作为邻域窗口的中心像素值，从而可以自适应地调节图像的滤波窗口中各个像素的权值，实现图像的自动加权均值滤波；实验最后也证明，基于灰色关联度的加权均值滤波算法的效果优越于传统的均值滤波算法；褚乃强[94]通过对基于灰色关联度的加权均值滤波算法进行分析，提出把灰色关联分析的滤波方法分为两个阶段：第一阶段主要是利用灰色关联度的排序进行噪声判别；第二阶段对邻域中的非噪声点去掉一个可能的异常点后再执行中值滤波。在文献[95]、[96]中，结合灰色关联度与图像的像素特点，将灰色关联分析应用到红外图像的滤波与边缘检测中。

　　Ma 等[97]针对带有特定噪声类型的 SAR（合成孔径雷达）图像中斑点噪声难以去

除、方法难以选择的特点，提出了利用灰色系统理论进行去噪的方法。在该方法中，可以根据图像邻域窗口的中心像素及其邻域像素的分布情况来将图像的窗口邻域中的像素分为三类：边缘像素、平滑区域的像素、噪声像素。取图像的邻域窗口的中心像素及其上下左右的 5 像素为比较序列，取这 5 个序列的平均值为参考序列，然后计算参考序列与比较序列的灰色关联度，最后设定阈值（该阈值称为去噪系数）。当邻域窗口中的灰色关联度小于阈值时，认为中心像素为边缘像素，应当得到保留；当邻域窗口中的灰色关联度大于等于阈值时，认为中心像素为噪声像素，这时可以用邻域窗口的均值来代替该中心像素；很显然，当去噪系数越小时，将会有越多的可能噪声点被去除，同时图像的边缘损失就会越大，反之亦然。

Feng 等[98]提出一种新的灰关联去噪方法。在该方法中，选取图像中 3×3 的窗口邻域中的横向、纵向、主对角线方向、副对角线方向四个主要的纹理方向上的 3 像素为一组，初始化后分别计算它们各自的灰色绝对关联度，如果在同一邻域窗口中，4 个灰色绝对关联度的最小值大于设定的阈值，则认为该邻域窗口的中心像素点是非噪声点，予以保留；否则，认为该中心像素点是噪声点，应当以该邻域窗口中的像素的平均值代替，从而去除了图像中的噪声。实验表明，无论高斯噪声还是非高斯噪声（如椒盐噪声），无论红外图像还是可见图像，该方法都能取得良好的效果。通过对峰值信噪比的实验，也从客观上证明了该方法的有效性。

Feng 等[99]通过对前人的灰色关联边缘检测算法进行分析，提出了一种新的红外图像的边缘检测算法：选取 5 个相等的零元素作为参考序列，选取邻域窗口的中心像素及其上下左右 4 像素作为比较序列，计算参考序列与比较序列的灰色绝对关联度，然后设定阈值进行边缘提取，并用"张孙细化算法"对检测出的边缘执行细化处理。

文献[100]首先用一个特殊的模糊隶属度函数将图像映射到模糊域，然后利用灰色关联度对图像像素的隶属度进行加权，最后利用模糊熵求取最佳的分割阈值，从而完成图像的分割。该方法将灰色关联分析与模糊熵方法完美结合，实现了灰色关联分析与其他理论方法交叉应用的一次成功范例。

现在一般应用中所使用的灰色关联度的计算是直接计算各关联系数的平均值，文献[101]利用熵理论计算出每一个灰色关联系数的权值，从而得到基于熵权的灰色关联分析方法。与传统关联分析方法相比，文献中的方法不仅利用了灰色关联系数的值的大小，而且可以充分利用每一个灰色关联系数所对应的其他信息，可以得到更为准确地反映事物特征的"熵加权灰色关联分析"。

从上面灰色关联分析在图像处理中的应用可以看出，灰色关联度可以用来度量图像局部区域中参考像素与比较像素之间的关联性，并利用参考序列与比较序列之间的几何相似性来测度这种关联性；通过利用灰色关联度与其他经典方法的结合，实现了图像处理质量的提高。这里，通过分析可以发现，灰色关联分析在图像中的应用主要注意参考序列、比较序列的数据选取问题，灰色关联度类型的选取问题。

2.2.3　熵理论在图像处理中的应用

　　熵理论原本是热力学中的概念，是用来表示分子混乱情况的一个测度，后来，随着熵理论的发展，熵的概念应用到很多其他领域和范围，归纳起来，关于熵的应用的概念主要分为三类：热力学熵、统计熵和信息熵。熵最早是由香农引入信息论的，由信息论的观点可知，熵是信息系统无序性的度量[102-104]。文献[105]把熵理论应用到深海资源图像的处理方法中。文献[106]结合模糊集理论，将模糊熵的概念应用到图像分割方法中，并且对现有的模糊熵分割方法进行总结，介绍了基于模糊熵最大的分割阈值选取方法和基于模糊熵最小的分割阈值选取方法，并且指出：究竟是用最大模糊熵还是最小模糊熵，选取的标准与隶属度函数的形式有关。在文献[11]中，提出了"基于模糊熵的图像边缘点特征向量的提取"方法，将模糊熵在图像处理中的应用发挥到极致。在文献[107]中，给出了模糊熵的修改形式，并给出了模糊熵在图像分割中的应用。

　　随着灰色系统理论的发展，Zhang 等[108]在 1994 年提出了灰数灰熵的概念，接着在 1995 年提出了离散序列灰熵的定义和灰熵增定理等不确定性决策方法的相关概念及其应用[109]；2006 年，杨玉中等[110]针对邓氏灰色关联分析存在的缺陷，在《系统工程理论与实践》杂志上撰文提出了可以弥补传统灰色关联分析方法不足的灰关联熵分析方法，明确指出"灰关联熵是一种灰熵"，并从灰关联分析的原理出发，给出了熵关联度等重要的定义与定理。

　　张岐山等关于灰熵论文的发表，是灰熵理论的产生和发展过程中一个具有里程碑意义的事件。此后，灰熵就以迅猛之势，在各行各业应用开来。文献[111]给出了基于灰熵的决策方法及其应用。李朝霞等[112]将灰色系统理论中灰靶技术与灰熵方法相结合，建立了一种新的综合评估的数学模型。文献[113]将灰熵理论与灰关联综合评价方法相结合，提出了一种灰熵加权的综合评价方案，并给出了所提出的理论在水利水电建设中的应用。

　　Ma 等[114]将灰熵理论与粒子群算法相结合，提出了一种快速的 SAR 图像分割算法；Yang 等[115]提出了基于灰熵的矿业企业经济效益的综合评价模型；Guan 等[116]提出了利用灰熵的方法进行绿色供应商的选择。

　　这里通过对熵理论到灰熵理论的综述，给出了灰熵理论的诞生和发展过程，介绍了熵理论在实际应用中的发展状况和水平，为本书进一步将其应用到路面图像的处理中提供了方法参考和切入点的启示。

2.2.4　灰色预测模型在图像处理中的应用

　　灰色预测模型是灰色系统理论的重要组成部分，也是整个灰色系统理论中的亮点和精华部分之一，已经引起了很多专家和学者的关注与研究。与传统的统计方法相比，$GM(1,1)$模型一般只有 4 个数据就可以建模，而且不用事先知道数据所满足的统计规律。目前，对 $GM(1,1)$ 的改进主要集中在两个方面：一是对原始数据进行灰生成的函数变换，提高原始序列的光滑程度；二是对背景值的生成公式进行改进，提高建模精度。

文献[117]、[118]分别提出了利用函数变换的方式来提高建模序列的光滑度，如正弦变换、余切变换。文献[119]、[120]分别对灰色预测模型的病态性和建模精度问题进行了讨论，并指出了合适的仿射变换可以将病态的灰色预测模型转化为完全良态的情形，为图像数据的灰色预测避免病态的出现提供了一个途径。针对灰色预测建模中背景值公式应用紧邻均值生成方法所带来的缺陷，文献[120]针对有学者在背景值生成过程中引入一个动态的参数 λ，λ 的值由模型本身的灰色发展系数 a 决定，提出了一种优化模型与初始发展系数的新算法。文献[121]对传统 $GM(1,1)$ 模型（EGM[2]）与直接 $GM(1,1)$ 模型（ODGM[2]）的性质进行比较和分析，并且指出两个模型都是近似指数模型，讨论了两个模型之间的差别，最后根据在具体例子中的应用情况对模型进行了分析。文献[122]提出了利用网格计算法进行灰色预测模型的参数估计的方法，它不仅可以避免利用最小二乘法进行参数估计过程中可能造成矩阵病态的问题，而且提高了建模精度。针对一维数据序列生成过程中的缺点，文献[123]通过利用一对极坐标变换公式，得到了二维数据序列的累加生成方式；针对一维序列的紧邻均值生成过程中前后数据等权生成的弊病，该文献提出了对前后数据有所侧重的变权生成方法。文献[124]提出了一种改进的背景值的建模方法，通过实例证明，改进的新模型的建模精度要好于传统模型的建模精度。文献[125]提出了一种改进的非等间隔的 $GM(1,1)$ 的背景值生成与建模方法。由于新方法优化了模型的结构，所以最后模型的拟合与预测精度都要高于传统的灰色预测模型的结果。

文献[126]提出了一种改进的灰色预测模型的图像去噪算法，主要的创新点有两个：一是在图像的邻域窗口中选取像素点时，充分利用了窗口的中心像素点的左边和上边的 4 个新生成的像素值，有效避免了图像的邻域窗口中的噪声像素在灰色预测建模时造成的干扰；二是对灰色预测模型的时间响应序列进行了改进，在对一次累加生成的预测公式中的指数部分除以一个参数 p，然后通过对参数 p 设定不同的值来对预测值进行调节，从而得到所需要的图像效果。

文献[127]提出了一种基于灰色预测模型的图像边缘检测算法，它通过从 8 个不同的方向对图像邻域窗口的中心像素进行预测，然后计算综合预测图像与原图像的对应像素的灰度差，设定适当的阈值，检测出图像的边缘。这种方法构思比较巧妙，但是实现起来比较困难，而且计算量比较大，算法叙述起来也比较复杂。

文献[128]设计了一款非常有用的灰色模型滤波器：首先通过 6 个卷积核算子检测出图像中噪声并进行标记；然后选取噪声点周围的邻域像素来形成建模序列，如果建模序列的元素个数大于 4，则对该点进行灰色预测建模，并且根据数据的波动和平滑情况分别选择 $SmoGM(1,1)$ 或者是 $UGM(1,1)$；如果建模序列的元素个数小于 4，则对该序列进行中值滤波。

文献[129]将 Canny 算子与 $GM(1,1)$ 模型相结合，提出了一种新的自适应的目标检测与跟踪的方法。文献[130]将灰色预测模型应用到图像的边缘检测中，它们都是利用灰色预测模型在图像的平滑区域预测精度较高，在图像的边缘区域预测精度较低，从而通过计算预测值与实际像素值的差，就可以看出该点处预测精度的大小。差值越大，该点就越可能是边缘点；差值越小，该点就越可能是非边缘点。与前面几篇文献所不同的是，灰色预测建模过程中对原始序列的选取对象的选取方法不一样，即在邻域窗口内按照什么方向、什么顺序，如何选取邻域像素，选取多少个邻域像素等，对这些问题的看法目前仍然是见仁见智，众说纷纭，尚未有完全一致的做法。

文献[131]将灰色预测模型应用到图像的去噪算法中，通过与传统的均值滤波、中值滤波相比，新算法在对椒盐噪声的去除方面能取得较好的效果。

从本书对灰色预测模型在图像处理中应用的综述来看，目前关于边缘检测的算法[132,133]几乎都存在一个共性，它们都应用了灰色预测模型在图像的边缘区域预测精度低、在图像的平滑区域预测精度高、利用精度差的大小就可以检测出边缘的原理。在灰色预测去噪方面，目前尚处于尝试阶段，可以借鉴和查阅的相关文献并不是很多，一般都是结合图像像素的局部分布规律进行统筹考虑。这也是克服和攻破的技术难点。

由上述可知，研究者对灰色理论在图像中的应用进行了一些有益的研究，但是仍然存在一些不足与需要解决的问题。主要表现在：①灰色系统理论本身还不完善，仍然处于成熟与发展的过程中。②灰色系统理论与图像数据的融合目前还处于探索与尝试阶段，虽然目前有一些零星的成果报道，但是尚未形成公认的、完整的、成熟的理论体系，尤其缺少对灰色理论自身图像化的探讨；由于图像像素分布在二维平面上，而现有的灰色建模要求的原始数据绝大多数都是一维的，当图像数据由二维平面映射到一维数据序列时，映射法则的确定目前尚无统一的做法，同时也不可避免地存在着图像空间信息与像素邻域属性的丢失；当直接或机械地应用图像灰度数据进行灰色模型的计算时，又可能会导致分母为零等模型病态的现象产生。这些硬伤的根本原因是目前缺乏对灰色理论图像化的理论上的改进与创新，缺乏真正适合图像数据二维性与整数化值域分布的灰生成算子和灰色图像模型。目前对灰色理论在图像处理领域的应用主要是机械地、拼接组合似的将少部分灰色模型嵌入图像的滤波、增强、边缘检测的过程中，并没有过多考虑灰色理论最初主要用于经济管理、自动控制、系统工程等一维数据领域，也没有进一步考虑图像数据自身的特点，大多数学者均是按照个人的喜好与理解在图像邻域窗口选取适当形状的数据进行建模，没有从灰色模型的建模机理出发，从内涵上改进、修正或新建真正适合路面图像特点的灰生成方法与灰色理论分支体系。因此，现有的方法要么在处理质量上欠佳，要么模型稳定性差，要么处理速度冗长，要么遗留一些小毛病与弊端有待解决。③目前对灰色理论在图像处理的应用主要集中在二值图像、SAR图像等特定的图像像素灰度分布相对简单的图像对象，对含有复杂裂缝信息的路面图像的灰色建模问题目前鲜有报道。

针对这些问题，作者利用灰生成方法、灰色图像关联度及其对应的灰关联滤波、灰关联对比度增强、灰关联边缘检测、灰熵边缘检测算法，改进了灰色预测模型。这些初步的试探做法在一定程度上弥补了现有算法的不足，对大部分路面裂缝图像处理取得了不错的效果，但是离现代优质高效的路面自动检测中对图像数据预处理与分割技术的要求仍然有不少差距。因此，深刻挖掘路面图像的灰色特性，建立基于新的灰生成技术的适合路面图像处理要求的灰色模型(灰关联、灰熵、灰预测模型)，完善和发展灰理论在路面图像处理领域的分支体系；以传统的路面图像预处理与分割算法为基础，辩证吸收现代经典数学的方法的精华，构建融合新的灰色图像模型的灰色图像去噪、灰色图像增强、灰色图像边缘检测的复合算法系列，促进路面图像自动检测技术进一步发展。

2.3　灰色系统理论与图像处理融合的理论分析

2.3.1　图像灰色模型

　　以路面裂缝图像为研究对象，在灰理论基本原理的框架范围内，研究与路面图像数据相适应的灰生成预处理新技术及其适定性规则,建立灰色图像模型(主要为灰色图像关联度模型、灰图像熵模型、图像灰预测模型)及其参数空间，以及融合灰生成算子与灰色图像模型的路面图像滤波、增强和边缘检测算法，并通过仿真实验与理论分析相结合的手段来评价和比较灰生成空间的路面图像建模机理与算法的性能，为促进灰色路面图像处理技术的发展提供理论支持。

　　1. 灰生成算子及路面图像数据预处理技术

　　针对路面图像数据缺省或畸变等问题，对现有的各类紧邻均值生成、累加生成、灰关联度算子、级比生成，以及强化或弱化算子等的性质与应用适定性进行实验与比较，找出每一种算子对同一类纹理特征的路面图像数据的优越性；并针对路面图像数据的整数化与值域分布特征，结合图像裂缝纹理与污损严重程度建立新的图像灰生成与平滑算子；根据适定性规则在路面图像自动处理中实现自动对接。具体为：研究三类路面图像数据预处理新技术，即丢失图像数据灰生成算子(包括各种形状的紧邻均值生成、指数型生成算子)、异常图像数据灰生成算子(包括灰色关联度算子与级比生成算子)，以及图像数据平滑算子(包括强化算子、弱化算子)的差异信息、级比偏差与作用机理等。探讨路面图像邻域内自适应的数据形状(或数目或顺序)选取与类型判别，最终实现灰生成算子及其相应参数的自适应选取，便于接下来的灰色图像建模。本书对基于灰生成算子的路面图像预处理技术的研究还处于初级阶段，这些想法和理论的完全实施还有很长的一段路要走。

　　2. 灰色图像模型及其衍生模型、附属参数理论体系

　　针对路面图像数据值域分布及纹理走向特点，对传统灰色关联分析、灰熵理论、灰色预测模型的内涵进行延伸，开拓适用于裂缝检测的灰色衍生模型，改进传统的灰关联、灰熵、灰预测模型，在灰生成算子主导下构建适合机器自动计算和程序编译的以灰色图像关联度、灰图像熵、图像灰色预测模型为代表的"灰色图像理论"。具体为：

主要研究三类灰色图像模型及其衍生模型群理论，即灰色图像关联度、灰图像熵、图像灰色预测模型。分析灰色关联公理和几种常见的灰色关联度的实现形式，并比较几种传统的关联度模型在路面图像处理中的联系和区别，探索灰色图像关联度模型的多种实现形式与理论依据；参考信息熵、模糊熵在图像处理中应用的多种形式，改进二维灰熵模型，推导和定义新的灰图像熵；比较 GM(1,1)定义型、GM(1,1)内涵型以及其他 GM(1,1)改进形式与修正模型在对路面图像数据的适应性方面的差别，研究图像灰色预测模型的建模机理与建模过程，以及模型中参数判决的粒子群算法、遗传算法等智能寻优技术。目前对"灰色图像理论"的研究已经引起了很多学者的注意。灰色关联度的形式目前已经有二十多种，灰熵也已经被扩展到二维领域，灰色预测模型的更新和改进也在如火如荼地进行中。但是由于图像工程和灰色理论结合的研究时间还不是很长，很多研究灰色理论的学者原本是数学、经济、管理等背景出身，而从事图像处理的学者可能对灰色理论这一块又相对比较生疏，所以目前对"灰色图像理论"的深层次研究还面临瓶颈，需要多学科、多领域背景的学者共同努力。

　　3. 路面图像的灰生成空间建模算法与仿真

　　深度挖掘图像信息系统内部的混乱程度指标，寻找路面图像在滤波、增强、边缘检测过程中的信息测度点，形成以灰色关联、灰熵、灰色预测模型为主导的自动参数判别与分析体系，构建以灰色滤波、灰色增强、灰色边缘检测等理论单元为基础的综合智能算法结构。具体为：灰色图像滤波(灰关联滤波、灰熵滤波、灰预测滤波)算法，灰色图像增强(灰关联增强、灰熵增强、灰预测增强)算法，灰色图像边缘检测(灰关联边缘检测、灰熵边缘检测、灰预测边缘检测)算法；探讨灰关联模型、灰熵模型、灰预测模型在实现同一图像处理算法功能(滤波或增强或边缘检测)时的联系与区别。例如，灰关联的原始序列两两相邻数据之间不能交换顺序，但是参考序列与比较序列整体同时倒序不改变灰色关联系数的值；灰熵的原始序列数据之间没有顺序，只与个数和大小有关；灰色预测模型的原始序列不仅两两相邻数据之间有顺序，而且不可以整体倒序，是对数据选取顺序最严格的一种模型。这种对原始序列数据顺序选取敏感性的差异也在一定程度上决定了它们各自最适应的图像纹理类型或图像邻域方块。

2.3.2　灰色系统理论用于路面图像处理的思路与实现

　　在微观分析时，探索路面裂缝图像中含丢失数据序列、单个异常值点序列、多个异常值点序列等非光滑序列处理的灰生成算子，并通过矩阵分析和测度运算研究这些灰生成算子对图像邻域原始序列的数据处理机理(包括差异信息及其信息测度、凸性、级比、光滑比性质等)，影响灰关联、灰熵、灰预测模型建模精度与稳定性的相关因素(包括级比生成的数据填补、累加生成与紧邻均值生成过程中次数与光滑度，以及相关调节参数因子自适应变化问题)。

在宏观综合时，通过考察灰关联、灰熵、灰预测模型在路面图像边缘检测过程中的联系和作用来了解模型的宏观性质，为此研究适合不同序列(非线性较强或较弱、单调递增或递减或不单调、单变量或多变量)的灰色模型，以此适应于路面裂缝图像中的数据残缺、数据遭污染突变、平面图像二维数据的一维化问题，并利用模糊数学、粒子群算法、遗传算法等智能算法寻求模型及其相关参数因子的求解方法，结合测度论、信息论、系统科学等相关理论来探索算法的综合评价机制与标准。

1. 灰生成算子与路面图像数据预处理技术的对接

灰生成算子是对灰色序列的一种数据预处理的工具和手段。灰生成技术和手段原本就是灰色信息处理与建模的一部分。在邓聚龙的《灰理论基础》中，灰生成的内涵分为三类：层次变换、数值变换、极性变换，具体实现形式有初值化生成、均值化生成、区间值化生成，以及累加生成、累减生成等算子。刘思峰提出缓冲算子及其公理化系统、级比生成等序列算子，并认为对于现实系统看似离乱的数据中必然蕴含着某种内在的规律，选择合适的方式就可以挖掘其内部隐含的规律性；肖新平等提出仿射变换生成、函数变换生成、广义累加生成、反向累加生成、线性累加生成、非线性累加生成空间等概念和方法。现有的灰生成技术已经为灰色原始序列的预处理提供了很多选择和手段，目前的难点主要是结合图像数据的特点选择合适的灰生成方式，或者开创新的灰生成序列算子和方法。

主要思路是利用并改进已有的灰生成算子(累加生成或紧邻均值生成等)以更好地适用于路面图像邻域数据的建模，可根据路面图像数据的实际情况综合考虑序列的光滑性以及凸凹性，来选择合适的灰生成处理算子；利用非均值生成、级比生成或光滑比生成算子处理丢失数据或突变数据，利用灰色关联度给出异常值填补后的精度标准，并利用强化(或弱化)算子来平滑波动数据，讨论这些灰生成算子在提高图像数据序列的光滑性或连续性方面的差异，以及对模型精度的影响。

2. 灰色图像模型的建立与拓展及其理论分析

灰关联、灰熵、灰预测模型是灰色理论的重要组成部分。从灰色理论的建模机理出发，深度剖析灰色理论的内涵和外延，结合路面图像数据的特征(灰度图像的像素值域是介于 0～255 的整数)，分别把灰色关联度、灰熵、灰色预测等模型应用到路面图像的滤波、增强和边缘检测中。灰色关联度可以用来度量图像局部区域中参考像素与比较像素之间的关联性，并利用参考序列与比较序列之间的几何相似性来测度这种关联；在分析传统的邓氏关联度、相对关联度、综合关联度、区间关联度等模型之间的联系和区别的基础上，简化几何关联度中的始点零化变换和次初值单位化处理，把关联度计算中的差序列作为衡量系统特征行为序列与相关因素序列相似性的主要测度之一，以此定义符合路面图像裂缝信息处理的新的关联度模型——灰色图像关联度模型；通过分析可以发现，灰色关联分析在图像中的应用主要注意参考序列、比较序列的数据选取问题，灰色关联度类型的选取问题。从灰熵增定理可以发现，序列的灰熵值越大，序列各分量就越均衡；反之，序列的灰熵值越小，序列各分量的相异程度就越高。根据传统的灰关联熵、二维灰熵模型的实现机理，利用多层次、多维度的数据选取方式提取图像数据中蕴含的二维特征关键值，推导出适合路面图像数据的灰图像熵模型，用灰熵来度量路面图像数据序列均衡性的大小。在灰色预测过程中，只有当原始序列数据保持一定的稳定性时，预测模型才有较高的精度。反过来，我们就可以利用灰色预测模型的精度大小来检验路面图像像素灰度的连续性。综合利用 GM(1,1) 内涵型可以避免模型病态和离散灰色预测模型精度高、计算简便的优点，合理应用遗传算法或粒子群算法等智能手段进行参数估计与精度截取，推导适合路面图像信息计算的图像灰色预测模型。

3. 基于灰色图像模型的路面图像预处理与分割算法

本书将灰色图像模型嵌入路面图像滤波、对比度增强与边缘检测中，主要探讨灰色图像模型和图像预处理与分割算法对接过程中的原始序列数据选取方式和原则、灰色模型类型的选择、模型参数确定法则，以及对应用灰色模型进行图像处理算法运行结果的解释与分析。灰色图像模型在图像处理算法中的应用不是机械、生硬地组合与切入，而是从图像滤波、对比度增强、边缘检测算法机理中寻找适合灰色建模的契合点，实现灰色系统模型与图像处理算法的有机融合与深层次对接。

1) 基于灰色理论的路面图像滤波算法

利用灰色关联度来度量噪声像素偏离路面图像的邻域均值或邻域中值的测度，以此来区分噪声像素点与正常像素点；利用灰熵理论来刻画路面图像中由噪声所带来的不均匀性、无序性或不确定性，并应用邻域像素与其中值的灰熵值作为权值来实现对路面图像的加权均值滤波；路面图像在局部区域或一定的纹理方向上的像素具有一定的连续性，利用滤波窗口的中心像素的邻近像素或关联像素，通过灰色预测模型来实现对路面图像中被噪声污染像素的恢复和滤波，有效提高了图像滤波的质量。

2) 基于灰色理论的路面图像增强算法

首先利用灰关联模型来度量图像系统内部的边缘关联程度，检测出路面图像局部区域最连续的像素组，将此像素组看成一条边缘线段，以此线段将图像的邻域窗口分为两部分，然后找出邻域窗口的中心像素与哪一部分的灰度均值差别大，并将该差异扩大化，提高中心像素与邻域中不同属性像素之间的差异程度，以此扩大图像局部对比度；利用灰熵来测度邻域窗口中的不平衡信息的偏离程度，并将灰熵值作为图像局部对比度增强函数的自适应参数，主动地调节增强效果；利用路面图像的纹理走向上像素灰度值的连续性，在图像邻域内垂直于最相似的纹理走向选择像素作为原始序列建立灰色预测模型，以实现路面图像的边缘区域的对比度增强并保持平滑区域的光滑。

3) 基于灰色理论的路面图像边缘检测算法

利用灰色关联分析来度量路面图像局部区域内像素灰度相似的程度，当设定的参考序列为理想的非边缘像素时，局部区域内的像素构成的比较序列与参考序列的关联度越大，说明邻域内中心像素点就越可能是非边缘像素点；反之，关联度越小，说明邻域内中心像素点就越可能是边缘像素点。当路面图像的局部区域内存在边缘像素时，会破坏图像邻域内的整体平滑性，导致局部系统的不均衡性增加，灰熵值减小，通过设定阈值就可以检测出可能存在的边缘。在路面图像的平滑区域，邻接像素之间的灰度值彼此差异不大，满足灰色预测建模对原始序列的级比和光滑比的要求，这时模型具有较高的预测精度；反之，当路面图像的局部区域内存在边缘时，这时沿着边缘的走向的区域，灰色预测模型应当有很高的精度，如果垂直于边缘走向的方向取值，则灰色预测模型的精度会降低，甚至达到完全病态的程度，通过对模型精度的控制就可以检测出路面图像中的裂缝边缘。

2.3.3　路面裂缝图像的灰色特性

路面在高速检测和获取过程中，受光照、速度、传输、存储方式等诸多方面的影响，不可避免地引入噪声、信息丢失、数据不全等[134]。从外观上来看，当路面发生裂缝时，会产生一个裂开的口子，而分裂的口子一般地势较低、开口狭窄，会造成光线照射不到或照射不足。因此，一般而言，裂缝的灰度一般较正常像素灰度值低[135]。但是，当裂缝中有与背景颜色相同或相似的噪声污染时，会导致图像裂缝颜色的变化。就大体而言，裂缝的亮度一般较背景区域的亮度暗。裂缝一般呈现凹槽的样子，它的截面呈现类似于马鞍的形状。一般来说，裂缝在短距离内呈现线性特点，特别对单一裂缝来说，裂缝一般都具有一定的方向性。从频域上来看，裂缝边缘一般是阶跃性边缘，属于高频的负信号；在边缘部分灰度值发生突变，属于高频分量；而正常的路面图像纹理均匀、变化缓慢、连续性好，属于幅值中等低频信号。从灰度级上来说，对于含有比较规则的单一裂缝的路面图像，它的灰度直方图一般呈现单峰的状态；但是，当路面图像含有噪声或者裂缝状况比较复杂时(如出现龟裂、网裂等状况)，其灰度直方图也会变成多峰或相对比较复杂的状况。

在对路面图像的检测中，我们需要得到的是路面裂缝的相关信息，例如，记录裂缝的位置、类型、大小、形状等。也就是说，在路面图像中，裂缝才是我们真正关注的目标，而路面正常的纹理和标记等都属于背景。然而，在实践中，我们真正获得的路面图像的目标和背景(即裂缝与非裂缝区域)并非是非黑即白式泾渭分明的标准图像，而是处于灰色地带，具有一定的灰色特性，具体原因如下[136,137]。

(1)路面图像一般由安装在路面图像采集车上的 CCD 摄像机所获取，而由于 CCD 摄像机固有的特点，图像灰度的分布不均，出现图像中间亮周围暗的不理想情况。

(2)在自然光条件下，由于受路边建筑物、树木、栅栏、行人、车辆以及自身车身的遮挡，路面所受的光照强度并不相等。当障碍物的阴影或不均匀的光照出现在路面上时，检测出的路面图像就会出现虚假的边缘，并造成目标裂缝数据的丢失和背景数据的紊乱。即使提供一个辅助照明(如采用激光照明或无影照明系统)，仍然会在一定程度上造成采集的图像上存在非均匀的背景。此外，当太阳光的强度不同时，每幅图像的对比度都会不一样。同时，对于同一设备，辅助光的强度不同，也会造成图像亮度的差异。

(3)摄像机的安装角度不同，也会造成图像的效果差异。同时，当摄像机的视场角不同时，所摄取的图像会产生一个几何畸变。整体几何畸变的图像无疑会造成裂缝的形状、长度、宽度、深度等目标数据失真，造成部分信息的缺失。

(4)当外界环境发生变化时，如雨、雪、雾、冰雹等坏天气，或者路面被污泥、石头、树叶、油迹等其他杂物污染，不可避免地造成路面图像中出现异物或者引入噪声，造成路面有效数据的紊乱。

(5)就路面本身来说，由于路面材料的不均匀性，正常路面也会有些许的高低起伏、明暗交替的纹理(如水泥板刻槽)，所以路面图像的背景的对比度有时本身并不低，会造成与同样有着较高对比度的裂纹数据的混淆。

(6)路面图像在成像和传输、存储过程中，会产生一些随机噪声，如高斯噪声、脉冲噪声等。这些噪声的出现，不可避免地会造成图像的真实数据的丢失和目标与背景的模糊化。

(7)路面图像在存储过程中，为了满足现代高速存储与实时处理的要求，受当前硬件与软件能力的限制，数据保存时，有时也会为了满足速度、效率而牺牲图像的精度、质量，人为造成路面图像有效信息的减少与缺失。

(8)从路面图像自身的特点来说，正常路面的灰度值与裂缝的灰度值就有部分的重合，也就是说，在路面图像中，目标和背景的灰度值分界点本身是灰色的，不是分明的。

综上所述，路面裂缝图像是一种存在真实信息缺失的不完整图像，正好符合灰色系统理论善于处理"部分信息已知、部分信息未知"，"少样本、贫信息"的不确定性问题的特点，因此我们认为路面裂缝图像具有典型的灰色特性，而且灰色特性是路面图像的一个非常重要的特性。各种主观和客观的原因造成图像的有效数据的部分丢失，裂缝区域与非裂缝区域分界淡化，也增强了路面图像的灰色特性。

灰色系统理论的本质是"少"和"不确定"。"少数据"特征正好吻合路面图像在高速获取、实时处理过程中数据不能太大的现实，因为图像处理系统本身的容量是有限的，海量数据只能造成处理效率的下降和处理成本的攀升，而这些又是现实情况所不允许的；"不确定"的特征正好与路面图像数据分布规律未知、容易被噪声污染、图像成像的过程存在几何畸变、部分噪声像素与裂缝像素同属低灰度级像素、鱼龙混杂难以辨认等问题相吻合。这两个显著的特点，是灰色系统理论与生俱来的本质，是其他不确定性理论所不能企及的，如图2.1所示。

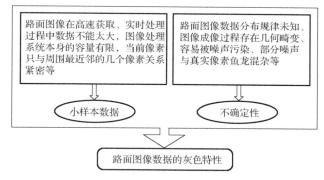

图 2.1　路面图像数据的灰色特性分析

因此，本书将灰色系统理论应用到对路面图像的预处理与分割中，符合路面图像自身的特点和裂缝检测的要求。

2.3.4　路面图像处理算法中的灰性分析

前面介绍了路面裂缝图像灰色特性的形成机理，从而得出了路面图像的灰色本性。但是，仅认为路面图像具有灰色特性就应用灰色系统理论来处理，这个理由还是不够的。前面是从路面图像本身来寻找它与灰色系统理论的契合点和突破点，接着我们将阐述路面图像在滤波（或去噪）、增强、边缘检测过程中的灰色特征。

灰性的本质是"少数据"和"不确定"。我们将从这两个方面来说明路面图像处理过程中的灰性特征。

我们现在所研究的路面图像是数字图像。在对数字图像的分析中，无论去噪后的新值生成，还是图像的局部增强与边缘检测，所参考的像素对象都是以当前像素为中心的 3×3（或 5×5）邻域内的像素，由于图像数据所固有的特点，在没有先验规律的情况下，当前像素的灰度值只与它周围邻域最近邻的几个像素关系最紧密，随着邻域半径的增大，这种关联性逐步减弱。由于路面图像的裂缝本身就是不规则的，即便是同一路面图像的不同区域的像素分布规律也没有可比性。总之，在对路面图像的去噪（或滤波）、增强、边缘检测的处理中，我们对当前像素的处理和分析过程中主要考察的对象是当前像素的周围邻域的几个有效像素。与概率统计中需要海量的数据相比，本书算法中的去噪（或滤波）、增强、边缘检测具有不折不扣的"少数据性"。

下面对路面图像处理中的去噪（或滤波）、增强、边缘检测问题的不确定性分别进行讨论。

1. 路面图像去噪（或滤波）的不确定性特征

首先，对路面图像中噪声点与非噪声点的划分是不确定的。路面图像中的噪声是指在路面图像中混入了非理想的像素点，影响了路面图像的质量。在路面图像中，像素是否理想本身是一个很难界定的问题，有时候，我们很难找到一个明确的界限，将路面图像的像素划分为理想像素和非理想像素。其次，路面图像中噪声产生的过程也是不确定的。路面图像去噪的过程，就是要尽量减少非理想像素的干扰，而路面图像从收集、传导到存储、处理变换等全过程中，都有可能导致新的噪声产生。既然噪声产生的过程是不确定的，去噪的过程肯定也是不确定的。

2. 路面图像增强的不确定性特征

对路面图像的增强是为了锐化路面图像中裂缝边缘部分，淡化路面图像中平滑部分，适当扩大图像目标区域与背景区域的灰度对比度，以便于机器对裂缝的自动识别与辨认。但是，路面图像的局部区域的灰度对比度也不是越大越好，因为对比度太大容易导致灰度过调的现象。在对路面图像增强的过程中，如何把握好这个度本身也是不确定的。

3. 路面图像边缘检测的不确定性特征

这里所说的图像的边缘实际上指的是图像中目标物体的边缘。边缘一般表现为在某一方向上的灰度突变。然而，在路面图像中，由于裂缝形状和类型的不规则性与复杂性，裂缝的细微纹理的方向本身就是很难把握的，即边缘的方向具有不确定性；即便能准确检测到裂缝的边缘方向，对灰度突变的程度为多大时，可以界定为边缘而不是图像的其他纹理波动，对不同的路面图像、不同的裂缝类型都是不确定的。

2.3.5 灰色系统理论用于路面图像处理算法的可行性分析

众所周知，人类认识世界的过程就是一个对信息不断采集、挖掘、透明的过程。然而，受时代和认知能力的限制，各种客观和主观的原因导致呈现出的信息并不是一个非黑即白的系统；相对于漫长的时空岁月，我们所能获取的数据和有用的资料也相当有限。灰色系统理论能够根据极少的数据、贫乏的信息资源，通过灰生成的方式，消除数据之间的量纲差异，增强数据的可比性与同极性，来对数据进行灰色关联分析、灰熵分析、灰色预测建模等操作，从而来实现对系统的定性评价或发掘出系统的现实规律。不同于概率、模糊理论，灰色系统理论不需要数据呈现典型分布规律，也不需要事先知道其先验信息，它能够从残缺的、不完整的、不规则的信息系统中提取出对我们有益的结论。

下面，我们从本书所依赖的工具本身——灰色系统理论出发，来分析它在路面图像裂缝检测中的适用性与功能性。

1. 灰色关联分析用于路面图像去噪、增强、边缘检测算法的吻合性分析

灰色关联分析是灰色系统理论的重要内容。灰色关联分析的本质是比较，通过灰生成得到"可比性""可接近性""极性一致性"的灰色序列，利用灰色关联度来测度相应序列之间的整体相似性，也就是通过定量的数据来定性表示和分析序列之间的差异信息，或者是序列内部因子间的序关系。

对于灰度路面图像，像素灰度值的取值是[0,255]的整数，所有像素的灰度值具有相同量纲，因此，像素的灰度值满足灰关联分析对数据可比性的要求；当路面含有杂质或者是路面图像在成像、传输过程中不可避免地产生随机噪声时，导致真实像素灰度值的丢失。这时，我们可以根据邻域中心像素值偏离邻域均值或邻域中值的关联程度来实现对噪声像素的软判决，并舍弃或剔除邻域中噪声点在加权平均滤波中的权重，减少滤波中邻域噪声像素的干扰；利用邻域中心像素灰度值与邻域各值的关联度来测度当前点应当增强的程度；利用邻域中所有像素值与给定序列的关联度来测度当前区域构成边缘纹理的程度。路面图像中，裂缝一般都表现为较低的灰度值，并且裂缝边缘区域的像素纹理存在灰度突变，因此，经过裂缝区域的像素与其邻域像素的关联性和路面光滑区域的关联性肯定存在不同。当路面被噪声污染或有细微纹理变化时，图像局部区域的灰度值的特征将会变得更加复杂；路面图像是一个二维的平面信息，在图像中不同区域的像素特点并没有相应的统计规律或先验规律可以参考。此时，灰色关联分析能够充分展现灰色系统理论的善于克服"少数据、贫信息"问题的特点，利用灰色关联度把系统内部的各因子之间的序关系呈现出来，并利用关联度数值来量化关联性的强弱，或者利用关联系数作为权重强化系统内部各分量的差异信息，增强算法对路面图像中噪声的检测能力或强化局部区域的对比度，提高图像的质量。

总之，灰色关联分析作为一种量化路面图像内部各分量的整体相似程度的测度方法，用来解决路面图像及其处理算法中的灰性问题是适合的。

2. 灰熵理论用于路面图像去噪、增强、边缘检测算法的吻合性分析

灰色关联分析自邓聚龙提出以来，在各行各业的研究中都得到了广泛的应用。与经典统计理论需要大量数据研究统计规律不同，灰色关联分析在少数据的实际问题中仍然可以发挥较好的作用。由于灰色系统理论本身还不完善，还在不停地发展和延伸之中，后来，有学者(张岐山等)指出，在按传统的邓氏关联度的计算过程中，关联度是求各点灰色关联系数的平均值，这样容易造成关联测度大的点在关联度的计算中占据主要地位，而掩盖整体其他点的共性；同时，求算术平均的运算也会造成各点测度的个性信息的丢失，如果对灰色关联系数是按加权平均的方法来计算灰色关联度，则权值的确定又是一个问题，现有的方法大多是主观确定的方法，缺乏客观公正的判据。有鉴于此，张岐山等提出了灰熵理论，有效克服了灰色关联分析的相关不足。

近年来，熵理论运用于图像处理的做法已经引起很多学者的兴趣和广泛的关注。在信息论中，比较有名的就是香农熵。灰熵与香农熵在形式上有相同的结构，并且灰熵具有香农熵的全部性质，但是灰熵与香农熵在意义上却有着本质的不同：首先，香农熵是一种描述系统状态的概率分布的熵，是概率熵，是对系统状态的随机性的一种度量，其信息空间的概率信息依赖于大样本的重复实验来获取，显然这与路面图像所表达的数据信息是不相符合的，而灰熵是一个与概率完全无关的概念，完全可以利用

路面图像的部分数据进行有效建模。其次，香农熵具有一定的确定性，具体表现为对于一个给定的信息空间，系统的每种状态出现的概率是一个确定的数值，灰熵具有由灰列的灰性所传承的灰性，灰列中的属性信息可以看成灰列的一个现实白化点[10]。在图像处理中，另一个熵理论的应用就是结合模糊信息理论的模糊熵，它更强调图像信息的不确定性是由模糊性造成的。但是，由于图像模糊熵的计算需要依赖模糊隶属度函数的选取，而隶属度函数的确定目前主要依靠先验信息或主观确定的方法[138]，所以图像模糊熵的应用也存在局限。灰熵继承了灰色系统理论母体善于处理"少数据、贫信息"问题的优点，利用路面图像局部区域内少量的数据来度量中心像素邻域内像素灰度值的起伏，并结合图像本身的噪声分布与纹理走向等特点，形成一种新的度量路面图像的不确定性的测度。它的基本原理是源于"灰熵增定理"，即在路面图像中，通过有意识地选取图像局部区域内的相关像素建立灰色序列，然后通过比较序列的灰熵值的大小来分析序列各分量的均衡程度，最后通过对均衡程度的分析来实现对路面图像的预处理与分割。

总之，利用灰熵理论来刻画路面图像信息中的均衡程度、解决路面图像及其处理算法中的灰性问题是合适的。

3. 灰色预测模型用于路面图像去噪、增强、边缘检测算法的吻合性分析

灰色预测模型是灰色系统理论的核心内容之一，也是不确定性理论中的少数据预测建模的精华。灰色预测模型的建模机理是通过灰生成的方式，挖掘或发现信息系统内部的灰指数规律，借助微分方程的思想构建解的形式，利用最小二乘法构建参数空间，从而建立时间响应序列。灰色预测的一个很大的优点就是适合少数据建模，一般认为最少 4 个数据就可以建模。在路面图像的高速采集与实时处理中，少数据建模是最好的争取效率方式，同时也是保证预测精度的一种手段。因为对路面图像而言，如果在一个邻域内存在噪声污染或真实像素丢失，则只能选取在平面分布上距离预测点最近的像素构成原始序列，如果距离过远，则不能反映图像局部的纹理信息，从而造成预测的"基石"受损或失真，再精确的模型也就没有意义了。因此，选取目标像素最邻近、最少的几个数据点构成预测的基础点，是图像预测所特有的要求，而路面图像的灰色特性，与这种要求有着与生俱来的吻合性。目前，在图像的灰色预测方法中，主要应用的原理就是灰色预测模型只在图像的平滑区域数据才满足灰色预测模型对精度的要求，而当图像有噪声污染或者是边缘锐化的区域数据时，不满足模型的精度要求。很多学者就是利用图像在平滑区域和灰度突变区域的灰色预测模型的精度差的不同，来有效识别图像中的噪声点和边缘点。噪声点和边缘点虽然同属灰度变化的高频区域，同样会导致预测精度变差，但是在边缘区域，图像的纹理走向一般满足某一个方向上的连续性，这时数据序列的惯性很大；而噪声区域一般不具有这个规律，并且灰度值起伏波动的幅度较边缘区域更强一些，这时原始数据序列的惯性就较小。意识到这两点，我们可以结合路面图像的纹理走向和像素分布的方向信息来合理选取预

测的原始序列，最后通过对拟合精度的差异设定阈值来有效鉴别噪声或边缘点，或动态自适应地调节路面图像增强的幅度来模拟灰色模型原始序列的惯性的强度，从而为路面图像的裂缝检测打下坚实的基础。

总之，利用灰色预测模型的惯性原理来对富含灰性的路面图像信息系统进行预处理与分割，也是合适的。

由此可见，利用灰色系统理论来对路面图像进行处理和分析，符合灰色系统理论的本身的特点，也是恰到好处地发挥了它的专长与优点，与其他方法相比，具有合理性与优越性。

马苗将灰色理论应用到 SAR 图像分割算法上已经取得了丰硕的成果。谢松云等也在灰色图像处理算法领域做出了重要贡献。近年来，作者在路面图像的灰色去噪、增强和边缘检测中均进行了积极的探索，目前也取得了初步的成绩。由此可见，作者在积极吸收前人研究的成果基础上，融合灰生成算子与灰色图像模型的新的路面图像预处理与分割算法也是可行的。

当然，值得一提的是，路面图像的灰色特性是它显著的性质，但是不应当是它唯一的性质。例如，已经有文献[11]指出，数字图像都具有难以割舍的模糊性。因此，如何将本书重点推介的灰色系统理论与源远流长的模糊数学理论相结合来实现对路面图像的综合处理，也是正在探索的问题之一。

2.4　小　　结

本章首先从本书的研究背景出发，引出本书研究问题的本身；从路面裂缝图像的灰色特性和灰色系统理论在路面图像处理中应用的合理性与优越性这两个方面阐述了本书利用灰色系统理论来解决问题的理由；对当前主要的路面图像的裂缝检测算法进行综述，展示了该研究领域现有的研究状态，分别介绍了基本的图像处理方法、数学形态学、小波理论、微分方程、分形几何等数学分支与理论在对路面图像裂缝检测中的应用；介绍了灰色关联分析、灰熵、灰色预测理论在图像处理中的应用情况，为我们将灰色关联分析、灰熵、灰色预测理论应用到对具有灰色特性的路面图像的预处理与裂缝检测中提供了启发，并激励我们去思考两者的结合点。

本章从机理上阐明了灰色系统理论应用到数字图像处理中的合理性和两者结合的契合性，以及由此衍生出的灰色图像模型理论、灰色图像处理算法的适定性。目前灰色理论与图像处理的融合还处于浅层次的探索阶段。比较常规的做法是选取部分灰色模型嵌入到图像处理算法中去，但是对这种应用的合理性还缺乏理论上的探讨。尤其是对灰色模型与图像结合后对自身的衍生和改进目前还处于研究的初始阶段。要想做好灰色模型与图像处理的对接和深层次融合，需要有强大的数学理论功底和图像工程实践能力。希望本章的研究能够对灰色图像模型的多样性、灰色图像处理算法机理的延伸和发展有所启发。

第3章 路面图像裂缝检测机理

公路路面在长期的汽车荷载与环境变化的作用下，路面各层将会发生变形、挤压、断裂等相关力学变化的病害。本章解释和分析公路路面裂缝的产生机理；从国内外对公路路面自动检测的产生与发展概况，介绍路面图像裂缝检测[139]的一般过程和路面图像的一般预处理与分割方法。

3.1 路面自动检测系统概况

3.1.1 路面裂缝的起因分析

公路路面的裂缝问题一直是公路路面病害表现的主要形式之一，它是公路破坏扩大的重要原因，也影响着公路路面的使用质量与使用寿命，多年来一直受到公路维护部门和广大工程技术界人士的广泛关注与研究。目前，随着我国交通行业的大发展和国家基础设施的持续完善，大量的高等级、高速度、高质量的国家公路(国道)、省级公路(省道)、县市公路、村镇公路，相继上马和完工，随之而来的后期维护和检测任务也纷至沓来。如何在路面裂缝的产生机理上做文章，研究透彻裂缝产生的主要原因，从根本上减少路面病害的发生概率将有重要意义。

普遍认为，路面裂缝根据形成原因可以分为如下几种[140]。

(1)温缩裂缝。顾名思义，温缩裂缝就是因为温度的高低起伏而引起路面材料的膨胀与收缩，从而导致裂缝产生。它的主要表现形式是横向的，裂缝间距一般为几米至百米不等。随着路面病害的加剧，当路面宽度大于裂缝间距时，还有可能产生纵向裂缝，进一步形成块状裂缝、网状裂缝，严重影响了路面美观与车辆通行。当裂缝渗水时，水沿着裂缝侵蚀地基、腐蚀路面材料，从而造成更为严重的路面病害，影响其使用寿命。我国在对沥青路面的施工过程中，为了尽可能减少温缩裂缝的产生，主要是加强在公路建造过程中沥青质量的控制，加强对沥青的抗低温开裂性进行研究，针对不同地区的气候和温差条件来选择合适的沥青种类和等级标准。

(2)反射裂缝。半刚性基层沥青路面由于造价相对低廉，具有良好的路面垂直承载力，能够有效降低公路路基上的垂直压应力和其上沥青层的层底的弯曲应力，再加上水硬性结合料稳定层的强度相当不错，所以这种基层沥青路面在我国广大地区相当普遍。但是这种半刚性基层沥青路面存在着让人无法忽视的缺陷。主要是这种具有较高强度的半刚性基层一般会有较大的干缩、裂缝产生，进一步使得面层产生反射裂缝，而雨水一旦沿着反射裂缝流到面层下面，抵达路基，就会导致路面产生各种更加严重的病害问题。

（3）疲劳裂缝。对于疲劳裂缝，我们一般会设计沥青层的层底的拉应变、土基表面的压应变为评价指标。最典型的损坏情况是底层的拉应变大于极限拉伸应变。疲劳裂缝是"先伤里，再伤外"，这是因为：以半刚性基层作为主要承重层的半刚性基层路面，当路面有荷载时，很大的拉应力会产生在基层的底层，而沥青层受力的时间将滞后于基层，也就是说，此时基层先受到疲劳损害，这时损害慢慢积累，会使基层逐渐破裂，甚至破碎，从而使得承载能力逐渐下降，以至于无法承接之上的沥青层的荷载。当基层被破坏时，之上的沥青层就像空中楼阁一样也会变得脆弱，裂缝将不可避免地产生出来。

（4）沉降裂缝。顾名思义，就是由于路基的下沉而导致的路面裂缝，一般为纵向裂缝。当路基为软土路基，或者是边施工边填盖的不稳定的路基时，到路面通车以后，车轮的碾压造成路面的受力不均，使得路面的局部产生不一致的下沉，从而导致路基的上下分布错落有致，会形成路基局部的悬空，使得对路面沥青层的承载能力不均匀，最终裂缝产生，路面遭到破坏。像这种沉降的纵向裂缝一般发生后修补很困难，主要依靠修路前施工人员的"防患于未然"。修路前，首先要选择合适的路基位置，要认真履行公路施工规范，严格按程序、按标准碾压路基，形成受力均匀稳定不变的路基，这样才能有效避免这种裂缝的产生。

3.1.2 路面自动检测系统的产生与发展

针对公路路面经常容易产生裂缝等病害，我们需要对公路路面进行定期维护和检测。目前，世界各国均在加强对公路养护的研究和探索，以提高国家的基础设施的整体水平。最开始对公路路面的检测主要依靠人工或半自动化的方式来完成。在高速摄影与摄像技术还不是很普遍的时候，一般依靠公路技术维护人员到公路的现场进行考察、勘探、测量、记录来完成对公路路面的检查。但是，这种主要依靠人工的方式，不仅花费时间和人力、财力，效率低，精度差，而且不便于形成公路路面的定期检查和实时维修，而且检测时会影响公路路面的正常交通流，可能造成一些不必要的人员安全事故。所以，大力发展公路路面的自动检测系统与方法成为振兴交通道路事业的一个重要课题。由于西方国家和世界发达国家在国家基础设施建造和公路普及上领先于我国，出于对日益庞大的公路路面检测和维护需求的考虑，以及对便捷高端的检测设备的追求，大量的资金与人员被投入公路路面的检测设备的研发和制造中。

早在 20 世纪 70 年代，第一台路面自动检测设备就被开发出来。目前，国外的路面自动检测设备与技术大概经历了四个典型的发展阶段[141,142]。

第一阶段是以摄影技术为核心技术基础的第一代路面快速检测设备。最早起源于 20 世纪 60 年代末期，由日本的 PASCO 公司最早进行相关的研发工作，但是却被法国的 LCPC 道路管理部门抢先一步研发成功，其成果就是以同步摄影数据采集技术为代表的 GERPHO 系统。该系统采用 35mm 的电影胶片为存储介质，再加上转速为车速的 1/200 的高速摄像机以及车辆定位系统。

　　第一代路面检测系统的研发成功，是公路路面检测史上的一个里程碑，它克服了传统人工检测的一些弊端，向路面检测的自动化方向迈出了一大步。但是该设备只能在晚上进行作业，并且后期对采集的路面图像的处理工作量巨大，而且检测功能单一，所以这款设备的研制成功还仅局限于实验室内，并没有得到很好的实用普及。

　　路面检测设备飞速发展的第二阶段是以电视技术为核心技术的快速公路路面检测仪器。它的主要特点就是采用电视机技术中成功应用的模拟技术来进行摄像，提高了摄像机的性能指标，并且新增了检测路面的平整度、车辙痕迹等相关综合检测功能。在这个系统的研究中，最有名的是加拿大的 ARAN 系统和日本的 Komatsu 系统。

　　Komatsu 系统[141,142]采用了当时看来比较先进的摄像技术和图像存储技术，它的研制成功，在一定程度上更新了第一代路面检测设备的一些硬件配置和检测功能，但是它仍然只能在夜间工作，给检测作业带来不便，并且无法自动辨别路面裂缝的类型，检测车的车速也受到一定的限制，与人们期待中的高速度、高效率的要求还是相去甚远，所以这款设备还是没有得到广泛认可和推广，如图 3.1 所示。

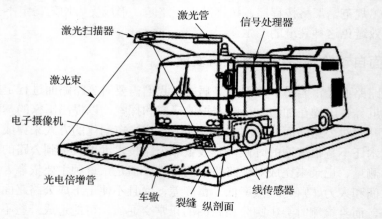

图 3.1　日本的 Komatsu 系统外形图

　　真正最早能够实现路面的全天候检测的图像采集车是加拿大研究的安装有闪光灯的 ARAN 系统[142]，如图 3.2 所示。它与日本研制的 Komatsu 系统相比，不仅能够实现 24 小时不间断作业，而且检测设备的硬件和软件水平都有一个很大的提升，行车速度也是 Komatsu 系统的数倍，路面摄像机的分辨率也得到显著提升。它能够实现一定程度上的路面图像病害特征的自动识别，并自动存储当前图像帧中的不同部分，相同部分被舍弃，以节省存储空间和减少图像处理的工作量。

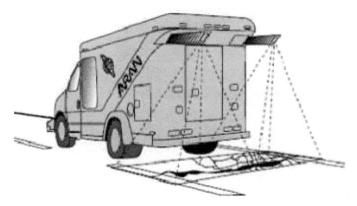

图 3.2　加拿大的 ARAN 系统

在这个系统的车身上，安装有与之配套的路面图像裂缝识别系统——WiseCrax 系统。它能够同步识别 ARAN 系统采集的路面图像中的裂缝，对于宽度为 1mm 裂缝的有效识别率达到 85%～90%，并且能够根据事先设定的类型分类标准实现裂缝类型的自动分类与记录。

第二代设备虽然在硬件和软件水平上有了很大提高，但是仍然存在以下缺点：①采集的图像先存储为模拟图像，然后转化成数字图像才可以进行处理，导致处理效率不高；②系统中安装的人工光源由大功率的碘灯与氩激光灯组成，不够稳定，容易损坏；③图像采集与图像处理裂缝检测的同步技术并不成熟，差错时常发生，系统协调的稳定性不好。

路面自动检测设备发展的第三阶段是以数字摄像、照相技术为核心技术的高速检测设备。它是伴随着 CCD 摄像技术和数字计算机技术的发展而研制出来的。它有效利用现代高速摄像技术、图像压缩技术和路面图像的预处理技术，使得图像采集车在 110km/h 车速时实现实时采集和实时处理，提高了系统的效率；并且路面图像的处理算法的效率也得到了提高，对裂缝的检测精度也有保证，可以达到 0.5mm。这代系统中，最有代表意义的是澳大利亚研制的 Hawkeye2000 系统。

第三代系统仍然存在着光源不稳定、采集方式不稳妥、设备造价高、线扫描技术不完善、质量欠缺等问题。

路面自动检测技术发展到第四阶段，主要是以线扫描相机技术和线激光车辙检测技术为核心技术的新一代路面自动检测系统。在这代设备中，照明问题得到了很好解决，广泛采用红外激光照明技术，形成了稳定可靠的光源；并且随着线扫描相机技术的成熟，图像的质量取得了很大的提高；其他综合检测功能，如车辙痕迹检测、路面前方景物检测等相关功能日益完善，使得整个系统的综合协调工作更加匹配，综合技术走向成熟。典型的代表是美国 ICC 公司研制的多功能路面检测系统[142]，如图 3.3 所示。

图 3.3　美国 ICC 公司研制的多功能路面检测系统

　　从图 3.3 中可以发现，随着检测技术的日益先进与成熟，检测设备也变得更加现代和轻巧，功能也更加强大，处理速度也更加高效。目前，路面的自动数据采集技术已经成熟，值得研究和攻关的是采集后的数据预处理和数据提取、分类等技术。

　　我国对路面自动检测设备的研究始于 20 世纪 80 年代末期，总体研究水平滞后于世界主要发达国家。目前，国内也有很多专家加入了研究的行列。例如，江苏宁沪高速有限公司、武大卓越科技有限责任公司、交通部的相关研究院、南京理工大学等[141]，通过引进与自主研发，也取得了一批可喜的研究成果，为我国的交通道路检测技术的发展做出了不可磨灭的贡献。其中，代表性的系统有由南京理工大学研制成功的路面状况激光三维智能检测车(图 3.4)，该车目前已经在我国多个城市进入实际应用阶段，并被国家交通部定为车载式路面自动检测车的国家标准(中国专利技术信息资讯网)[135]。

图 3.4　路面状况激光三维智能检测车

3.1.3　路面自动检测的原理与过程

　　路面自动检测的原理很简单，就是应用相关设备将路面信息收集到计算机系统中，然后对计算机的图像信息进行判断，检测各个路面是否发生了裂缝灾害，如果有裂缝已经产生，则需要应用一些算法进行处理，记录裂缝具体在路面的位置，并且通过相应的图像处理算法改善图像的质量，完成图像信息的自适应辨别与存储，记录路面裂缝的大小、形状、严重程度等，从而为公路路面的养护和修理提供信息和技术参考。

由此可见，图像自动检测过程主要分为两个阶段：第一阶段主要完成路面图像的采集；第二阶段才是对采集的路面图像进行处理，提取相关的裂缝信息等。首先利用路面图像采集车搜集路面图像的信息，然后对获取的初步信息进行预处理，去掉图像中的随机噪声。因为随机噪声和裂缝的边缘一样处于图像中的高频分量，如果噪声不滤除，则容易造成图像裂缝边缘的误判。由于图像在采集过程中容易受采集设备自身因素、光照不均匀、阴影等相关因素的影响，图像整体可能出现亮度不均的现象。这时，我们需要对图像实施直接灰度变换或局部对比度调整等图像增强手段，使得图像的整体效果进一步改善；然后可以选择一些边缘锐化算子对路面图像的裂缝边缘进行锐化，以便于接下来对图像裂缝边缘的检测和相关指标的计算。整个实现过程可以用图 3.5 来表示[141]。

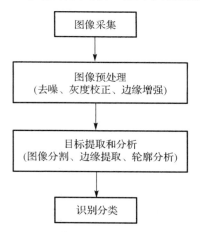

图 3.5　路面裂缝的自动检测的一般步骤

在图像的采集过程中，一般是将摄像机安装在正常行驶的公路路面检测车上，在检测车正常行驶时，完成对路面整体的摄像与图像信息的采集。一般来说，为了能够使摄像头的镜头覆盖到整个宽度的路面，我们一般需要安装多个摄像头以获取完整的、连续的路面信息。这时，摄像头安装的高度、角度等技术指标都会影响对图像的拍摄，所以试检测时一定要调整好检测设备的相关技术指标。

相对来说，路面图像的预处理过程的技术性更强一些，需要依靠相关软件的支持，才能完成这项工作。而软件的开发和运行最核心的部分就是底层的各种图像处理算法，除了经典的去噪、滤波、增强等算法，目前已经有一些新兴的数学、系统科学的交叉学科分支加入了路面图像预处理研究的行列，如数学形态学、模糊数学、神经网络、纹理分析等，这些新理论与经典方法相融合，在路面图像的预处理中大放异彩。

对增强后的路面图像进行目标提取，可以比较准确地定位图像中裂缝的位置、尺寸、深度等信息，完成对路面图像裂缝的破坏等级和形状的分类。目前常见的路面图像的裂缝有横向裂缝、纵向裂缝、网状裂缝等。

目前，对路面裂缝的自动检测的四个步骤(图像采集、图像预处理、目标提取和识别、识别分类)中，随着计算机运算性能、电子元件、摄像设备、人造光源、存储传输介质等先进硬件与技术的不断进步和发展，路面图像的高效实时采集已经不再是难题，而对路面图像的裂缝问题的识别归类也已经有了相对成熟的规范标准与识别方法，因此，众多学者将研究的兴趣与重点投向了对路面图像的去噪、滤波、增强、边缘检测等一些路面图像的预处理和目标提取与分析技术上。

3.2　路面图像的预处理与分割

3.2.1　路面图像的滤波

图像的滤波和去噪本来是属于图像增强范畴内的概念，是图像增强技术的一部分。由于路面图像在采集成像、传输和存储过程中不可避免地混入一些随机噪声，而噪声对路面图像中裂缝的检测又会造成很大的干扰，所以在对路面图像的去噪和滤波就显得尤为重要和关键。因此，本书将去噪和滤波作为两个单独的部分来进行讨论，旨在通过对这两个重要概念的研究极大程度地提高图像去噪和滤波的质量，为路面图像进一步的处理与分析打下坚实的基础。

严格来讲，滤波和去噪是两个不同的概念。滤波是指滤除图像中的高频分量，特别是图像灰度变化得激烈的部分，使得图像频域中波动最激烈的部分能够被消去，改善图像的整体的柔和度和平滑度。很显然，在图像中，边缘和噪声都同属于图像的高频部分，因此，图像滤波在滤除噪声的同时，也会造成一定程度上边缘模糊。严格来说，图像去噪只是对噪声部分进行滤除同时保留正常的边缘像素信息不变。在实际中，对图像噪声的判断本身是一个灰色的过程，也就是说，很少有哪一种算法能够完全分明、毫无误差地区分出噪声与正常像素点(尽力改进算法来提高噪声的识别率永远是我们追求的目标)，所以有时我们也可以把图像去噪与滤波当成同一个概念来看待，即把去噪也看成一种特殊的滤波行为，只是这个过程会更加强调对非噪声像素的保护。

下面介绍两种经典的滤波器：均值滤波器和中值滤波器。

设在一个 3×3 的图像邻域窗口中，则在图像滤波中，对于邻域窗口中心像素的灰度值 $f(i,j)$，我们可以用邻域像素的平均值来代替，即

$$\hat{f}(i,j) = \frac{1}{9} \sum_{k=i-1}^{i+1} \sum_{l=j-1}^{j+1} f(k,l) \tag{3.1}$$

然后重复以上步骤对原图像的每一个像素进行遍历，就可以得到滤波后的新图像。将这种做法的滤波称为图像的均值滤波。

在路面图像的处理中，大量噪声的存在导致了裂缝边缘破坏，在进行边缘检测前，我们可以适当地应用均值滤波，这对滤除图像的随机噪声很有好处。

如果在图像滤波中，不是用邻域窗口的均值而是用中值来代替滤波窗口中心像素的灰度值，即

$$\hat{f}(i,j) = \mathrm{median}\{f(i-1,j-1), f(i-1,j), f(i-1,j+1), f(i,j-1), f(i,j),$$
$$f(i,j+1), f(i+1,j-1), f(i+1,j), f(i+1,j+1)\} \tag{3.2}$$

则将这种形式滤波称为中值滤波。由于脉冲噪声的灰度值总是表现为图像邻域窗口中的极值，分布在邻域窗口排序的两端，所以选取中值作为中心像素的新值可以在相当大的程度上避免脉冲噪声的干扰。这种滤波器对脉冲噪声破坏的图像有很好的平滑效果。但是，由于是直接选取邻域中一个像素值来代替中心值，所以很有可能造成邻域中某些相邻像素灰度值的完全相等，这样会减少图像局部细微的纹理变化，造成图像细节的平滑。

在图像滤波中，均值滤波作为线性滤波器的典型代表，中值滤波器作为非线性滤波器的典型代表，两大经典的滤波器模型在很大程度上主宰了图像去噪的实现领域，直至现在，融合各种数学模型的滤波器如雨后春笋般涌现，但丝毫不影响人们对经典的重视。从现在很多滤波器的设计与实现中，仍然能看到中值滤波器或均值滤波器的影子，它们要么是对均值滤波器或中值滤波器的改进，要么是结合两者的优点进行了改造，要么是把经典的思想与现在流行的滤波器设计元素(如新兴起来的模糊数学、时间序列分析、数学形态学、粗糙集、人工神经网络等一些数学、系统科学或者工程学分支)相融合而提炼出来的复合滤波器。总之，在研究路面图像的预处理过程中，除了要从新思想、新方法中开辟一些新的算法，还要重视与经典方法的综合应用和比较，这样才能推陈出新。

3.2.2　路面图像的增强

图像的增强其实是一个很宽泛的概念。它是指去除图像中不好的成分，如噪声、杂质等，保留图像的原始成分，并且试图改善图像的原始成分，使得图像质量更加符合人眼视觉特点或者机器识别要求。前面已经提出，因为意识到很多路面图像中有较多的噪声，并且去噪或滤波对裂缝的边缘检测与辨别有相当重要的影响，所以本书已经将路面图像的去噪或滤波作为相对独立的概念来对待。这里提到的图像增强是特指对图像整体灰度级的增强和图像局部对比度的增强。如果对质量糟糕的图像实施去噪或滤波是一种不得不为之的"雪中送炭"的行为，那么对质量不是很糟糕或噪声问题已经改善的次优图像进行灰度级的调整或局部对比度的提高，无疑是一次"锦上添花"的妙举。

　　这里，我们先介绍图像的整体灰度级的增强。比较常见的有直接灰度变换、直方图均衡化、对比度增强、直方图规定化，还有高通滤波、低通滤波、带通滤波和带阻滤波等。无论空域增强还是频域增强，它们共同的特点就是具体处理时的对象是整个图像中的同一灰度值或者同一频率的所有像素，而局部增强考察的却是对图像中局部区域（一般为 3×3 窗口邻域，或者 5×5 窗口邻域）的灰度进行调整。它选择的范围只是整体图像的一个分块，由于图像的视觉感受不只与像素灰度值有关，更与图像局部的邻域像素的灰度值有关，也就是说，根据人眼视觉的特点，具有相同灰度值的像素在不同的邻域中给人具体感受是不一样的，所以研究和提高图像局部的灰度对比度对改善路面图像的质量具有积极的作用。

　　目前，对图像局部对比度的增强有两种相反的做法：一种是对有些过于锐化的图像在对比度较大的区域只做较小幅度的增强，而对本身对比度较小的区域实施幅度较大的增强，这样就可以控制整个图像各区域的对比度保持相对均衡，这对纹理均衡的图像有较好的美化效果；另一种局部对比度的增强则是对对比度较小的区域实施较小的增强，甚至不扩大其对比度强度，而对本身局部对比度较大的区域实施较大幅度的增强程度，从而造成图像中处于高频分量的边缘部分能够锐化出来，有利于下一步对边缘的检测和提取。对路面图像而言，我们最终需要根据增强结果对裂缝进行大小、形状的测算，所以必须让裂缝边缘锐化出来，因此，在对路面图像的局部对比度增强中，一般采用后一种做法。同理，在对路面图像的整体灰度级增强中，我们主要是希望找到裂缝像素与公路正常像素的分界点，使得大于分界点的灰度值更大，小于分界点的灰度值更小，以此增大两者的全局对比度，最终使得边缘锐化出来。

3.2.3　路面图像的边缘检测

　　上面讲到对路面图像的增强过程中，都是希望使图像中的边缘部分显现并锐化出来，无论实施全局的增强还是局部的增强，都是让边缘附近的像素灰度值发生向两端极值或最值渐进的变化，而当这种趋势无限渐进时，就会导致大量图像灰度级的丧失，而最终变成"非黑即白"式的颜色。这就是我们需要的边缘检测的效果。

　　边缘检测原本是属于图像分割的范畴，也就是将图像的边缘与非边缘分离出来；图像分割还包括将图像中的目标与背景、物体与环境等一些不同形式内容的分离。图像分割主要依靠阈值的选取来实现，也就是将大于阈值的像素设定为"白色"，将小于阈值的像素设定为"黑色"。因此，阈值的选取是图像分割的一个关键问题。或许可以这样认为，有多少种阈值选取的方法，就有多少种图像分割的方法。然而，无论现在有多少种图像分割的新理论、新方法被应用到阈值选取中，但似乎都可以根据阈值选取的适定性将其分为三类：全局阈值、局部阈值、动态阈值。

　　在路面图像的分割中，我们主要是将路面图像的裂缝部分分离出来，检测出裂缝的边缘，以使在后期的处理中，根据裂缝的大小、形状估算裂缝的面积、体积，以便为路面的修整做好准备。目前经典的边缘检测算子有：max 和 min 算子、梯度算子、

Roberts 算子、Laplacian 算子、Laplacian-Gauss 算子、Prewitt 算子、Log 算子、Canny 算子等。对于这些经典的算子，一般都可以预先设定模板，然后通过模板卷积的方式来快速实现。

3.3　小　　结

　　本章阐述了路面裂缝的产生机理。从国内外对公路路面自动检测技术的产生与发展状况入手，给出了路面裂缝检测的一般原理与过程；阐述了路面裂缝检测后期的主要数据处理方法，即对经典的路面图像的去噪或滤波、增强、边缘检测等预处理手段进行了介绍。

　　由于路面图像的去噪、对比度增强和边缘检测在整个路面图像裂缝检测中占有重要地位，它们的实现效果直接影响后面的裂缝识别、分类和计算等后续处理，因此本章只是对图像预处理与分割阶段的几个重要步骤进行了重点描述，有兴趣的读者可以查阅路面裂缝检测的更多和更新的文献，以便了解整个路面自动检测技术的全面状况，更好地发展和延续这项技术。

第4章 基于序列算子的路面图像数据预处理技术

路面图像在获取过程中可能受到各种原因的干扰导致图像数据失真、丢失或数据的值域并不满足灰色建模的条件，如果这时直接进行灰色建模可能会造成很大的误差，影响模型的使用效果。因此，在对路面图像灰色建模之前，对图像数据进行有效的预处理与分析，是图像数据建模前的先验步骤。

数据预处理技术本来是图像处理算法过程中的一部分，这里把它们拿出来作为单独的一部分进行考虑，是因为数据预处理相对后面核心的模型算法容易被人忽视，而它对于图像处理的效果又显得举足轻重，序列算子里面蕴含的灰理论思想值得读者细细揣摩。

对于图像数据，一般情况下，存在两种数据不符合建模的情况：一种是从微观上来看，数据在某个像素点可能存在丢失与突变失真的情况，这时可以通过灰生成技术进行修补或替换；另一种情况是从宏观上来看，整体数据的值域范围不符合灰色建模的要求，这时可以通过构造值域转换算子对图像数据实施整体变换，从而达到数据准确建模的目的。

在图像处理中，其实目前已有的算法已经直接或间接用到灰生成的思想，很多做法的原理和出处与灰生成的本质是相似的。本章将对已有的图像处理算法的灰生成思想进行总结和提炼，并探讨在灰生成空间的图像数据的预处理新技术。

4.1　基于灰生成算子的数据修补技术

在图像处理中，最常用的灰生成技术就是紧邻均值生成技术。

这里，紧邻均值生成面对的是一维数据。由于图像是二维数据平面，具体而言，在图像的一个 3×3 的邻域窗口中，假设当前窗口的中心像素 $f(i,j)(i = 2,3,\cdots,M -1;$ $j = 2,3,\cdots,N -1)$ 缺失或者未知，如图 4.1 所示。

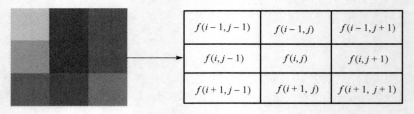

$f(i-1,j-1)$	$f(i-1,j)$	$f(i-1,j+1)$
$f(i,j-1)$	$f(i,j)$	$f(i,j+1)$
$f(i+1,j-1)$	$f(i+1, j)$	$f(i+1, j+1)$

图 4.1　图像邻域窗口与灰度表示图

理论上来说，按照图像空间的紧邻均值生成算法，$f(i,j)$ 的生成值 $\hat{f}(i,j)$ 可以按照从水平方向、竖直方向、主对角线方向、副对角线方向四个主要方向来选取数据进行灰生成运算。具体为

$$\hat{f}(i,j) = 0.5 \times (f(i,j-1) + f(i,j+1)) \tag{4.1}$$

或

$$\hat{f}(i,j) = 0.5 \times (f(i-1,j) + f(i+1,j)) \tag{4.2}$$

或

$$\hat{f}(i,j) = 0.5 \times (f(i-1,j-1) + f(i+1,j+1)) \tag{4.3}$$

或

$$\hat{f}(i,j) = 0.5 \times (f(i+1,j-1) + f(i-1,j+1)) \tag{4.4}$$

然而在实际中，这种紧邻均值生成的方法基本很少使用。虽然图像像素的数值肯定与最近的像素具有最大的相关性，但是到底与哪个方向的像素最为相关仍然不太容易判断。究其原因，灰色序列算子一般用于处理时间序列等一维数据，而图像数据是平面上的二维数据。这时一种可行的办法就是把当前像素点周围的 8 像素的等权平均值作为中心像素值的生成值，这也与图像的均值滤波方法一致。由此看来，图像的均值滤波器在某种意义上也是一种序列算子，可以把它移植到灰生成的过程中，由此得到如下概念。

定义 4.1　设图像数据序列

$$\begin{aligned} X &= (x(1), x(2), x(3), x(4), x(5), x(6), x(7), x(8), x(9)) \\ &= (f(i-1,j-1), f(i-1,j), f(i-1,j+1), f(i,j-1), f(i,j), \\ &\quad f(i,j+1), f(i+1,j-1), f(i+1,j), f(i+1,j+1)) \end{aligned} \tag{4.5}$$

第 5 个数值 $x(5) = f(i,j)$ 可能存在重大失真或变异，则称由其他数值在该点的生成值 $\hat{x}(5)$ 为图像紧邻周围均值生成数，由图像紧邻周围均值生成数构成的序列称为图像紧邻周围均值生成序列。

$$\begin{aligned} \hat{x}(5) = \hat{f}(i,j) = \text{mean}\{ &f(i-1,j-1), f(i-1,j), f(i-1,j+1), \\ &f(i,j-1), f(i,j+1), f(i+1,j-1), f(i+1,j), f(i+1,j+1) \} \end{aligned} \tag{4.6}$$

这里"mean"表示取均值运算。

如果中心数据的生成是采用周围 8 像素灰度值的中位值(即按照从小到大排序在第 4 与第 5 位的两个数据的平均值)来生成，则称 $\hat{f}(i,j)$ 为图像紧邻周围中值生成数，由图像紧邻周围中值生成数构成的序列称为图像四周紧邻中值生成序列。

$$\hat{f}(i,j) = \text{median}\{f(i-1,j-1), f(i-1,j), f(i-1,j+1), f(i,j-1),$$
$$f(i,j+1), f(i+1,j-1), f(i+1,j), f(i+1,j+1)\} \tag{4.7}$$

这里"median"表示取中值运算。

此外，在图像按照从上到下、从左到右的遍历过程中，如果及时更新图像滤波窗口中已经处理过的像素，也就是将当前像素的左边和上边已经生成的新像素值替换图像邻域窗口中对应位置的旧的像素值，这样可以及时利用图像已经更新的信息，一般来说，已经更新的信息的准确度会高于旧的像素的信息精度，因此这种基于灰色新陈代谢[1,143]或递归[144,145]的思想与灰生成算子相互融合，形成基于新陈代谢的灰生成算子。

因此，在上述定义中，如果把当前像素 $f(i,j)$ 上边和左边的像素 $f(i-1,j-1)$、$f(i-1,j)$、$f(i-1,j+1)$、$f(i,j-1)$ 更换成 $\hat{f}(i-1,j-1)$、$\hat{f}(i-1,j)$、$\hat{f}(i-1,j+1)$、$\hat{f}(i,j-1)$，则可以得到如下定义。

定义 4.2　设图像数据序列

$$X = (x(1), x(2), x(3), x(4), x(5), x(6), x(7), x(8), x(9))$$
$$= (\hat{f}(i-1,j-1), \hat{f}(i-1,j), \hat{f}(i-1,j+1), \hat{f}(i,j-1), f(i,j),$$
$$f(i,j+1), f(i+1,j-1), f(i+1,j), f(i+1,j+1)) \tag{4.8}$$

第 5 个数值 $x(5) = f(i,j)$ 可能存在重大失真或变异，则称由其他数值在该点的生成值 $\hat{x}(5)$ 为基于新陈代谢的图像紧邻周围均值生成数，由图像紧邻周围均值生成数构成的序列称为基于新陈代谢的图像紧邻周围均值生成序列。

$$\hat{x}(5) = \hat{f}(i,j) = \text{mean}\{\hat{f}(i-1,j-1), \hat{f}(i-1,j), \hat{f}(i-1,j+1),$$
$$\hat{f}(i,j-1), f(i,j+1), f(i+1,j-1), f(i+1,j), f(i+1,j+1)\} \tag{4.9}$$

这里"mean"表示取均值运算。

如果中心数据的生成是采用周围 8 像素灰度值的中位值(即按照从小到大排序在第4与第5位的两个数据的平均值)来生成，则称 $\hat{f}(i,j)$ 为基于新陈代谢的图像紧邻周围中值生成数，由图像紧邻周围中值生成数构成的序列称为基于新陈代谢的图像四周紧邻中值生成序列。

$$\hat{f}(i,j) = \text{median}\{f(i-1,j-1), f(i-1,j), f(i-1,j+1), f(i,j-1),$$
$$f(i,j+1), f(i+1,j-1), f(i+1,j), f(i+1,j+1)\} \tag{4.10}$$

这里"median"表示取中值运算。

如果中心数据的生成是按照式(4.1)或式(4.2)或式(4.3)或式(4.4)来选取数据的，则称对应的 $\hat{f}(i,j)$ 为图像水平(或竖直或主对角线或副对角线)紧邻均值生成数，由图像水平(或竖直或主对角线或副对角线)紧邻均值生成数构成的序列称为图像水平(或竖直或主对角线或副对角线)紧邻均值生成序列。

　　同样地，如果把式(4.1)或式(4.2)或式(4.3)或式(4.4)中位于当前像素 $f(i,j)$ 上边或左边的像素对应地换成已经处理过的像素，则可以得到基于新陈代谢的图像水平(4.11)(或竖直(4.12)或主对角线(4.13)或副对角线(4.13))紧邻均值生成数，由基于新陈代谢的图像水平(或竖直或主对角线或副对角线)紧邻均值生成数构成的序列称为基于新陈代谢的图像水平(或竖直或主对角线或副对角线)紧邻均值生成序列。

$$\hat{f}(i,j) = 0.5 \times (\hat{f}(i,j-1) + f(i,j+1)) \tag{4.11}$$

或

$$\hat{f}(i,j) = 0.5 \times (\hat{f}(i-1,j) + f(i+1,j)) \tag{4.12}$$

或

$$\hat{f}(i,j) = 0.5 \times (\hat{f}(i-1,j-1) + f(i+1,j+1)) \tag{4.13}$$

或

$$\hat{f}(i,j) = 0.5 \times (\hat{f}(i-1,j+1) + f(i+1,j-1)) \tag{4.14}$$

　　这种在图像处理中及时地加入新产生的数据的方法，可以使得图像处理的效果发生一些神奇的变化。因为我们一般对图像所做的处理都是有效的处理(正常情况下，经过处理后的图像像素值应当更加接近真实像素值，处理过程引入噪声或产生畸变的情况除外)，所以用新的像素信息取代旧的像素信息的方法在一定程度上增加了图像建模的原始序列的可信度，最后也会提高图像建模的精度水平。

　　在图像处理中，目前被广泛使用的均值滤波和中值滤波可以看成广义的序列算子作用于图像数据。不同于一维数据主要由时间的先后次序来主导数据的排序，二维数据主要是考虑到二维平面地理距离的远近来决定排序。由于滤波窗口中心像素的数据周围存在的 8 个数据在距离上是等同的，所以在选取数据和数据的次序时就不能按照时间的先后来选取。经典的均值滤波和中值滤波是选取中心像素周围的 8 像素灰度数据，事实上我们也可以根据图像当前窗口的纹理走向或噪声污染情况选取部分数据来排序，或者按照某种次序来选取部分数据建立初始序列也是可行的。本书在基于灰色关联分析的图像滤波算法进行了初步的尝试，也取得了不错的效果。相信后续如果沿着这个方向进一步深入考虑，则一定可以取得更令人满意的成绩。

　　本节所引入的算子主要用来修补图像邻域中心点的数据，或者用于周围非孤点的图像滤波去噪等。如果当前点处于序列的首尾端点，则我们可以沿着图像的纹理走向进行级比或光滑比生成，难点在于如何在部分数据缺省的情况下快捷地找到图像局部的纹理走向，作者以后会进一步在这个方向进行探讨，以使得基于序列算子的图像数据预处理技术更加完善。

4.2　基于值域转换算子的数据变换技术

在图像处理中，由于图像数据在计算机中的存储格式是以 0～255 的整数形式保存，有时候为了图像函数计算的方便，以及为了与模糊数学的方法相互融合，我们需要对图像数据从一种特殊形式规范到区间[0,1]的变换。为此，做如下定义。

定义 4.3　$X_i = (x_i(1), x_i(2), \cdots, x_i(n))$ 为因素 X_i 的行为序列，D_6 为序列算子，且 $X_i D_6 = (x_i(1)d_6, x_i(2)d_6, \cdots, x_i(n)d_6)$，其中

$$x_i(k)d_6 = x_i(k) / 255, \quad k = 1, 2, \cdots, n \tag{4.15}$$

则称 D_6 为灰度图像到[0,1]的归一化算子，$X_i D_6$ 为系统行为序列 X_i 到[0,1]的归一化像。

在图像处理中，有时候为了后续计算的方便，也可以先把原始序列向正方向做一个单位的平移，然后再做一个归一化处理。

定义 4.4　设 $X_i = (x_i(1), x_i(2), \cdots, x_i(n))$ 为因素 X_i 的行为序列，D_7 为序列算子，且 $X_i D_7 = (x_i(1)d_7, x_i(2)d_7, \cdots, x_i(n)d_7)$，其中

$$x_i(k)d_6 = (x_i(k) + 1) / 256, \quad k = 1, 2, \cdots, n \tag{4.16}$$

则称 D_7 为灰度图像到 (0,1]的归一化算子，$X_i D_7$ 为系统行为序列 X_i 到(0,1]的归一化像。

在图像数据处理中，通过这样一些序列算子的使用，可以使得后面的灰色建模的精度进一步提高，有利于后续模型数据的运算与处理。因此，根据灰度图像到[0,1]或(0,1]的归一化算子，逐渐发展成路面图像灰序列生成预处理技术：通过一次函数 $f(i, j) = g(i, j) / 255$，$i = 1, 2, \cdots, M, j = 1, 2, \cdots, N$（或 $f(i, j) = (g(i, j) + 1) / 256$，$i = 1, 2, \cdots, M, j = 1, 2, \cdots, N$）将图像数据从[0,255]的空间整体映射到[0,255](或(0,255])区间，并分别结合归一化算子、灰生成算子(累加生成算子、紧邻均值生成算子等)方法，实现图像初始数据的预处理，有利于后继的图像数据建模。

除了以上两种定义，目前很多学者在很多算法中已经有了类似的做法。例如，在图像的模糊增强算法中，首先是把图像数据从空间域映射到模糊域，Pal 等采用模糊隶属度函数[45] $\mu_{ij} = T(x_{ij}) = \left[1 + \dfrac{(L-1) - x_{ij}}{F_d} \right]^{-F_e}$，唐磊等提出新的模糊隶属度函数[146]

$\mu_{ij} = T(x_{ij}) = \dfrac{1}{1+e^{-\alpha+\beta(x_T-x_{ij})}}$，还有 $\mu_{ij} = T(x_{ij}) = \dfrac{x_{ij}}{L-1}$、$\mu_{ij} = T(x_{ij}) = \sin(x_{ij})$ 等，这些模糊隶属度[147]算子其实也就是映射到[0,1]区间的值域转换算子。同样可以把它们移植到灰生成空间，从而丰富和发展灰生成算子的内涵和外延。目前对这方面的研究还比较浅显，希望进一步挖掘和拓展。

4.3　小　　结

序列算子是近几年研究得比较多的灰生成技术之一。在自然得到的数据中，很多数据的灰性不是显性的，如果这时候强行进行灰色建模，容易导致模型病态，灰色建模的精度达不到理想的要求。本章主要利用灰生成算子对图像进行数据填补和值域转换，使得经过处理的数据更加适合灰色建模。目前对序列算子的研究非常热门，序列算子在理论和应用上的发展也必将推动灰色模型适应范围的扩大和建模精度的提高。如何把图像处理中融合含有序列算子的高精度灰色模型，将是一个非常具有挑战性的发展方向。

第5章　图像灰色模型理论

在图像处理领域中，目前灰色系统理论正逐渐渗透到各个方面。在这方面，谢松云、马苗、冯冬竹、何仁贵、胡鹏等专家和学者，在图像的灰色处理算法中进行了卓有成效的研究。随着社会的发展和科技的进步，灰色系统理论也在不停地改进和完善。灰色方程、灰色矩阵、灰生成、灰色关联分析、灰色预测、灰色评价、灰色决策、灰规划、灰色控制、灰色投入产出、灰色组合模型等，一些重要的概念和内容渐渐被提出来分析和应用。同时，作为一门新兴学科分支，灰色系统理论与经典的概率统计、模糊数学、时间序列分析等其他新兴学科交相融合，在边缘学科和交叉领域发挥越来越大的作用。本书重点介绍了灰色关联分析、灰熵、灰色预测与图像数据的融合逐渐形成新模型，以及新模型在图像数据的计算中的适定性与优势所在。

5.1　灰色图像关联分析

灰色关联分析是用序列的相似性来度量序列之间的关联性。由于图像数据序列是一种特殊的序列，其特殊性主要表现在两个方面：一是数据的值域为[0,255]的整数；二是图像数据在空间分布上具有一定的纹理相依性。而在传统的邓氏关联度的计算中，并没有充分地利用图像数据的这两个特殊性质。另外，对未做任何预处理的图像像素灰度值可能是 0，这样有可能导致在灰色关联度的计算过程中出现分母为零的病态现象，影响计算结果的稳定性。因此，结合图像数据的特点，我们可以改进传统的灰色关联度。

在图像处理中，经常会对图像的 3×3 邻域的 9 像素进行相关性分析。一般的做法就是取邻域窗口中心点的像素灰度值作为参考序列，中心点周围的 8 像素作为比较序列，这时参考序列与比较序列中均只有一个元素，计算也会简单很多。计算过程如下。

设系统特征序列(参考序列)为

$$X_0 = (x_0(1)) \tag{5.1}$$

相关因素序列(比较序列)为

$$X_1 = (x_1(1)) \tag{5.2}$$

$$\cdots$$

$$X_i = (x_i(1)) \tag{5.3}$$

$$\cdots$$

$$X_8 = (x_8(1)) \tag{5.4}$$

令 $\xi \in (0,1)$ 为分辨系数，一般取 0.5。

分别计算参考序列与比较序列的差异信息序列

$$\Delta_{0i}(1) = |x_0(1) - x_i(1)| \tag{5.5}$$

并求出差异信息序列的最大值 $\max_i |x_0(1) - x_i(1)|$ 与最小值 $\min_i |x_0(1) - x_i(1)|$

$$\gamma(x_0(1), x_i(1)) = \frac{\min_i |x_0(1) - x_i(1)| + \xi \max_i |x_0(1) - x_i(1)|}{|x_0(1) - x_i(1)| + \xi \max_i |x_0(1) - x_i(1)|}, \quad i = 1, 2, \cdots, 8 \tag{5.6}$$

由于此时参考序列与比较序列中均只有一个元素，所以对于单元素序列之间的比较，此时灰色关联系数与灰色关联度是统一的，即

$$\gamma(X_0, X_i) = \gamma(x_0(1), x_i(1)) \tag{5.7}$$

在关联度的公式中，我们发现，对于给定的数据序列，$\min_i |x_0(1) - x_i(1)|$，ξ，$\max_i |x_0(1) - x_i(1)|$ 均为常数，灰色关联度可以表示为 $\dfrac{C_1}{\Delta + C_2}$ (其中 $\Delta = |x_0(1) - x_i(1)|$，$C_1$、$C_2$ 均为常数)的形式。从这个式子可以看出，关联系数的大小取决于差异信息序列 $|x_0(1) - x_i(1)|$ 的大小，差异信息序列的值越大，灰色关联系数越小；差异信息序列的值越小，灰色关联系数的值越大，并且有

$$\lim_{\Delta \to 0} \frac{C_1}{\Delta + C_2} = \frac{C_1}{C_2}, \quad \lim_{\Delta \to \infty} \frac{C_1}{\Delta + C_2} = 0 \tag{5.8}$$

在图像处理中，除了上面的灰色关联建模的方式，有时候为了在 MATLAB 等软件中计算方便，也可以变换一种形式进行灰色关联分析。

特别地，由于数字图像的灰度值的值域为 $[0, 255]$，所以有时候在计算灰色关联度时可以省略预处理部分，并不影响因素序列之间的相互关系；我们一般选取图像局部的 3×3 邻域，然后将邻域的像素排列成一排，将二维排列转化为一维排列，这时比较序列只有一排，即 $i = 1$。只有一排的参考序列与一排比较序列的灰色关联系数和关联度的计算可以简化为

$$X_0 = (x_0(1), x_0(2), \cdots, x_0(n)) \tag{5.9}$$

$$X_1 = (x_1(1), x_1(2), \cdots, x_1(n)) \tag{5.10}$$

$$\Delta_{01}(k) = |x_0(k) - x_1(k)| \tag{5.11}$$

$$\Delta_{01} = (\Delta_{01}(1), \Delta_{01}(2), \cdots, \Delta_{01}(n)) \tag{5.12}$$

$$M = \max_k \Delta_{01}(k), \quad m = \min_k \Delta_{01}(k) \tag{5.13}$$

$$\gamma_{01}(k) = \frac{m + \xi M}{\Delta_{01}(k) + \xi M}, \xi \in (0,1), \quad k = 1,2,\cdots,n \tag{5.14}$$

$$\gamma_{01} = \frac{1}{n} \sum_{k=1}^{n} \gamma_{01}(k) \tag{5.15}$$

文献[148]进一步指出，邓氏关联度、绝对关联度、斜率关联度、改进绝对关联度、广义灰色绝对关联度、B 型关联度的公式形式都可以写为 $\frac{1}{1+d}$ 型，其中 d 用于表示单段直线的差异程度，各种经典的关联度模型的不同就在于对 d 的形式和权重不同，但是都满足以下的极限值。

$$\lim_{d \to 0} \frac{1}{1+d} = 1, \quad \lim_{d \to \infty} \frac{1}{1+d} = 0 \tag{5.16}$$

文献[82]对 B 型关联度模型进一步简化，得到了简化 B 型关联度模型

$$R_{0i} = \frac{1}{1 + \dfrac{\displaystyle\sum_{k=1}^{N} \Delta_{0i}(k)}{N}} \tag{5.17}$$

事实上，当 $N = 1$ 时，简化的 B 型关联度就退化为

$$\gamma_{0i} = \frac{1}{1 + \Delta_{0i}(1)} \tag{5.18}$$

综合以上对现有关联度模型的分析和演绎并结合图像数据特征，这里提出灰色图像关联度模型及其计算方法。

定义 5.1　设参考序列是 $X_0 = (x_0(1))$，比较序列分别为 $X_1 = (x_1(1))$，$X_2 = (x_2(1))$，$\cdots$，$X_8 = (x_8(1))$，则先把图像值域整体映射到[0,1]区间，即得到新的参考序列和比较序列分别为

$X_0' = (x_0(1)/L)$，$X_1' = (x_1(1)/L)$，$X_2' = (x_2(1)/L)$，$\cdots$，$X_n' = (x_n(1)/L)$，L 为待定参数，有时候可以取 $L = 1$ 或 $L = 255$。差异信息序列为

$\Delta_{0i}'(1) = |x_0(1) - x_i(1)|/L$，则灰色图像关联系数(灰色图像关联度)为

$$\gamma_{0i} = \gamma(X_0, X_i) = \frac{1}{1 + \Delta_{0i}'(1)} = \frac{1}{1 + |x_0(1) - x_i(1)|/L}, \quad i = 1,2,\cdots,n \tag{5.19}$$

从形式来看，灰色图像关联度相比简化的 B 型关联度就是多了一个数据预处理的过程，但是这个数据预处理对图像数据而言还是很有意义的。经过这样一个处理后，图像邻域像素之间一个微小的变化可以在灰色图像关联度的计算过程被放大化，使得关联度模型能够更加敏感地捕捉到这些灰度级数的变化，这对图像处理过程是一个不能忽视的好处。

下面验证灰色图像关联度的提出满足灰色关联公理。

(1) 规范性：$0 < \gamma(X_0, X_i) \leqslant 1$，$\gamma(X_0, X_i) = 1 \Leftarrow X_0 = X_i$

(2) 接近性：$|x_0(k) - x_i(k)|$ 越小，$\gamma(x_0(k), x_i(k))$ 越大。

很明显，这里提出的灰色图像关联度满足规范性和接近性两条性质。

邓聚龙早期提出的灰色关联公理一共是四条，除了规范性和接近性，还有整体性和偶对对称性。后来，魏勇等[149]证明整体性和偶对对称性是不必要的，可以不列为灰色关联公理。因此，这里对整体性和偶对对称性不予以验证。

自从灰色关联度提出以来，目前一共产生了二十多种不同的形式和类别的公式。与这里的灰色图像关联度比较接近的还有谢乃明提出的几何关联度[3,150]。相信随着灰色系统理论的进一步发展，一定会有更多的关联度模型被提出和应用到各种各样的场合。灰色图像关联度在一定程度上适应了图像数据的计算和建模，而且规避了传统的邓氏关联度计算过程中可能会产生分母为零的病态情况，简明易懂且高效直接。希望结合图像数据的二维性提出参考序列和比较序列均为多值情况下的灰色关联度模型。

本书从灰色系统理论中的灰色关联分析出发，在理解灰色关联系数、灰色关联度、灰色关联序等相关重要概念的基础上，灵活应用灰色关联分析的几何意义，提出或改进了几种以灰色关联分析为理论基础，与传统图像处理算法(如加权均值滤波、噪声判决、边缘检测、图像对比度增强)有机结合的新算法，并从算法实现机理和编程仿真实现、真实路面图像裂缝检测等方面，证实了新算法的有效性和先进性。算法始终以灰色关联分析理论为基础，探索了灰色关联分析在图像特别是路面图像的滤波、去噪和增强等方面的应用，拓展了灰色关联分析理论在图像处理领域的使用范围，进一步丰富了灰关联理论在图像预处理领域的内涵，实现了灰色系统理论服务于应用的宗旨。灰色关联分析理论自身还在研究和完善中，期待灰色关联分析理论以及在图像处理中的应用有一个新的发展。

5.2　灰色图像关联熵

传统的灰关联熵的计算方法是对邓氏关联度计算过程中得到的灰关联系数先进行归一化处理，然后利用灰熵公式进行计算，这样得到的结果就是传统的灰关联熵。由于在传统的灰关联熵的计算中，采用的是传统的邓氏灰色关联系数作为原始序列，这种情况在图像数据的计算中，同样会面临分母为零的情况，这里我们采用前面介绍的灰色图像灰关联系数作为原始序列来计算灰熵，就得到了灰色图像关联熵。

定义 5.2　(接定义 5.1)由灰色图像关联系数得到灰熵称为灰色图像关联熵。

具体计算步骤如下。

由灰色图像关联系数得到序列

$$X = \{\gamma_{01}, \gamma_{02}, \cdots, \gamma_{0n}\} \tag{5.20}$$

进行归一化处理，得到

$$X' = \{\gamma_{01}', \gamma_{02}', \cdots, \gamma_{0n}'\}, \quad \gamma_{0i}' = \frac{\gamma_{0i}}{\sum_{i=1}^{n} \gamma_{0i}}, \quad i = 1, 2, \cdots, n \quad (5.21)$$

按照计算灰熵的公式，得到灰色图像关联熵

$$H = -\sum_{i=1}^{m} \gamma_{0i}' \ln \gamma_{0i}' \quad (5.22)$$

灰色图像关联熵沿用了灰色图像关联系数的概念，也借用传统灰关联熵的计算方法和定义模式，并在图像处理中取得了较好的效果。

容易证明，灰色图像关联熵作为灰关联熵的一种，满足非负性、对称性、扩展性、极值性等一些优良性质。

目前对关联熵的计算形式相对还是比较匮乏的，这里灰色图像关联熵的提出，将有利于图像处理中对灰关联熵的计算，也丰富了灰关联熵的计算形式。期待后面会有越来越多的不同形式和种类的灰关联熵的出现，完善整个灰熵的建设体系。

5.3　灰色图像预测模型

目前灰色预测模型的形式是非常丰富的。从灰色预测模型定义型、灰色预测模型内涵型到离散灰色预测模型，学者对灰色预测模型的改进和更新就一直没有停止过。灰色预测模型在图像处理中的应用主要局限于图像的边缘检测，图像去噪也略有涉及，但研究不够深入。限制了灰色预测模型在图像处理中的应用，是因为对图像预测模型的提出原本就是应用于时间数据序列，而现在的图像处理还侧重于二维的图像数据，没有延伸到三维动态的视频数据的拟合与预测。也就是说，目前的灰色预测模型应用到图像处理中主要还是在探讨二维图像数据在空间的像素分布上的灰色纹理信息的连贯性和一致性，也就是认为图像局部沿着纹理走向具有一定的可拟合或预测性。在这方面的研究还处于初级阶段，目前已经形成了一些初步的共识性的结论。

(1)原始序列数据的选择(包括选择数据的构成、数量、排列次序等)非常重要。由于图像数据在二维平面上不是时间序列，所以不具有按照时间先后发生的次序选取数据的属性，而灰色预测模型的原始序列的数据又是有序的，次序的改变对模型的拟合和预测具有至关重要的地位。目前的文献报道对原始数据的选择有从图像邻域窗口左上角按照顺时针方向沿着中心像素一圈的做法(如式(5.23))，也有按照算法遍历从上到下、从左到右遍历的顺序依次选择邻域窗口中心像素左上 4 像素的做法[151,152](如式(5.24))，还有经过中心像素沿着水平方向、竖直方向、主对角线方向、副对角线方向分别选择 3 像素并辅助紧邻均值生成新像素的做法[153](如式(5.25)～式(5.28))，以及左侧水平与上侧垂直方向分别取点的方法[154](如式(5.29))，还有从八个不同的方向选取数据建立原始序列的做法。这些做法在一定程度上取得了一些效果，但是在模型的执行效果和可解释性上依然存在瓶颈，要想突破它，还需要学者更加深入的探讨[155]。

$$X = (f(i-1,j-1), f(i-1j), f(i-1,j+1), f(i,j+1),$$
$$f(i+1,j+1), f(i+1,j), f(i+1,j-1), f(i,j-1)) \tag{5.23}$$

$$X = (f(i-1,j-1), f(i-1,j), f(i-1,j+1), f(i,j-1)) \tag{5.24}$$

$$X = (f(i,j-1), 0.5(f(i,j-1)+f(i,j)), f(i,j), 0.5(f(i,j)+f(i,j+1)), f(i,j+1)) \tag{5.25}$$

$$X = (f(i-1,j), 0.5(f(i-1,j)+f(i,j)), f(i,j), 0.5(f(i,j)+f(i+1,j)), f(i+1,j)) \tag{5.26}$$

$$X = (f(i-1,j-1), 0.5(f(i-1,j-1)+f(i,j)), f(i,j), 0.5(f(i,j)+f(i+1,j+1)), f(i+1,j+1)) \tag{5.27}$$

$$X = (f(i+1,j-1), 0.5(f(i+1,j-1)+f(i,j)), f(i,j), 0.5(f(i,j)+f(i-1,j+1)), f(i-1,j+1)) \tag{5.28}$$

$$X = (f(i,j-1), f(i-1,j-1), f(i-1,j), f(i-1,j+1)),$$
$$或 \quad X = (f(i-1,j), f(i-1,j+1), f(i,j+1), f(i+1,j+1)) \tag{5.29}$$

(2) 原始数据选定后，数据的预处理方法也很关键。目前为了提高预测精度，有用序列算子对原始数据进行预处理的，这些序列算子包括对数变换、仿射变换、数乘变换、函数变换等一些可逆的变换算子。但是目前还没有哪一个算子专门针对所有的图像数据而专门设定。本书在第 4 章对序列算子的预处理方法进行了探讨，取得了一些效果，但是这些算子产生的数据转换更多的作用在于防止模型病态的产生(如建模过程中会产生分母为零等情况)，对真正提高灰色图像预测模型的拟合精度作用依然有限。

(3) 刘思峰等在《灰色系统理论及其应用(第 7 版)》中明确指出 GM(1,1) 模型的均值形式(邓聚龙最早提出的传统的 GM(1,1) 模型，即 EGM，也就是在原始序列累加生成后执行了均值生成处理)比原始形式(刘思峰提出的，即 ODGM，也就是在原始序列累加生成后不执行均值化处理)具有普遍意义上更高的拟合与预测精度和更大更宽泛的适应性。因此，若有新的灰色图像预测模型的提出建议采纳原始序列累加生成执行均值化处理的操作，这是经过实践检验行之有效的提高模型精度与稳定性的方法。

灰色预测模型是灰色系统理论的重要组成部分，也是预测理论中的一个非常有用的概念和方法。将灰色预测模型应用到图像的滤波、增强、边缘检测中的做法是本世纪初才出现的一种有效的新尝试。在图像的滤波中，主要利用灰色预测理论拟合和预测与图像数据原始序列相差不大的情形，而噪声点的灰度值与正常像素相比，一般都是非常激烈的突变，选取合理的数据可以通过预测屏蔽灰度值的突变；虽然图像的边缘也会表现出一定的灰度上的突变，但是没有噪声点那么剧烈，也不像噪声点那样在纹理上没有连续性，所以边缘有别于图像噪声的最大区别就是边缘像素一般表现出某一个方向上的连续性；传统的图像模糊增强算法主要有 Pal 等的模糊增强算法和模糊对比度的增强算法。这两种算法是从不同的角度阐释了图像增强的层面：Pal 等的模糊增强算法是从图像像素灰度的整体上找到一个分离目标和背景的合理阈值(典型的做法有最大类间方差法),然后增大大于阈值的像素灰度,减小小于阈值的像素灰度,从整体上增大图像的对比度;在这个算法中,我们通过统计整体图像各灰度级的灰度值的个数的分布,它与图像局部的像素具体纹理分布无关;因此这种做法实际上没有利用图像局部的纹理像素分布信息,对于非典型的双峰直方图的图像一般不能取得较好的效果。而与之对应的模糊对比度的图像增强算法则能侧重于图像局部纹理信息的增强,它通过放大图像邻域的中心像素灰度与其邻域均值的差异来扩大图像边缘的对比度;它的缺点就是对图像的局部增强效果很好,但是缺乏对图像整体灰度统计的考虑。本书利用邻域像素灰度值来自适应地预测路面图像对比度增强的强度,并取得了良好的效果。

灰色预测模型是灰色系统中最经典的模型结构,目前应用到图像处理领域还处于磨合和探索阶段。

5.4　小　　结

本章在原有的灰色模型的基础上,主要结合图像数据的特点介绍了本书所提到的灰色图像关联分析与灰色图像关联熵,并进一步探讨了生成灰色图像预测模型的条件和方向。

图像灰色模型是灰色系统理论与图像处理融合发展的产物,也是灰色模型在图像处理中的特殊化和专门化,同时也有可能有一定程度上的变异或超过原有灰色模型定义的条件范畴,也可以说是一类广义的灰色模型或灰色衍生模型。目前在这一方面的创新还缺乏具有突破意义的模型出现,这也依赖于广大灰色理论与图像处理领域或其他学科交叉领域的朋友们进一步努力。

第6章　基于灰色系统理论的路面图像去噪算法

路面图像在采集和成像过程中不可避免地要遭受各种主观和客观原因所导致的噪声污染问题。各种随机噪声，尤其是椒盐噪声等脉冲噪声，分布在路面图像的灰度级的两极，腐蚀了路面图像的真实像素，不仅严重掩盖了路面的真实状况，而且给接下来的路面图像的裂缝检测造成很大的干扰，甚至与路面图像中的裂缝等低灰度信息相夹杂，造成一定程度的对裂缝等检测目标的位置、形状、大小等特征信息的误判。因此，在对路面图像中的裂缝进行自动检测和测量之前，对其进行适当的去噪或滤波处理，可以为保障后续处理程序的有效进行奠定基础。

目前，关于路面图像去噪算法的种类和方式都比较多，典型的算法有线性滤波、非线性滤波，以及与一些新兴学科方向相结合的复合滤波器等。然而，由于路面图像在采集、传输、存储和分析等过程中所固有的复杂性，传统的处理算法并不能解决所有问题，同时，依赖现有的学科分支和概念的图像去噪算法对进一步提高路面图像去噪或滤波的质量出现瓶颈，于是，寻找新的理念和突破口便摆到我们的面前。

路面图像本身是灰色的，路面噪声的加入更是加剧了它的灰色本性。在路面图像中除了最外层的一圈像素，任意像素的邻域周围都紧邻分布着 8 像素，而邻近的像素之间又表现为一定的纹理分布特性。由于噪声不是图像信息系统与生俱来的元素，所以在像素灰度分布上与路面图像本来的像素之间不具有太强的关联性，在视觉上有一种突兀或者模糊化的感觉。本章利用灰色关联度来度量噪声像素偏离路面图像的邻域均值或邻域中值的测度，以此来区分噪声像素点与正常像素点；利用灰熵理论来刻画路面图像中由于噪声所带来的不均匀性、无序性或不确定性，并应用邻域像素与中值的灰熵值作为权值来实现对路面图像的加权均值滤波；路面图像在局部区域或一定的纹理方向上的像素具有一定的连续性，本章利用滤波窗口的中心像素的邻近像素或关联像素，通过灰色预测模型实现对路面图像中被噪声污染像素的恢复和滤波，有效提高了图像的滤波或去噪的质量。

总之，本章充分挖掘噪声点与路面图像正常像素点在灰度值分布上的突变性、在纹理走向分布上的不连续性、在系统内部的无序性与不确定性、在局部区域或邻近像素之间的可预测性，尝试把灰色关联分析、灰熵理论、灰色预测模型应用到路面图像的去噪算法中，并取得了良好的预期效果。

6.1　基于灰色图像关联度的路面图像加权均值滤波算法

虽然灰色关联度应用到图像处理领域的时间不是很长，还有很多理论问题正待解决，但是从现有的研究成果来看，我们已经取得了不俗的成绩，并且发展态势喜人[156-158]。

　　本节从传统的灰色关联度滤波算法入手，分析了传统的灰关联滤波算法的优缺点，考虑到邻域窗口中心像素的周围仍然可能存在噪声的影响，提出了一种基于新的灰色关联度模型的图像加权滤波的方法。与传统的均值滤波、传统灰色关联度加权滤波算法相比，通过算法分析与仿真实验，本节提出的算法具有一定的优越性与先进性。

　　在传统的均值滤波算法中，邻域窗口的所有像素值，无论正常像素点还是噪声点，均被同等对待，并被赋予同样大小的权值来计算中心像素的灰度值。事实上，当图像的噪声密度比较低时，邻域窗口的噪声点对计算中心像素的影响也许可以忽略。但是，随着噪声密度的增加，这种恶性的影响就会被放大，从而影响滤波的效果。

6.1.1　传统的基于邓氏关联度的自适应均值滤波算法

　　为了改变传统的均值滤波算法中邻域窗口内所有像素都被等权参与到中心像素值的生成计算，这里给出基于传统邓氏灰色关联度的自适应的加权均值滤波算法[159]。这种方法的思路如下。

　　设一个像素大小为 M 行 N 列的数字图像的尺寸记为 $M \times N$，中心像素记为 $f(i,j)(i=2,\cdots,M-1; j=2,\cdots,N-1)$。由于以图像边框的最外层像素为中心像素的窗口邻域残缺，所以最外层像素不参与处理，这样可以简化计算而不影响对算法效果的评价。一个以 $f(i,j)$ 为中心像素的窗口邻域可以写为

$$\begin{bmatrix} f(i-1,j-1) & f(i-1,j) & f(i-1,j+1) \\ f(i,j-1) & f(i,j) & f(i,j+1) \\ f(i+1,j-1) & f(i+1,j) & f(i+1,j+1) \end{bmatrix} \tag{6.1}$$

　　然后，把灰色关联分析应用到图像滤波中，具体可以分为如下步骤。

（1）确定参考序列 X_0 和比较序列 X_1，即

$$\begin{aligned} X_0 &= \{x_0(1), x_0(2), x_0(3), x_0(4), x_0(5), x_0(6), x_0(7), x_0(8), x_0(9)\} \\ &= \{v, v, v, v, v, v, v, v, v\} \end{aligned} \tag{6.2}$$

其中，$v = \text{mean}\{x_0(1), x_0(2), x_0(3), x_0(4), x_0(5), x_0(6), x_0(7), x_0(8), x_0(9)\}$，"mean"表示取平均运算。

$$\begin{aligned} X_1 &= \{x_1(1), x_1(2), x_1(3), x_1(4), x_1(5), x_1(6), x_1(7), x_1(8), x_1(9)\} \\ &= \{f(i-1,j-1), f(i-1,j), f(i-1,j+1), f(i,j-1), \\ &\quad f(i,j), f(i,j+1), f(i+1,j-1), f(i+1,j), f(i+1,j+1)\} \end{aligned} \tag{6.3}$$

　　（2）为了增强数据序列的可比性，需要把每一组数据无量纲化。这里采用均值化算子处理，故

$$\begin{aligned} X_0' &= \{x_0'(1), x_0'(2), x_0'(3), x_0'(4), x_0'(5), x_0'(6), x_0'(7), x_0'(8), x_0'(9)\} \\ &= \left\{ \frac{x_0(1)}{v}, \frac{x_0(2)}{v}, \frac{x_0(3)}{v}, \frac{x_0(4)}{v}, \frac{x_0(5)}{v}, \frac{x_0(6)}{v}, \frac{x_0(7)}{v}, \frac{x_0(8)}{v}, \frac{x_0(9)}{v} \right\} \\ &= \{1, 1, 1, 1, 1, 1, 1, 1, 1\} \end{aligned} \tag{6.4}$$

$$X_1' = \{x_1'(1), x_1'(2), x_1'(3), x_1'(4), x_1'(5), x_1'(6), x_1'(7), x_1'(8), x_1'(9)\}$$

$$= \left\{ \frac{x_1(1)}{v}, \frac{x_1(2)}{v}, \frac{x_1(3)}{v}, \frac{x_1(4)}{v}, \frac{x_1(5)}{v}, \frac{x_1(6)}{v}, \frac{x_1(7)}{v}, \frac{x_1(8)}{v}, \frac{x_1(9)}{v} \right\} \quad (6.5)$$

(3) 计算差序列、两极最大差、两极最小差，即

$$\Delta_{01} = \{\Delta_{01}(1), \Delta_{01}(2), \Delta_{01}(3), \Delta_{01}(4), \Delta_{01}(5), \Delta_{01}(6), \Delta_{01}(7), \Delta_{01}(8), \Delta_{01}(9)\}$$

$$= \{|x_0'(1) - x_1'(1)|, |x_0'(2) - x_1'(2)|, |x_0'(3) - x_1'(3)|, |x_0'(4) - x_1'(4)|,$$

$$|x_0'(5) - x_1'(5)|, |x_0'(6) - x_1'(6)|, |x_0'(7) - x_1'(7)|, |x_0'(8) - x_1'(8)|, |x_0'(9) - x_1'(9)|\} \quad (6.6)$$

$$m_1 = \max\{\Delta_{01}(1), \Delta_{01}(2), \Delta_{01}(3), \Delta_{01}(4), \Delta_{01}(5), \Delta_{01}(6), \Delta_{01}(7), \Delta_{01}(8), \Delta_{01}(9)\} \quad (6.7)$$

$$m_2 = \min\{\Delta_{01}(1), \Delta_{01}(2), \Delta_{01}(3), \Delta_{01}(4), \Delta_{01}(5), \Delta_{01}(6), \Delta_{01}(7), \Delta_{01}(8), \Delta_{01}(9)\} \quad (6.8)$$

(4) 计算灰关联系数 $\varepsilon_{01}^{(k)}$，即

$$\varepsilon_{01}^{(k)} = \frac{m_2 + \rho m_1}{\Delta_{01}(k) + \rho m_1}, \quad k = 1, 2, \cdots, 9, \quad \rho = 0.5 \quad (6.9)$$

(5) 把灰色关联系数作为相应的权系数，计算图像窗口邻域的中心像素的加权均值，有

$$\hat{f}(i, j) = \frac{\sum\limits_{k=1}^{9} \varepsilon_{01}^{(k)} x_1(k)}{\sum\limits_{k=1}^{9} \varepsilon_{01}^{(k)}} \quad (6.10)$$

很显然，$\hat{f}(i, j)$ 就是中心像素 $f(i, j)$ 的 3×3 窗口邻域的加权均值。

与传统的均值滤波相比，这种灰关联的加权均值滤波具有一定的积极意义：①它尝试把灰色关联分析应用到图像滤波领域，开辟了图像滤波的一个新途径；②灰色关联系数通过刻画邻域各点与平均值的距离来自适应地调节相应的权值，使更接近于正常点的像素在加权平均计算时占用更大的权重，而噪声像素占用更小的权重，以此来回避噪声在邻域中的消极影响，从而实现自适应地调节各像素点在加权求和中的权重的目的，增强了算法的智能性。事实也证明，这是一种优于传统均值滤波的方法。

然而，这个算法同样也存在不可回避的缺陷：①在这个传统的灰关联滤波算法中，选定邻域窗口内 9 像素的平均值建立参考序列，而这 9 像素本身可能并非都是正常像素，所以选取它们作为等权平均得到的结果未必就能最接近图像邻域窗口的中心像素真实值。②传统的邓氏关联度自身还存在缺陷，当图像窗口中的 9 像素的值相等时，邓氏关联系数的分母为 0，此时显然没有意义。这时程序运行过程中就会产生病态现象或不稳定的状况(尽管我们可以通过修改算法的执行选择语句来规避这种情况，但是这样做无疑又会或多或少地增加算法的复杂度或不规则性。我们总是希望能找到一种统一的具有普遍意义的算法将这种特殊情况包括进去，以回避对各种特殊情况的分门

别类的讨论）。传统的灰关联滤波算法没有考虑这个特殊情况，会影响到算法的稳定性和严谨性。③已有文献[85]指出，邓氏关联度中分辨系数的取值不应当被静态地设置为 0.5，而应当是动态地变化设置，这样才能满足实际要求，否则，可能会导致关联系数的排序问题。而如何动态有效地设置分辨系数的取值，目前还处于探索阶段，尚缺乏统一的认识。总之，基于灰色关联分析的加权均值滤波算法并不完美，我们只有充分利用它的优点，克服它的弱点，才能取得更好的效果。

6.1.2　基于灰关联中值滤波算法及其结果分析

为了克服传统灰关联滤波算法的弊端，文献[160]、[161]中指出可以用邻域窗口的中值代替均值在某些情况下可以取得更好的滤波效果。下面来看一下当把传统的灰关联滤波中参考序列的平均值换成中值以后，灰色关联系数的计算过程将会变成什么样的形式。

(1)确定参考序列 X_0 和比较序列 X_1，即

$$X_0 = \{x_0(1), x_0(2), x_0(3), x_0(4), x_0(5), x_0(6), x_0(7), x_0(8), x_0(9)\}$$
$$= \{v, v, v, v, v, v, v, v, v\} \tag{6.11}$$

其中，　$v = \mathrm{median}\{x_0(1), x_0(2), x_0(3), x_0(4), x_0(5), x_0(6), x_0(7), x_0(8), x_0(9)\}$，" median "表示取中位值运算，即当序列的元素个数为奇数时，则按照从小到大排在最中间的那个数就是中位值；当序列的元素个数为偶数时，则按照从小到大排序排在最中间的两个数的平均值就是这个序列的中位值。

$$X_1 = \{x_1(1), x_1(2), x_1(3), x_1(4), x_1(5), x_1(6), x_1(7), x_1(8), x_1(9)\}$$
$$= \{f(i-1, j-1), f(i-1, j), f(i-1, j+1), f(i, j-1),$$
$$f(i, j), f(i, j+1), f(i+1, j-1), f(i+1, j), f(i+1, j+1)\} \tag{6.12}$$

(2)为了能够增强数据序列的可比性，需要把每一组数据无量纲化。这里采用均值化算子处理。经过均值化处理后的 X_0' 与 X_1' 和上述算法中的式(6.4)和式(6.5)完全一致。

在这一步中，文献[160]和文献[159]一样，仍然是采用的均值化算子对邻域窗口内的像素进行预处理。由于图像数据的值域是介于 0~255 的整数，所以当邻域窗口内的像素值都是 0 时，这里的平均值仍然是 0，这时就会导致均值化算子的计算出现分母为零的情况而没有意义，这也会直接导致该像素点计算后得到的新像素值出现异常值等情况，算法程序的稳定性也变差了。

(3)用式(6.6)~式(6.8)计算差序列、两极最大差。

在这一步中，如果文献[159]中这个参考序列与比较序列的差序列的绝对值的最小值有可能为 0，那么在这里（即文献[160]）的做法中 m_2 的值一定是 0，因为比较序列中总有一个元素的值是等于参考序列元素的值。因此我们很容易得到 $m_2 = 0$，后面步骤中的公式都可以适当变形或简化。

(4) 计算灰关联系数 $\varepsilon_{01}^{(k)}$，即

$$\varepsilon_{01}^{(k)} = \frac{\rho m_1}{\Delta_{01}(k) + \rho m_1}, \quad k = 1, 2, \cdots, 9, \quad \rho = 0.5 \tag{6.13}$$

考虑到当 $m_1 = 0$ 时，邻域窗口内的 9 像素灰度值一定都是相等的，这种情况下一般认为是该邻域窗口处于平滑区域，即图像邻域窗口内每个像素灰度值都是相等的，不存在噪声(也有一种极端的情况就是邻域窗口内的 9 像素都是同一种噪声，这时说明图像已经被污染得太严重，再进行滤波处理没有多大意义，所以这种情况暂时不予考虑)。不妨设 $m_1 > 0$，把式 (6.13) 的分子和分母同时除以 ρm_1，这时可以得到

$$\varepsilon_{01}^{(k)} = \frac{1}{\dfrac{\Delta_{01}}{\rho m_1} + 1} \tag{6.14}$$

ρ、m_1 都是常数，不妨令 $\dfrac{\Delta_{01}}{\rho m_1} = C$ (常数)，式 (6.14) 变为

$$\varepsilon_{01}^{(k)} = \frac{1}{C \cdot \Delta_{01} + 1} \tag{6.15}$$

这也正好与文献[148]中所列举的邓氏关联度模型等六种灰色关联度模型均可以整理成 " $\dfrac{1}{1+d}$ " 的形式(其中 d 表示差异程度)一致。

这种用邻域窗口中值代替均值的做法从某种意义上讲是或多或少地受到了传统中值滤波的启发，在一定程度上结合了中值滤波器和均值滤波器的优点，摒弃了各自的缺点后适当扬长避短的结果[162]，因此相比于传统灰关联滤波算法取得了很大的进步。但是，尽管滤波窗口中噪声点占用很小的权值，但是这个消极影响仍然存在，并且随着噪声密度的增大，有多个很小的权值累积起来的负面影响就不能忽略。由此可见，与均值滤波相比，这种加权的均值滤波并没有完全消除"矛盾"，只是减少了"矛盾"，当条件变化时，这个"矛盾"仍然可能会激化；而且这种算法是用邓氏关联度模型来计算灰色关联系数的，当遇到极端数据时，这种算法程序的不稳定性还是有可能存在的。

有鉴于此，本节提出一种改进的方案来对现有的算法进行完善，使之能取得较好的效果。通过分析椒盐噪声的分布特点和灰色关联分析的几何意义，我们提出一种基于新的灰色关联度模型的算法[163]以便取得更好的效果。

6.1.3　改进算法的思想

首先，考虑到上述所说的传统的邓氏关联度在图像滤波中的不足，借鉴谢乃明的几何关联度和邓氏关联度的思想，本节应用第 5 章介绍的灰色图像关联度模型。该模

型不仅可以回避分母可能为零的情况，而且简化了计算步骤，通俗易懂，并且在图像滤波中能够取得好于邓氏关联度的效果。

设 $X_0 = \{x_0(1), x_0(2), \cdots, x_0(n)\}$（$x_0(t) \in [0, 255]$，$t = 1, 2, \cdots, n$）为参考序列（或称系统特征序列），$X_i = \{x_i(1), x_i(2), \cdots, x_i(n)\}$（$x_i(t) \in [0, 255]$，$t = 1, 2, \cdots, n$，$i = 1, 2, \cdots, m$）为比较序列（或称相关因素序列），则称

$$\gamma(x_0(k), x_i(k)) = \frac{1}{1 + |x_0(k) - x_i(k)| / L} \quad (L \text{一般介于} 1 \sim 255) \tag{6.16}$$

为灰色图像关联系数；称

$$\gamma(X_0, X_i) = \frac{1}{n} \sum_{k=1}^{n} \gamma(x_0(k), x_i(k)) \tag{6.17}$$

为灰色图像关联度。

特别地，当参考序列与比较序列均为单元素序列时，有

$$\gamma(X_0, X_i) = \gamma(x_0(1), x_i(1)) = \frac{1}{1 + |x_0(1) - x_i(1)| / L} \quad (L \text{一般介于} 1 \sim 255) \tag{6.18}$$

即此时图像关联系数与图像关联度相等。

这里，我们用自定义的单元素图像关联度来进行图像滤波。

其次，考虑到与图像窗口邻域的像素均值相差较大的像素很可能是被噪声污染的高频分量，我们在滤波时应当舍弃这些相关因素，所以滤波时只取关联系数大于其中位值的 3 个关联系数所对应的像素进行加权均值滤波，而不是滤波窗口内所有的元素加权均值滤波，这样可以有效避免高密度椒盐噪声的干扰。

最后，当随着噪声密度增加时，借鉴递归滤波器和灰色新陈代谢序列的思想，当我们从图像的第 (2,2) 个像素点，沿着从上到下、从左到右的顺序，依次遍历图像中的每个像素时，当前邻域窗口中心像素点的计算可以实时利用该像素左边和上边已经计算出来的像素值，因为新的像素点比旧的像素点含有更少的噪声，这样可以有效减少邻域窗口中噪声的干扰。

在滤波窗口中，取邻域的中值作为参考序列，由于椒盐噪声分布在像素灰度的两极，可以近似认为中值比较接近当前像素点的真实值，这是一个比较可行的近似估计。图像窗口邻域中的像素分为两类：一类是远离真实值的像素；另一类是接近真实值的像素。我们在滤波时，只取后一类像素来进行加权均值滤波。由于通过灰色图像关联度计算出来的权重值随着图像滤波窗口的移动而动态变化，这样就可以自适应加强有用信息而舍弃噪声信息。

6.1.4　改进算法的步骤

算法的详细步骤可以分为如下几步。

(1) 设当前像素点为 $f(i,j)(i=2,\cdots,M-1;j=2,\cdots,N-1)$，取该像素点的 3×3 的邻域窗口内的 9 像素点 $f(i-1,j-1)$，$f(i-1,j)$，$f(i-1,j+1)$，$f(i,j-1)$，$f(i,j)$，$f(i,j+1)$，$f(i+1,j-1)$，$f(i+1,j)$，$f(i+1,j+1)$ 分别为比较序列，而取它们的中值为参考序列，即

$$x_0 = \text{median}\{f(i-1,j-1),f(i-1,j),f(i-1,j+1),f(i,j-1),\\ f(i,j),f(i,j+1),f(i+1,j-1),f(i+1,j),f(i+1,j+1)\} \tag{6.19}$$

$x_1=\{f(i-1,j-1)\}$，$x_2=\{f(i-1,j)\}$，$x_3=\{f(i-1,j+1)\}$，$x_4=\{f(i,j-1)\}$，$x_5=\{f(i,j)\}$，$x_6=\{f(i,j+1)\}$，$x_7=\{f(i+1,j-1)\}$，$x_8=\{f(i+1,j)\}$，$x_9=\{f(i+1,j+1)\}$

(2) 计算邻域窗口内 9 个比较序列与参考序列的图像关联系数，记为 γ，即得 $\gamma_1,\gamma_2,\gamma_3,\gamma_4,\gamma_5,\gamma_6,\gamma_7,\gamma_8,\gamma_9$。

$$\gamma_k = \gamma(x_0,x_k) = \frac{1}{1+|x_0-x_k|}, \quad k=1,2,\cdots,9 \tag{6.20}$$

(3) 对上述的 9 个关联系数进行由大到小排序，只选取前三个较大的关联系数(记为 $\gamma_a,\gamma_b,\gamma_c$)及其对应的像素灰度值(记为 f_a,f_b,f_c)按如下公式进行加权均值滤波。

$$\hat{f}(i,j) = \frac{\gamma_a f_a + \gamma_b f_b + \gamma_c f_c}{\gamma_a + \gamma_b + \gamma_c} \tag{6.21}$$

(4) 该步骤为可选项，当图像滤波窗口从上到下、从左到右遍历时，由数字图像的平面位置分布信息可知，当前像素点的上边和左边的像素点实际上已经遍历过了。如果记已经遍历过的像素为 $\hat{f}$，则对第(1)步中确定参考序列与比较序列时，我们用新像素取代旧像素，有

$$x_0 = \text{median}\{\hat{f}(i-1,j-1),\hat{f}(i-1,j),\hat{f}(i-1,j+1),\hat{f}(i,j-1),\\ f(i,j),f(i,j+1),f(i+1,j-1),f(i+1,j),f(i+1,j+1)\} \tag{6.22}$$

$$x_1 = \{\hat{f}(i-1,j-1)\} \tag{6.23}$$

$$x_2 = \{\hat{f}(i-1,j)\} \tag{6.24}$$

$$x_3 = \{\hat{f}(i-1,j+1)\} \tag{6.25}$$

$$x_4 = \{\hat{f}(i,j-1)\} \tag{6.26}$$

$$x_5 = \{f(i,j)\} \tag{6.27}$$

$$x_6 = \{f(i,j+1)\} \tag{6.28}$$

$$x_7 = \{f(i+1,j-1)\} \tag{6.29}$$

$$x_8 = \{f(i+1, j)\} \tag{6.30}$$

$$x_9 = \{f(i+1, j+1)\} \tag{6.31}$$

其中，$i = 3, \cdots, M-2; j = 3, \cdots, N-2$。

注意：起始像素点 $f(2,2)$ 无法替换，图像最外两层（$i = 1, 2, M-1, M; j = 1, 2, N-1, N$）的其他边缘像素，如果上边或左边没有新生成的像素，则维持旧像素不变或只是尽可能部分替换。这种方法又称为新陈代谢滤波方法，有些情况下及时更新数据可以提高图像滤波的质量。

算法流程图如图 6.1 所示。

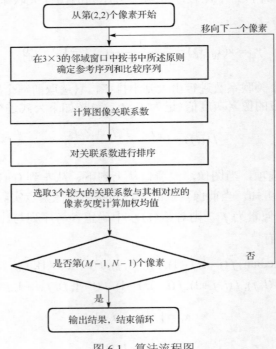

图 6.1　算法流程图

6.1.5　改进算法的结果及其分析

为了检测新算法的有效性，我们先用 MATLAB 自身提供的加有椒盐噪声的实验图片进行滤波处理。针对同一噪声密度的实验图像，我们分别用传统的均值滤波、传统的灰关联滤波[159]、灰关联自适应中值滤波[160]、本节基于灰色图像关联度的灰关联加权均值滤波新算法进行处理，然后改动噪声的密度再进行同样的处理。最后用真实的路面裂缝图像进行检测(除非特别说明，本节的路面裂缝图像均来自互联网或相关文献，以后不再说明)。

不同椒盐噪声参数下，实验图像算法结果比较图，如图 6.2～图 6.9 所示。

　　(a) 原图像　　　　　　　　(b) 噪声图像　　　　　　(c) 传统均值滤波

(d) 文献[159]灰关联滤波　　(e) 文献[160]灰关联中值滤波　　(f) 灰色图像关联滤波

图 6.2　实验图像算法结果比较图(椒盐噪声参数为 0.05)

　　(a) 原图像　　　　　　　　(b) 噪声图像　　　　　　(c) 传统均值滤波

(d) 文献[159]灰关联滤波　　(e) 文献[160]灰关联中值滤波　　(f) 灰色图像关联滤波

图 6.3　实验图像算法结果比较图(椒盐噪声参数为 0.10)

（a）原图像　　　　　　　　（b）噪声图像　　　　　　　　（c）传统均值滤波

（d）文献[159]灰关联滤波　　（e）文献[160]灰关联中值滤波　　（f）灰色图像关联滤波

图 6.4　实验图像算法结果比较图（椒盐噪声参数为 0.15）

（a）原图像　　　　　　　　（b）噪声图像　　　　　　　　（c）传统均值滤波

（d）文献[159]灰关联滤波　　（e）文献[160]灰关联中值滤波　　（f）灰色图像关联滤波

图 6.5　实验图像算法结果比较图（椒盐噪声参数为 0.20）

(a) 原图像　　　　　　　(b) 噪声图像　　　　　　　(c) 传统均值滤波

(d) 文献[159]灰关联滤波　　(e) 文献[160]灰关联中值滤波　　(f) 灰色图像关联滤波

图 6.6　实验图像算法结果比较图(椒盐噪声参数为 0.25)

(a) 原图像　　　　　　　(b) 噪声图像　　　　　　　(c) 传统均值滤波

(d) 文献[159]灰关联滤波　　(e) 文献[160]灰关联中值滤波　　(f) 灰色图像关联滤波

图 6.7　实验图像算法结果比较图(椒盐噪声参数为 0.30)

(a) 原图像　　　　　　　　(b) 噪声图像　　　　　　　(c) 传统均值滤波

(d) 文献[159]灰关联滤波　　　(e) 文献[160]灰关联中值滤波　　　(f) 灰色图像关联滤波

图 6.8　实验图像算法结果比较图（椒盐噪声参数为 0.35）

(a) 原图像　　　　　　　　(b) 噪声图像　　　　　　　(c) 传统均值滤波

(d) 文献[159]灰关联滤波　　　(e) 文献[160]灰关联中值滤波　　　(f) 灰色图像关联滤波

图 6.9　实验图像算法结果比较图（椒盐噪声参数为 0.40）

路面图像算法结果比较图，如图 6.10 所示。

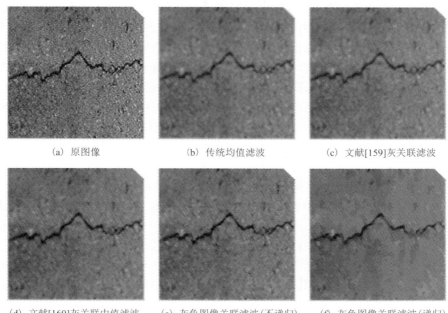

　　(a) 原图像　　　　　　　　(b) 传统均值滤波　　　　　(c) 文献[159]灰关联滤波

(d) 文献[160]灰关联中值滤波　　(e) 灰色图像关联滤波(不递归)　　(f) 灰色图像关联滤波(递归)

图 6.10　路面图像算法结果比较图

算法的主观评价如下。

从实验图像算法结果来看，我们可以比较各种滤波算法的实现效果：原图像很清晰，灰度层次分明，整体视觉效果很好，但是当加入椒盐噪声后，由于椒盐噪声是一种典型的脉冲噪声，分布在灰度级的两极，图像变得粗糙。传统的均值滤波是在滤波窗口内取所有邻域像素的平均值作为窗口中心的像素值，因而不可避免地造成图像边缘的模糊化，并使得图像局部灰度层次简单化；陶健锋等传统灰色关联度滤波算法相比于传统均值滤波确实取得了一定的进步，滤波结果在噪声密度较低时可以取得相当不错的效果，但是随着噪声密度的增加，这种相对的优越性越来越不明显；李艳玲等把传统邓氏关联度的滤波算法进行改进,把参考序列的元素选为比较序列元素的中值，相对前两种算法效果得到了很大的改善。但是当这两种算法的当前邻域窗口内像素灰度的均值为 0 或邻域窗口内的像素全部相等时，分别会遇到利用均值化算子进行数据预处理或进行邓氏关联度计算时分母为零的病态情况。除此之外，由于滤波窗口的中心像素仍然是选取的全部邻域像素的加权平均值，非接近中心像素真实值的因素仍然存在并发挥作用，所以无法避免过多的噪声点对新生成像素的灰度值的负面影响，而当整个邻域窗口内的像素灰度值全部相等时，传统的邓氏关联度的计算方法将会出现分母为零的情况，从而使得图像上出现一些突兀的坏点；本节改进的新算法充分吸取了传统算法的优点，利用新的图像关联度来计算邻域窗口的加权均值，并且摒弃了远离窗口中心像素真实值的影响，充分利用了上边和左边的新生成像素的真实值，使得噪声的影响大大降低，因此图像既保持了一定程度上的边缘，又平滑了噪声，整体滤波效果较好。

从实验图像比较结果的整体来看，当噪声密度比较低时，本节算法中选择不递归的灰关联加权均值滤波可以取得更好的效果，但是随着噪声密度的增加，图像处理结果中出现了一些噪声块的干扰，此时适时采用基于新陈代谢的递归的思想会使得算法的处理结果更加理想。也就是说，当噪声密度较高时，把本节提出的改进的灰色图像关联度的模型与递归滤波的思想相结合，可以取得更好的处理效果。但是在低密度噪声的时候，实验表明不适宜采用递归的滤波算法。本节在噪声密度参数小于等于 0.2 时不采用递归算法，而大于等于 0.25 时采用递归算法只是一种感性的处理，并不一定非得以这两个值作为不同处理算法的临界值。读者以后可以根据具体的情况采用多次尝试、比较主观或客观评价结果再来决定不同的算法。

路面裂缝图像的滤波效果也与实验图像的效果基本一致，本节提出的新算法能够在平滑噪声的同时一定程度上保持裂缝边缘的锐利性，有效地说明了新算法的有效性和实用性。由于不知道真实图像的噪声的密度参数，这里对本节的新算法分别采用了不递归和递归两种灰关联的滤波算法，我们会发现后一种对非裂缝区域的噪声抑制效果更胜一筹，能够更好地掩饰图像中的非裂缝区域的锐化部分，读者以后可以根据图像被污染的程度或图像细节类型决定具体的算法取舍。

滤波效果的客观评价如下。

我们采用实验图像的原始图像与加噪后处理过的图像的峰值信噪比（PSNR）的比较来客观评价算法的处理效果，如表 6.1 和表 6.2 所示。

表 6.1　实验图像各种滤波方法的 PSNR 对比（低密度噪声）

噪声密度	0.05	0.10	0.15	0.20
均值滤波	23.2917	21.5791	20.1965	19.0812
陶剑锋等灰关联滤波	25.0894	23.7518	22.4231	21.2705
李艳玲等灰关联滤波	25.8416	24.7708	23.6706	22.7577
灰色图像关联滤波（不递归）	26.3163	25.5300	24.5941	23.7564

表 6.2　实验图像各种滤波方法的 PSNR 对比（高密度噪声）

噪声密度	0.25	0.30	0.35	0.40
均值滤波	18.0873	17.0693	16.3879	15.7677
陶剑锋等灰关联滤波	20.0918	18.8702	17.8903	17.0652
李艳玲等灰关联滤波	21.5838	20.2652	19.1048	18.0708
灰色图像关联滤波（递归）	22.9603	22.3663	21.6918	21.1763

从表 6.1 和表 6.2 中的 PSNR 数据可以看到，当椒盐噪声密度分别为 0.05、0.10、0.15、0.20 四个等级时，本节提出的新灰关联滤波方法所取得的 PSNR 值都是最高的，说明新算法的滤波效果要优越于传统的均值滤波方法和其他两种灰关联滤波方法。当

噪声密度参数大于 0.2 以后，我们适时地将灰色图像滤波与递归的思想相结合，使得本节提出的算法在抵抗高密度重污染的噪声时，相比于其他算法的效果更加明显。由此可见，本节提出的改进的基于灰色图像关联分析的图像加权均值滤波算法充分利用了图像的邻域窗口内的像素分布特点，并与灰色关联度的计算方法相结合，从理论上分析了新算法的优越性和先进性，最后通过编程来实现，证明了该算法是一种改进的行之有效的好算法，并且在路面裂缝图像的处理中也取得了较好的效果。

　　本节从传统的灰关联滤波方法入手，分析了现有方法的优点和缺点。从灰色关联分析的理论出发，受相关学者提出的几何关联度的概念和理论的启发，结合图像像素灰度级的特点，提出了图像关联系数和图像关联度的概念，并将之应用于路面图像的灰关联滤波的计算过程中，选取灰色关联系数比较接近邻域滤波窗口均值的相关像素进行加权均值滤波，克服了以往算法有可能存在的弱点，减弱了噪声对邻域窗口中心像素新值生成的干扰，由于减少了对参考序列与比较序列利用均值化算子进行预处理的步骤，对整个算法的运算量也有一定的减少，提高了路面图像滤波的效率。从对路面图像的滤波效果来看，本节算法使路面图像的裂缝进一步清晰，便于后续研究者对其进行进一步的处理和分析。

6.2　基于灰关联噪声自适应判别的路面图像去噪算法

　　在 6.1 节中，我们提出了一种改进的基于灰色图像关联度的路面图像滤波算法，并从理论和实际编程中证明该算法的有效性和先进性。但是，我们可以注意到，对 6.1 节中的实验图像加噪和真实路面图像的滤波过程中，随着噪声密度的增加，原始算法的滤波效果逐渐变得更差，这时我们采取的是融入递归滤波的思想，让图像邻域窗口中已经滤除噪声的新噪声点直接加入后续的新的像素生成值的计算中，并且取得了不错的效果。这种滤波方式可以比较干净地滤除图像中除去极端大噪声块以外的噪声，但是同时也带来了图像边缘区域的平滑和图像平滑区域的一定程度上的失真。究其原因，主要是我们在采取这种方式进行图像去噪时，延续了传统的均值滤波器的做法，对所有像素都用滤波窗口设定的模板进行新像素的生成操作，这时滤波窗口的中心像素有可能本身就是非噪声点，如果这时还是硬性地进行滤波，则会造成真实像素灰度的丢失；另外，即便滤波窗口的当前中心像素是噪声点，我们在新像素生成的过程中也只能利用邻域窗口内中心像素周围 8 像素中的非噪声点进行加权生成，因为只有滤波窗口内邻域中的非噪声点与中心像素的真实值有一定的相似性，而噪声点只能让新生成的像素值更加远离邻域窗口中心像素值的真实值。

　　为解决这两个有可能使得图像像素灰度值失真滤波效果降低的问题，本节充分应用图像噪声检测的预处理知识，从另外一个层面进行了新的探索和有益的尝试，再次对传统灰关联滤波进行了改进，结合灰色关联分析的理论知识开辟了从另外一个侧面改进的路面图像去噪算法的新途径和新方法。

在 6.1 节中的图像加权均值滤波中，我们对灰色关联度本身进行了改进，并且选取了关联系数大于其中值的图像滤波窗口的有效数据进行加权均值滤波，这在一定程度上缓解了不可预知的噪声对有效信息的干扰。但是，该算法仍然不是很完善。以关联系数排序前三个作为标准来实现对有效数据选取本身就是一个"一刀切"的硬性近似做法，因为噪声是离散的随机分布的，每个窗口的像素分布情形也应当不一样。这种近似的粗糙做法在像素分布密度不是很大时还可以取得较好的效果，但当噪声密度变大时，这种近似的简化做法就会产生大量的误差。

6.2.1　基于灰色绝对关联度的图像滤波算法

为了克服传统均值滤波的缺点，冯冬竹等[95]提出了一种基于灰色绝对关联度的红外图像滤波算法。大致的算法结构如下。

在图像的邻域空间，首先设定参考序列为

$$X_0 = \{x_0(1), x_0(2), x_0(3)\} = \{0, 0, 0\} \tag{6.32}$$

然后在图像邻域窗口通过中心点分别选取水平、垂直、左上右下、左下右上四个方向的像素形成比较序列，即

$$X_1 = \{x_1(1), x_1(2), x_1(3)\} = \{f(i, j-1), f(i, j), f(i, j+1)\} \tag{6.33}$$

$$X_2 = \{x_2(1), x_2(2), x_2(3)\} = \{f(i-1, j), f(i, j), f(i+1, j)\} \tag{6.34}$$

$$X_3 = \{x_3(1), x_3(2), x_3(3)\} = \{f(i-1, j-1), f(i, j), f(i+1, j+1)\} \tag{6.35}$$

$$X_4 = \{x_4(1), x_4(2), x_4(3)\} = \{f(i+1, j-1), f(i, j), f(i-1, j+1)\} \tag{6.36}$$

再按照文献[165]的方法计算灰色绝对关联度，分别得到水平、垂直、左上右下、左下右上四个方向的灰色关联度，即

$$\gamma_{01} = \frac{1}{2}\left(\frac{1}{1+|x_1(2)-x_1(1)|} + \frac{1}{1+|x_1(3)-x_1(2)|}\right) \tag{6.37}$$

$$\gamma_{02} = \frac{1}{2}\left(\frac{1}{1+|x_2(2)-x_2(1)|} + \frac{1}{1+|x_2(3)-x_2(2)|}\right) \tag{6.38}$$

$$\gamma_{03} = \frac{1}{2}\left(\frac{1}{1+|x_3(2)-x_3(1)|} + \frac{1}{1+|x_3(3)-x_3(2)|}\right) \tag{6.39}$$

$$\gamma_{04} = \frac{1}{2}\left(\frac{1}{1+|x_4(2)-x_4(1)|} + \frac{1}{1+|x_4(3)-x_4(2)|}\right) \tag{6.40}$$

然后设定阈值T，如果这四个关联度中最小的关联度小于设定的阈值T，则邻域窗口的当前像素判定为噪声点，这时对邻域窗口内的像素实施滤波处理；反之，则保持当前像素不变。

这种图像滤波方法由于对当前像素点有一个预先判别的过程[164],它的优点是可以在一定程度上避免对当前像素点为非噪声点的错误滤波,有效防止一些正常像素的模糊化,但是缺点也很明显:①邻域窗口中心像素的类别的判断依赖于阈值的设定,一般都是采用人工多次尝试或者利用计算机自动搜索到一个相对最优的阈值,因此这时可能会增加算法的复杂度或不稳定性;②这种做法能够成功的前提其实隐含着一个先决条件,那就是只有邻域窗口中心像素为噪声点,邻域内其他像素点都是非噪声点时,四个灰色绝对关联度的最小值可能会明显小于邻域窗口内一个噪声点都不存在的情况,随着邻域窗口内其他像素出现噪声点,阈值的选定会越来越难以判断,并不可避免地出现一些噪声或非噪声误判的情况。因此,这种滤波方法可能在图像的噪声密度相对较低的情况下取得更好的效果,对于高密度的噪声图像滤波效果,可能相对其他方法不会有太多的优越性。

6.2.2　改进算法的思想

为克服传统的灰关联滤波算法的缺陷,本节在借鉴文献[94]、[166]、[167]的部分思想的基础上,提出一种新的灰关联噪声判别方法。

由于图像噪声总是图像中的高频分量,从灰度级上来看,噪声总是分布在灰度图像的像素灰度级的两端,处于极值或近似极值的位置(对于椒盐噪声,噪声一定是邻域窗口内的极值,而极值不一定是噪声点);从图像的局部区域来看,在滤波窗口内,噪声像素的灰度值总是处于极值或近似极值的位置。为此,我们可以计算滤波窗口内邻域像素与邻域中值的图像关联系数,如果窗口中心像素与邻域中值的图像关联系数很小,则认为中心像素是偏离邻域中值的像素,可认定为噪声;反之,则认为是正常像素。这样,我们可以通过设定一个标志矩阵来记录每一点处的噪声情况;最后滤波时,也只是选取标志矩阵中表示为正常的像素点进行灰关联加权均值滤波;如果标志矩阵显示邻域内所有的像素都是噪声点,则这时可以考虑扩大滤波窗口进行滤波;由于滤波窗口扩大时所获得的有效像素点在平面位置或距离上都是远离中心像素的点,所以此时可以变线性滤波为非线性滤波,即用简单的中值滤波来代替加权均值滤波,这样就能取得很好的滤波效果。

6.2.3　改进算法的步骤

由此可见,整个算法的实现过程可分为两个阶段:一是利用灰色关联系数进行噪声的判别阶段,这样可以获得正常像素点和噪声像素点的相关记录信息;二是针对已经获得的正常像素信息进行加权均值滤波,摒弃了噪声像素点的干扰,如果滤波窗口没有正常像素点,则考虑扩大滤波窗口进行简单的中值滤波。

(1)在以 $f(i,j)$ 为中心像素的 3×3 的滤波窗口内,选择邻域中的像素中值作为参考序列,邻域中的 9 像素值作为比较序列,有

$$X_0 = \{x_0(1), x_0(2), x_0(3), x_0(4), x_0(5), x_0(6), x_0(7), x_0(8), x_0(9)\}$$
$$= \{v, v, v, v, v, v, v, v, v\} \tag{6.41}$$

其中

$$v = \text{median}\{f(i-1, j-1), f(i-1, j), f(i-1, j+1), f(i, j-1), f(i, j), f(i, j+1),$$
$$f(i+1, j-1), f(i+1, j), f(i+1, j+1)\} \tag{6.42}$$

$$X_1 = \{f(i-1, j-1), f(i-1, j), f(i-1, j+1), f(i, j-1),$$
$$f(i, j), f(i, j+1), f(i+1, j-1), f(i+1, j), f(i+1, j+1)\} \tag{6.43}$$

(2) 计算滤波窗口的邻域中值与邻域各值的图像关联系数，有

$$\gamma_k = \gamma(x_0(k), x_1(k)) = \frac{1}{1+|x_0(k) - x_i(k)|}, \quad k = 1, 2, \cdots, 9 \tag{6.44}$$

(3) 对第(2)步中计算得到的图像关联系数按从小到大的升序排序，得到灰色图像关联序为

$$\{\varepsilon_1, \varepsilon_2, \varepsilon_3, \varepsilon_4, \varepsilon_5, \varepsilon_6, \varepsilon_7, \varepsilon_8, \varepsilon_9\}$$
$$= \text{sort}\{\gamma_1, \gamma_2, \gamma_3, \gamma_4, \gamma_5, \gamma_6, \gamma_7, \gamma_8, \gamma_9\} \tag{6.45}$$

(4) 检验滤波窗口的中心像素的灰色图像关联系数在关联序中的排序是否在前三位；设定一个大小为 $M \times N$ 的标志矩阵 $T(i, j)(i = 2, \cdots, M-1; j = 2, \cdots, N-1)$（为简化计算，标志矩阵的最外一圈的边缘默认为都是 1，即为正常像素点）。如果中心像素的关联系数排在前三位，则说明中心像素的灰度值偏离邻域中值，设定 $T(i, j) = 0$，标记为噪声像素，否则，设定 $T(i, j) = 1$，标记为正常像素点。

$$T(i, j) = \begin{cases} 0, \gamma_5 = \varepsilon_1, \gamma_5 = \varepsilon_2, \gamma_5 = \varepsilon_3 \\ 1, \quad \text{其他} \end{cases} \tag{6.46}$$

(5) 按从上到下、从左到右的顺序，依次遍历图像中的各个像素，这样就可以得到一个元素为 0 或 1 的标记图像噪声信息与否的标志矩阵 T。

以上为图像的噪声检测阶段，下面进入到图像的噪声点替换阶段：

(6) 从图像的左上角开始，检验滤波窗口的中心像素 $f(i, j)$ 所对应的标志矩阵中的对应元素 $T(i, j)$ 是否等于 1；如果等于 1，则当前像素是正常像素点，像素值保持不变，循环进入下一个像素进行判断；如果等于 0，则表示图像中的对应点是噪声点，应该进行滤波处理：此时应当计算以 $f(i, j)$ 为中心像素的 3×3 窗口邻域内正常像素点的个数，记为 C；如果 $C > 0$，则以这 C 像素点为比较序列，其中值为参考序列，计算图像关联系数，并进行灰关联的加权均值滤波；此时，有

$$f(i, j) = \left(\sum_{h=1}^{C} \gamma_h \cdot f_h \right) \Big/ \sum_{h=1}^{C} \gamma_h \tag{6.47}$$

如果 $C=0$，则说明该 3×3 窗口内的所有像素均被噪声污染，是一个较大的噪声块，这时要扩大滤波窗口，变为 5×5 的滤波窗口（图像最外两层的像素不能扩大窗口），由于此时窗口中的最外层的非噪声像素都已经在距离上远离中心像素，再计算加权均值滤波已经意义不大，所以可以简单的中值滤波来完成中心像素的赋值，此时，有

$$
\begin{aligned}
f(i,j)=\text{median}\{ & f(i-2,j-2), f(i-2,j-1), f(i-2,j), f(i-2,j+1), f(i-2,j+2), \\
& f(i-1,j-2), f(i-1,j-1), f(i-1,j), f(i-1,j+1), f(i-1,j+2), f(i,j-2), f(i,j-1), \\
& f(i,j), f(i,j+1), f(i,j+2), f(i+1,j-2), f(i+1,j-1), f(i+1,j), f(i+1,j+1), \\
& f(i+1,j+2), f(i+2,j-2), f(i+2,j-1), f(i+2,j), f(i+2,j+1), f(i+2,j+2)\} \quad (6.48)
\end{aligned}
$$

(7) 对整个程序循环过程按照从上到下、从左到右的遍历顺序依次对每一个像素进行处理，从而完成图像的滤波过程。

整个算法的结构流程图如图 6.11 和图 6.12 所示。

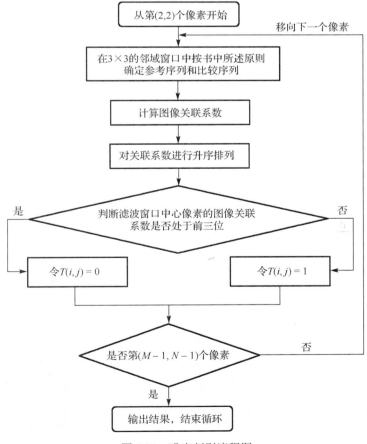

图 6.11　噪声判别流程图

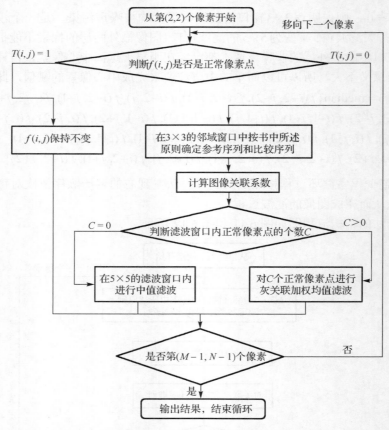

图 6.12　灰关联滤波流程图

6.2.4　改进算法的结果及其分析

下面以不同椒盐噪声参数的 cameraman.tif 图像和实际路面裂缝图像为例,利用 MATLAB 软件编程实现结果如图 6.13～图 6.17 所示。

(a) 原图像　　　　　　　　　　(b) 噪声图像　　　　　　　　　　(c) 均值滤波

（d）文献[159]灰关联滤波　　　　（e）文献[164]灰关联滤波　　　　（f）本节改进的新算法

图 6.13　实验图像去噪结果（椒盐噪声参数为 0.05）

（a）原图像　　　　　　　（b）噪声图像　　　　　　　（c）均值滤波

（d）文献[159]灰关联滤波　　　　（e）文献[164]灰关联滤波　　　　（f）本节改进的新算法

图 6.14　实验图像去噪结果（椒盐噪声参数为 0.10）

（a）原图像　　　　　　　（b）噪声图像　　　　　　　（c）均值滤波

（d）文献[159]灰关联滤波　　　　（e）文献[164]灰关联滤波　　　　（f）本节改进的新算法

图 6.15　实验图像去噪结果（椒盐噪声参数为 0.15）

（a）原图像　　　　　　　　（b）噪声图像　　　　　　　　（c）均值滤波

（d）文献[159]灰关联滤波　　　　（e）文献[164]灰关联滤波　　　　（f）本节改进的新算法

图 6.16　实验图像去噪结果（椒盐噪声参数为 0.20）

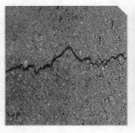 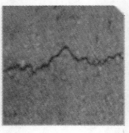 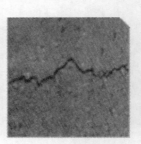

（a）原图像　　　　　　　　（b）均值滤波　　　　　　（c）文献[159]灰关联滤波

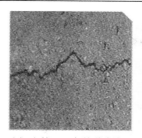 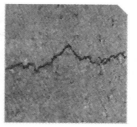

　(d) 文献[164]灰关联滤波　　　　　(e) 本节改进的新算法

图 6.17　路面图像去噪结果

　　从实验图像结果可以看到，与经典的均值滤波、传统的灰关联滤波相比，本节新算法既保存了图像边缘，又在一定程度上模糊了图像噪声，整体图像质量和视觉效果都达到了一个较高的程度。由于算法是先对图像噪声进行检测，然后对有效的图像信息点进行加权均值滤波，并且通过自适应地扩大滤波窗口进行中值滤波来消除较大噪声块的干扰。同时，经过多次实验，我们发现，当噪声密度较低时，冯冬竹等的灰色绝对关联滤波算法可以取得不错的效果，但是这种效果的取得是以我们可以找到一个很合适的阈值为前提。本节尝试设定程序通过计算机搜索的方式找到一个相对的最优阈值，但是需要耗费大量的运行时间，尤其是遇到数据更大的图像时，这种搜索不一定能够满足我们对算法执行效率上的要求。如果不采用计算机搜索的方式来寻找最优的阈值，则仅凭个人主观的设定又很难找到一个相对最优阈值。因此，冯冬竹等提出的灰色绝对关联滤波算法仍然存在着质量与效率很难兼顾的情形，而且随着噪声密度的加大，这种很难抉择的状况更加严重。

　　比起上述的基于图像关联系数的滤波算法，本节算法将整个实现过程分为两个阶段，新增了一个独立的噪声判别的过程，虽然在一定程度上增大了算法的运算量和实现的复杂度，但是能够取得更佳的滤波算法，特别是当噪声量相对较大时，本节算法的实现效果更胜一筹。不过，当噪声密度参数大于 0.2 时，我们发现本节提出的算法实现结果图中也出现了很多大的噪声块，大大降低了算法的有效性，希望后面可以进一步改进。它把灰色关联度和噪声检测的原理相结合，两次应用灰色关联度，取得了预期的效果。从真实的路面图像的实现效果来看，本节算法能够使路面图像的裂缝更加清晰，同时平滑了裂缝以外的区域，使得图像整体的视觉质量得到了有效提高，从而为路面裂缝的有效提取提供了可能，使之后的自适应处理更加顺畅。

　　下面给出算法的客观评价结果。

表 6.3　实验图像各种滤波方法的 PSNR 对比(低密度噪声)

噪声密度	0.05	0.10	0.15	0.20
均值滤波	23.2282	21.4451	20.2027	18.9863
陶剑锋等灰关联滤波	25.0307	23.6188	22.4518	21.1341
冯冬竹等灰关联滤波	26.7557	24.5077	22.8106	21.1052
灰色图像关联滤波(不递归)	27.2697	26.2681	25.1548	23.8652

对峰值信噪比(PSNR)的结果进行观察，横向看可以发现，对于同一种滤波算法，随着噪声密度的增加，PSNR 值逐步减少，意味着图像质量的不断下降；纵向看可以发现，对于同一密度的椒盐噪声，本节改进的灰关联滤波算法比均值滤波、传统的灰关联加权均值滤波取得的 PSNR 值都要大，说明新算法的去噪效果相对最佳。尤其值得一提的是，当噪声密度参数等于 0.20 时，冯冬竹等灰关联滤波算法的 PSNR 开始小于陶剑锋等灰关联滤波算法的相应的 PSNR，这说明一种好的算法其实也有其相对的局限性，也就是说，任何一种有效的算法都有其适用的噪声密度范围或者是噪声类型或者图像型，如表 6.3 所示。

由此可见，本节算法充分应用了图像噪声检测的相关知识，并与灰色关联度的概念相结合，使得图像处理的质量和效果得到了进一步提高。本节从理论和实践上都证实了新算法是一种行之有效的新途径，并且在路面图像的处理中也取得了较好的效果，值得进一步研究和推广。

本节首先介绍了灰色关联分析在图像去噪领域的发展状况，把图像的灰关联去噪一分为二地分为两个实现阶段：噪声判别阶段和噪声滤除阶段；传统的灰关联去噪都是盲目地在图像邻域进行加权均值滤波，没有显式地给出对有效信息的保存和噪声信息的排除，只是利用噪声一般偏离图像邻域窗口像素灰度的均值这一特性，在邻域窗口中心像素的新值生成过程中依然没有有效排除噪声的干扰，导致无论如何改进算法的实现过程，去噪效果的进一步提高却面临瓶颈的窘境。新算法充分利用一般图像去噪过程中噪声判决的阶段，与灰色关联分析有效结合，并对邻域窗口的像素分布特点进行考虑，从实验结果来看，无论主观的人眼感受，还是客观的 PSNR 的比较，均显示了新算法的活力和可塑性。

6.3　基于灰熵的路面图像加权均值滤波算法

6.1 节和 6.2 节主要介绍了灰色关联分析在路面图像去噪中的应用。它们主要应用了路面图像邻接像素之间的关联性和噪声像素灰度的突变性。但是，随着噪声密度的持续增加或噪声种类的复杂，单纯应用灰色关联分析来检测或抑制噪声已经不能完全胜任，而应进一步挖掘路面图像系统内部的无序性或不确定性。本节提出将灰熵应用到路面图像的加权均值滤波算法中[168]。

图像去噪一直是图像预处理阶段的热门话题。传统的图像去噪算法主要有线性滤波和非线性滤波。其中，线性滤波的典型代表主要有均值滤波，非线性滤波的典型代表主要有中值滤波。在均值滤波中，利用图像邻域窗口的平均值作为中心像素点的新值。这种邻域平均的做法，在一定程度上可以抑制高频噪声的干扰。后来，随着各种新兴数学学科、系统工程学科等交叉学科的发展，有人提出了利用灰色关联系数作为图像邻域窗口中各像素值的加权系数进行加权均值滤波的算法。这种算法在一定程度上改进了原算法的滤波效果，使得更加接近图像邻域窗口像素灰度中值的像素在平均计算中占有更大的权值。后来，人们意识到灰色关联分析中的不足，作为延伸和发展的灰熵理论被提出，灰熵在社会经济生产生活中应用到各个层面。为解决路面含噪图像信息系统固有的无序性与不确定性，本节深度挖掘灰熵理论与路面图像特性的结合点[169]，尝试将灰熵和图像的加权均值滤波结合起来，探讨了一种新的加权均值滤波算法。

6.3.1　算法的思想和实现机理

在图像的加权均值滤波中，我们都是希望最接近图像邻域中心像素真实值的像素占有更大的权值；而椒盐噪声一般都是一些像素灰度值剧烈变化的散列点，在像素灰度值上一般都表现为邻域窗口像素灰度的极值，自然是远离邻域窗口像素灰度的中值。因此，可以近似地用图像邻域窗口的中值来逼近图像邻域窗口中心像素的真实值；但是，我们又不能完全用中值来替代图像邻域窗口的中心值，因为简单的替代容易造成图像邻域窗口的像素灰度分布的雷同，从而减少图像灰度变化的层次，造成图像在一定程度上被平滑；简单的加权均值滤波虽然综合了图像的各邻域像素信息，但是各邻域内无论像素灰度大小都被等权处理，没有体现出邻域中的像素的差别，抹杀了图像邻域的像素纹理变化情况；意识到灰熵可以用来刻画各分量的平稳变化情况，如果将图像邻域窗口中像素中位值与邻域各像素各组成一组，则用灰熵来度量每一组中的像素接近邻域中位值的情况，并将该熵值作为权值赋给邻域各像素进行加权求平均，就可以得到一个最接近邻域窗口中位值而一般又不完全等于邻域中位值的中心像素值，从而屏蔽椒盐噪声对滤波的干扰。本节算法先从理论上进行剖析，然后给出具体的实现步骤，最后通过编程来对算法进行仿真和模拟。

6.3.2　算法的实现步骤

（1）不妨设图像有 M 行 N 列。为了防止灰熵计算中分数的分母或对数的真数部分出现值为零，即没有意义的情况，我们首先将图像整体进行一个灰度平移变换，即

$$g(i,j) = f(i,j) + 1, \quad i = 1,2,\cdots,M; j = 1,2,\cdots,N \tag{6.49}$$

（2）设图像的当前像素是 $g(i,j)$ $(i = 2,\cdots,M-1; j = 2,\cdots,N-1)$，计算以 $g(i,j)$ 为中心像素的邻域窗口的中位值，有

$$v = \mathrm{median}\{g(i-1,j-1), g(i-1,j), g(i-1,j+1), g(i,j-1), g(i,j),$$
$$g(i,j+1), g(i+1,j-1), g(i+1,j), g(i+1,j+1)\} \tag{6.50}$$

（3）将图像邻域中位值与图像邻域中的各像素值分别组成一组，并且将各组像素进行归一化，可得

$$h(k,l) = \left\{ \frac{v}{v+g(k,l)}, \frac{g(k,l)}{v+g(k,l)} \right\}, \quad k = i-1, i, i+1; l = j-1, j, j+1 \tag{6.51}$$

（4）计算各组的灰熵值，有

$$z(k,l) = -\frac{v}{v+g(k,l)}\ln\frac{v}{v+g(k,l)} - \frac{g(k,l)}{v+g(k,l)}\ln\frac{g(k,l)}{v+g(k,l)},$$
$$k = i-1, i, i+1; l = j-1, j, j+1 \tag{6.52}$$

（5）以邻域像素各点的灰熵值为权系数，计算中心像素 $f(k,l)$ 的中心加权平均值；在这一步中，如果噪声密度很大，则可以引入数据"新陈代谢"递归的思想，在有些情况下可以得到更好的处理效果，即

$$\hat{f}(i,j) = \frac{\displaystyle\sum_{k=i-1}^{i+1}\sum_{l=j-1}^{j+1} z(k,l)\cdot f(k,l)}{\displaystyle\sum_{k=i-1}^{i+1}\sum_{l=j-1}^{j+1} z(k,l)}, \quad i = 2,\cdots,M-1; j = 2,\cdots,N-1 \tag{6.53}$$

或

$$\hat{f}(i,j) = \left\{ 1 \Big/ \left[\sum_{k=i-1}^{i+1}\sum_{l=j-1}^{j+1} z(k,l) \right] \right\}\cdot[z(i-1,j-1)\hat{f}(i-1,j-1) + z(i-1,j)\hat{f}(i-1,j)$$
$$+ z(i-1,j+1)\hat{f}(i-1,j+1) + z(i,j-1)\hat{f}(i,j-1) + z(i,j)f(i,j) + z(i,j+1)f(i,j+1)$$
$$+ z(i+1,j-1)f(i+1,j-1) + z(i+1,j)f(i+1,j) + z(i+1,j+1)f(i+1,j+1)],$$
$$i = 2,\cdots,M-1; j = 2,\cdots,N-1 \tag{6.54}$$

算法的实现流程图如图 6.18 所示。

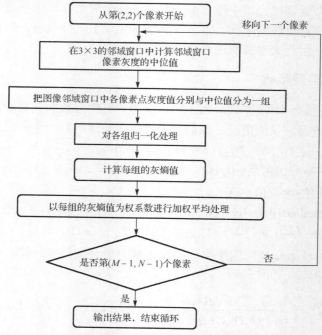

图 6.18　灰熵滤波算法流程图

6.3.3　算法的结果及其分析

根据新算法的思想，用 MATLAB 软件编程，并与传统的算法进行比较，结果如图 6.19～图 6.27 所示。

(a)原图像

(b)噪声图像

(c) 均值滤波

(d)传统灰关联滤波[159]

(e) 灰熵滤波(不含递归)

(f) 灰熵滤波(含递归)

图 6.19　实验图像去噪结果(椒盐噪声参数为 0.05)

(a)原图像

(b)噪声图像

(c) 均值滤波

| (d)传统灰关联滤波[159] | (e) 灰熵滤波(不含递归) | (f) 灰熵滤波(含递归) |

图 6.20　实验图像去噪结果(椒盐噪声参数为 0.10)

| (a)原图像 | (b)噪声图像 | (c) 均值滤波 |

| (d)传统灰关联滤波[159] | (e) 灰熵滤波(不含递归) | (f) 灰熵滤波(含递归) |

图 6.21　实验图像去噪结果(椒盐噪声参数为 0.15)

| (a) 原图像 | (b) 噪声图像 | (c) 均值滤波 |

(d)传统灰关联滤波[159]

(e) 灰熵滤波(不含递归)

(f) 灰熵滤波(含递归)

图 6.22　实验图像去噪结果(椒盐噪声参数为 0.20)

(a) 原图像

(b) 噪声图像

(c) 均值滤波

(d) 传统灰关联滤波[159]

(e) 灰熵滤波(不含递归)

(f) 灰熵滤波(含递归)

图 6.23　实验图像去噪结果(椒盐噪声参数为 0.25)

(a) 原图像

(b) 噪声图像

(c) 均值滤波

(d) 传统灰关联滤波[159]　　　　　(e) 灰熵滤波(不含递归)　　　　　(f) 灰熵滤波(含递归)

图 6.24　实验图像去噪结果(椒盐噪声参数为 0.30)

(a) 原图像　　　　　　　　　(b) 噪声图像　　　　　　　　(c) 均值滤波

(d) 传统灰关联滤波[159]　　　　　(e) 灰熵滤波(不含递归)　　　　　(f) 灰熵滤波(含递归)

图 6.25　实验图像去噪结果(椒盐噪声参数为 0.35)

(a) 原图像　　　　　　　　　(b) 噪声图像　　　　　　　　(c) 均值滤波

（d）传统灰关联滤波[159]　　　　　（e）灰熵滤波（不含递归）　　　　　（f）灰熵滤波（含递归）

图 6.26　实验图像去噪结果（椒盐噪声参数为 0.40）

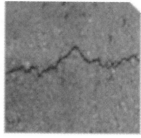
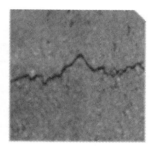

（a）原图像　　　　　　　（b）均值滤波　　　　　　（c）传统灰关联滤波[159]

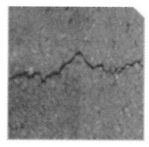
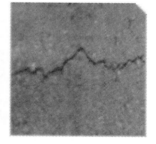

（d）灰熵滤波（不含递归）　　　　　（e）灰熵滤波（含递归）

图 6.27　路面图像算法结果

　　算法主观结果分析如下。

　　从实验图像的滤噪效果可以看出，原图像比较清晰，图像的质量很高；噪声图像由于加入了椒盐噪声，图像有很多锐化的突起，图像的主要边缘轮廓都已经模糊不清，视觉质量较差；传统的均值滤波对图像的质量有一定的改善，噪声依然可以看见，并且边缘也模糊了；传统的灰关联滤波效果比传统的均值滤波有一定的提高，视觉质量进一步提高。本节提出的灰熵的滤波算法，在噪声密度比较低时，我们发现这里提出的灰熵滤波算法与传统的均值滤波和传统的灰关联滤波算法相比有一定的先进性，图像的椒盐噪声的滤除得到了很大的改善。我们可以看到新算法使得噪声图像的处理效果再次进一步得到提高；图像的轮廓逐渐变得清晰，同时平滑区域还是保持相对的光滑状态；遗憾的是，图像中还是隐约地可以看到有些白色的斑点，而且随着噪声密度越来越大，无论前面的传统的算法还是这里提出的新算法，处理效果变得越来越差。

从路面裂缝图像的处理来看，相对均值滤波和传统的灰色关联度的滤波，本节算法的滤波效果得到了进一步的提高，裂缝部分得到了增强，裂缝外的平滑部分依然保持一定的光滑状态，没有被粗糙化。经过新算法处理后的图像的整体质量感觉良好。

为了更加客观地评价算法的处理质量，我们用公认的 PSNR 方法来检验算法的效果。下面测试加噪的实验图像的 PSNR，如表 6.4 和表 6.5 所示。

表 6.4　实验图像各种滤波方法的 PSNR 对比（低密度噪声）

噪声密度	0.05	0.10	0.15	0.20
均值滤波	23.3358	21.5096	20.1194	18.9640
陶剑锋等灰关联滤波	25.1238	23.6892	22.4108	21.1086
灰熵滤波(不含递归)	25.2369	23.9668	22.6437	21.1919
灰熵滤波(含递归)	25.1329	23.9617	22.7628	21.4618

表 6.5　实验图像各种滤波方法的 PSNR 对比（高密度噪声）

噪声密度	0.25	0.30	0.35	0.40
均值滤波	18.0274	17.1755	16.4661	15.8699
陶剑锋等灰关联滤波	20.0023	18.8854	17.9604	17.1640
灰熵滤波(不含递归)	19.9573	18.5772	17.2865	16.1195
灰熵滤波(含递归)	20.3343	19.1138	18.0120	16.9620

从表 6.4 和表 6.5 中数据可以看出，当图像分别加入密度为 0.05、0.10、0.15、0.20 的噪声时，基于灰熵的新算法所取得的 PSNR 的值都是最高的。当噪声分别为 0.05 和 0.10 时，我们会发现不含递归的灰熵滤波算法比含有递归的灰熵滤波算法得到更高的 PSNR，随着噪声大于 0.10，含有递归的灰熵滤波算法逐渐取得相比于没有递归的灰熵滤波算法更大的比较优势，而且我们发现，当噪声大于 0.20 以后，不含递归的灰熵滤波算法的效果虽然好于传统的均值滤波算法的结果，但是差于传统的灰关联滤波算法。这里也进一步说明，对于高密度的噪声，有时候在算法设计中嵌入递归的思想可以取得更好的效果。同时这里也说明，对于同一种噪声，不同的噪声密度所选择的算法也应当不一样。遗憾的是，当噪声密度达到 0.40 时，本节提出的灰熵滤波算法无论是否嵌入递归算法，此时的处理效果只是好于传统的均值滤波算法，但是达不到传统的灰关联滤波算法，这也说明本节的算法仍然还有进一步改进的必要和空间。

目前将灰熵理论应用到图像处理的做法，国内外还比较少见。本节所做的一个尝试希望能够为灰熵在图像处理领域的应用起到抛砖引玉的作用。不同于灰色关联度已经很多种形式，目前灰熵的形式还局限于灰关联熵、二维灰熵等，所以目前对灰熵在图像滤波方面的应用还处在探索与起步阶段，有待于广大学者的进一步努力。

本节首先介绍了灰关联理论在图像滤波中的应用，然后尝试把灰熵理论应用到图像滤波中，分析了灰熵理论与图像滤波的结合点，给出了算法的主要思想与创意所在，阐述了算法的实现机理与具体实现步骤，给出了算法的流程图与框架结构，最后用软件从实验图像与真实图像两个方面，阐释和验证了算法的有效性，并从客观的角度给出了算法实现的 PSNR 的值，用数字说明了基于灰熵理论的图像去噪新算法的有效性。在后续的研究中，我们将继续挖掘灰熵理论的潜力，进一步寻找理论与算法的结合点，改进算法的实现机理，尽量将处理后的残留的隐约白色斑点去除，争取图像质量的再次提高。

6.4　基于灰熵噪声判别的路面图像开关中值滤波算法

在前面的去噪算法中，我们主要利用了椒盐噪声的灰度值主要分布在像素灰度分布的两极，而真实像素在一般情况下的灰度值不会总是在 0 或 255 附近，因此在设计算法时，其实隐含地使用了真实像素在大多数情况下总是趋近于邻域窗口的中值或均值这样一个感性的认识，此时考虑问题的角度基本都是局限在噪声像素点与真实像素点在灰度值的大小存在差异、椒盐噪声点总是处于极大或极小的位置。但是在实际情况中，真实像素值也是有可能等于或接近于 0 或 255 的。换句话说，椒盐噪声点一定是邻域窗口的极值点，但是极值点不一定都是椒盐噪声点，有可能也是真实像素值。对于当前像素点的邻域窗口内的极值点到底是不是噪声点这个问题，我们只能从噪声点与真实像素点的几何分布规律来区别。我们知道，噪声点往往都是看起来比较突兀的孤立点，它们与周围的像素点之间一般不存在一定方向(或局部区域)上的连续性，而真实像素点要么在某一个角度或方向上表现出一定的连续性，要么在所有角度或方向上(即图像的整个局部区域)都表现出一定的连续性。因此，本节将探讨灰熵理论与图像局部区域纹理走向相结合的路面图像非线性滤波算法[170]。

传统的中值滤波是一种非常有效的去除椒盐噪声等脉冲噪声的非线性滤波器。传统的中值滤波器是对当前像素点不加区别地使用邻域窗口内的中值进行替换，这样可能导致当前像素点如果是非噪声点也会被替换成其他像素，也就是说，传统中值滤波器在去除噪声的同时也在一定程度上导致图像真实像素灰度的丢失，引起图像边缘或平滑区域的失真。为了避免这种情况，很多学者开始寻找方法先对当前像素点进行噪声判决，如果判决结果是噪声点，则进行中值滤波；如果判决结果不是噪声点，则维持不变，这就是开关中值滤波器[171]的主要思想。

6.4.1　算法的思想

在一幅被噪声污染可恢复的图像中，噪声点的数目一般会少于真实像素点的数目，否则图像去噪后恢复的质量将非常有限，达不到一定的视觉效果而失去去噪的意义。噪声和图像边缘都会导致图像局部的不平滑，不同之处在于噪声点一般是孤立点，一般在任何方向上都不具备一定的连续性，而图像边缘则表现为某一个方向上具有一定的连续性，这是图像噪声和边缘最大的区别。当噪声密度很低时，也意味着图像邻域窗口围绕中心点的其他像素多半也是正常点，对于图像邻域窗口的中心点，如果当前点为噪声点，则任何通过该中心点的某一组的像素灰度值的起伏波动都会很大，对应的每组的灰熵值都比较小，则 16 个方向上(如式(6.57)~式(6.72))的灰熵的最大值一定比较小；反之，如果当前点为正常点，则至少在某一个方向上像素会表现为一定的连续性，对应该组的灰熵值会比较大，则至少存在一组像素的灰熵值比较大，因此这 16 组像素的灰熵值的最大值相对比较大。反之，我们就可以通过计算图像邻域窗口内 16 个主要方向上像素组的灰熵的最大值的大小并设定阈值来判断当前像素点是否是噪声点；如果是噪声点，则进行对应的中值滤波；如果是正常点，则保持像素灰度值不变。这样就能在滤除噪声的同时保持正常纹理信息不变。

6.4.2　算法的步骤

本节算法分为两个阶段。

第一阶段是噪声检测阶段。

(1)假设图像一共有 M 行 N 列的像素，当前处于第 i 行第 j 列的像素灰度值为 $f(i,j), i=2,\cdots,M-1; j=2,\cdots N-1$，把图像整体映射到空间[0,1]上，即

$$g(i,j)=f(i,j)/255 \tag{6.55}$$

(2)在以当前点为中心点的一个 3×3 的窗口邻域中，分别按照如下方式选取窗口中 9 像素灰度的中值作为参考序列，选定 16 个主要方向上像素组的灰度值分为 16 组比较序列，有

$$X_0=\{x_0(1),x_0(2),x_0(3)\}=\{v,v,v\} \tag{6.56}$$

其中，$v=\text{median}\{g(i-1,j-1),g(i-1,j),g(i-1,j+1),g(i,j-1),g(i,j),g(i,j+1),g(i+1,j-1),g(i+1,j),g(i+1,j+1)\}$。

$$X_1=\{x_1(1),x_1(2),x_1(3)\}=\{g(i,j-1),g(i,j),g(i,j+1)\} \tag{6.57}$$

$$X_2=\{x_2(1),x_2(2),x_2(3)\}=\{g(i-1,j),g(i,j),g(i+1,j)\} \tag{6.58}$$

$$X_3=\{x_3(1),x_3(2),x_3(3)\}=\{g(i-1,j-1),g(i,j),g(i+1,j+1)\} \tag{6.59}$$

$$X_4=\{x_4(1),x_4(2),x_4(3)\}=\{g(i-1,j+1),g(i,j),g(i+1,j-1)\} \tag{6.60}$$

$$X_5=\{x_5(1),x_5(2),x_5(3)\}=\{g(i-1,j-1),g(i,j),g(i,j+1)\} \tag{6.61}$$

$$X_6=\{x_6(1),x_6(2),x_6(3)\}=\{g(i-1,j+1),g(i,j),g(i,j-1)\} \tag{6.62}$$

$$X_7=\{x_7(1),x_7(2),x_7(3)\}=\{g(i+1,j-1),g(i,j),g(i,j+1)\} \tag{6.63}$$

$$X_8=\{x_8(1),x_8(2),x_8(3)\}=\{g(i+1,j+1),g(i,j),g(i,j-1)\} \tag{6.64}$$

$$X_9=\{x_9(1),x_9(2),x_9(3)\}=\{g(i-1,j-1),g(i,j),g(i+1,j)\} \tag{6.65}$$

$$X_{10} = \{x_{10}(1), x_{10}(2), x_{10}(3)\} = \{g(i-1, j+1), g(i, j), g(i+1, j)\} \tag{6.66}$$

$$X_{11} = \{x_{11}(1), x_{11}(2), x_{11}(3)\} = \{g(i+1, j+1), g(i, j), g(i-1, j)\} \tag{6.67}$$

$$X_{12} = \{x_{12}(1), x_{12}(2), x_{12}(3)\} = \{g(i+1, j-1), g(i, j), g(i-1, j)\} \tag{6.68}$$

$$X_{13} = \{x_{13}(1), x_{13}(2), x_{13}(3)\} = \{g(i-1, j), g(i, j), g(i, j+1)\} \tag{6.69}$$

$$X_{14} = \{x_{14}(1), x_{14}(2), x_{14}(3)\} = \{g(i+1, j), g(i, j), g(i, j+1)\} \tag{6.70}$$

$$X_{15} = \{x_{15}(1), x_{15}(2), x_{15}(3)\} = \{g(i, j-1), g(i, j), g(i+1, j)\} \tag{6.71}$$

$$X_{16} = \{x_{16}(1), x_{16}(2), x_{16}(3)\} = \{g(i, j-1), g(i, j), g(i-1, j)\} \tag{6.72}$$

（3）分别计算差序列可得

$$\Delta_{0l} = \{\Delta_{0l}(1), \Delta_{0l}(2), \Delta_{0l}(3)\} = \{|x_l(1) - x_0(1)|, |x_l(2) - x_0(2)|, |x_l(3) - x_0(3)|\}, l=1,2,\cdots,16 \tag{6.73}$$

（4）分别计算参考序列与比较序列的简化的 B 型关联系数[78]，我们也称为图像关联系数，有

$$\xi_{0l}(k) = \frac{1}{1 + \Delta_{0l}(k)}, l = 1, 2, \cdots, 16; k = 1, 2, 3 \tag{6.74}$$

（5）把图像关联系数标准化，有

$$e_{0l}(k) = \frac{\xi_{0l}(k)}{\sum_{r=1}^{3} \xi_{0l}(r)}, l = 1, 2, \cdots, 16; k = 1, 2, 3 \tag{6.75}$$

（6）分别计算参考序列与比较序列的灰关联熵，有

$$H_l = -\sum_{r=1}^{3} e_{0l}(r) \ln e_{0l}(r), l = 1, 2, \cdots, 16 \tag{6.76}$$

（7）在噪声密度较低时，计算 16 个灰熵值中的最大值作为该点是否为噪声的测度值；该点处的测度值越小，说明该点越有可能是噪声点，反之，该点处的测度值越大，该点越有可能是正常点(非噪声点)。用图像"cameraman.tif"仿真实验表明，当加入的噪声密度参数小于等于 0.07 时，该方法都能取得理想的去噪效果。

$$P(i, j) = \max\{H_1, H_2, \cdots, H_{16}\} \tag{6.77}$$

（8）把上述最大值与设定的阈值 θ 进行比较，得到图像中每个像素是否是噪声点的标记表格。

$$\mathrm{Tag}(i, j) = \begin{cases} 1, & P(i, j) > \theta \\ 0, & P(i, j) \leqslant \theta \end{cases} \tag{6.78}$$

这里我们可以找到整个标记表格中的最小值 p_1 和最大值 p_2，然后设置搜索步长，最后使用计算机搜索找到使得原始图像与处理后的图像的 PSNR 最大的对应的阈值为最合适的阈值 θ。

第二阶段是图像滤波过程。

(9) 如果当前点是非噪声点，则维持图像像素不变；如果当前点是噪声点，则在 3×3 的邻域窗口中，分两种情况实施中值滤波：若窗口中至少有一个像素点是非噪声点，则对 3×3 窗口内的所有的像素点组成的序列进行中值滤波，若 3×3 邻域窗口的像素全部是噪声点，则以当前点为中心扩大邻域到 5×5 的窗口内对所有像素进行中值滤波，可得

$$\hat{f}(i,j)=\begin{cases} f(i,j), & T(i,j)=1 \\ s(i,j), & T(i,j)=0 \end{cases} \tag{6.79}$$

$$s(i,j)=\begin{cases} \text{median}\{f(i+a,j+b)\,|\,a=-1,0,1,b=-1,0,1\}, & \sum\limits_{p=-1}^{1}\sum\limits_{q=-1}^{1}T(i+p,\ j+q)>0 \\ \text{median}\{f(i+c,j+d)\,|\,c=-2,-1,0,1,2,d=-2,-1,0,1,2\}, & \sum\limits_{p=-1}^{1}\sum\limits_{q=-1}^{1}T(i+p,\ j+q)=0 \end{cases}$$

$$\tag{6.80}$$

整个框架结构与算法流程图如图 6.28 和图 6.29 所示。

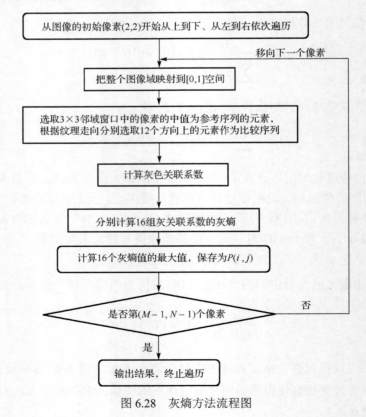

图 6.28　灰熵方法流程图

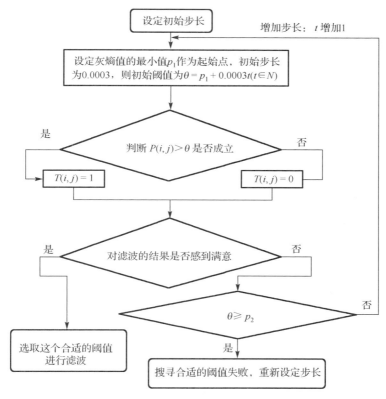

图 6.29　阈值的搜索流程图

6.4.3　算法的结果及分析

1. 主观评价

首先利用实验图像 cameraman.tif 并加入参数为 0.02、0.03、0.04、0.05 的低密度椒盐噪声在 MATLAB 2012b 的环境中运行，得到结果如图 6.30～图 6.33 所示。

(a)　原图像　　　　　　　　　　(b)　噪声图像　　　　　　　　　　(c)　均值滤波

(d) 灰关联滤波　　　　　　　　(e) 中值滤波　　　　　　　　(f) 新算法

图 6.30　实验图像的算法结果图(噪声密度参数 0.02，$\theta = 1.0934$)

(a) 原图像　　　　　　　　(b) 噪声图像　　　　　　　　(c) 均值滤波

(d) 灰关联滤波　　　　　　　　(e) 中值滤波　　　　　　　　(f) 新算法

图 6.31　实验图像的算法结果图(噪声密度参数 0.03，$\theta = 1.0950$)

(a) 原图像　　　　　　　　(b) 噪声图像　　　　　　　　(c) 均值滤波

（d）灰关联滤波 （e）中值滤波 （f）新算法

图 6.32 实验图像的算法结果图（噪声密度参数 0.04，$\theta = 1.0956$）

（a）原图像 （b）噪声图像 （c）均值滤波

（d）灰关联滤波 （e）中值滤波 （f）新算法

图 6.33 实验图像的算法结果图（噪声密度参数 0.05，$\theta = 1.0963$）

路面图像的算法结果图（$\theta =1.0911$），如图 6.34 所示。

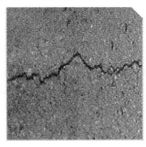 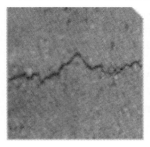 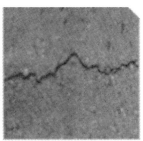

（a）原图像 （b）均值滤波 （c）灰关联滤波

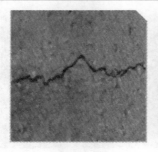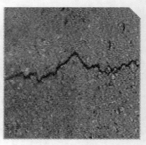

　　　　　　　(d) 中值滤波　　　　　　　　　　(e) 新算法

图 6.34　路面图像的算法结果图($\theta = 1.0911$)

　　从仿真实验的结果可以看到，均值滤波和灰关联滤波的效果一般，图像的效果质量改善一般；传统的中值滤波虽然对椒盐噪声的去除效果较好，但是会在一定程度上造成图像细节的模糊，图像的细节整体上也滤掉了很多，尤其是原本没有噪声污染的像素也被实施了均值滤波的操作，导致图像整体失真有些多，而本节提出的算法在去除噪声的同时仍然很好地保存了绝大多数图像细节。后面把该算法应用到真实路面图像，也可以得到类似的效果。本节提出的算法对路面图像的预处理取得了较好的效果。

　　2. 客观评价

　　对实验图像应用 PSNR 进行客观分析，会发现本节算法的 PSNR 要显著大于传统的均值滤波、灰关联滤波、中值滤波等算法。因此，本节算法对一定程度上的低密度噪声具有较多的比较优势，如表 6.6 所示。

表 6.6　在不同噪声强度下的 PSNR 比较

噪声强度	0.02	0.03	0.04	0.05
均值滤波	24.7717	24.2961	23.7266	23.3828
灰关联滤波[159]	26.0291	25.7288	25.4377	25.1963
中值滤波	26.9599	26.7263	26.7608	26.5185
灰熵滤波	33.3520	31.1735	30.4424	29.0185

　　但不幸的是，我们在实验中发现，随着噪声密度的增加，本节提出的基于灰熵判别的开关中值滤波的去噪效果显著下降(在实验中，我们把噪声密度参数设为 0.08 时，本节前面提出的算法得到的 PSNR 就与传统的中值滤波的 PSNR 基本持平；当噪声密度参数为 0.09 时，传统的中值滤波算法的 PSNR 已经超过本节前面提出算法的 PSNR，而且从图像效果的主观观察也会发现随着噪声的增加，本节前面提出的算法会有越来越多的椒盐噪声没有被检测出，导致图像遗留很多误判的噪声点)。也就是说，前面提出的算法对含有低密度的椒盐噪声可以取得非常好的效果，但是目前尚不具备对高密度的椒盐噪声的抗噪性。

　　经过分析，我们发现随着噪声密度的增加，以通过图像邻域窗口中心像素的 16 种纹理走向的像素组的灰熵的最大值作为当前点是否为噪声点与非噪声的测度的标准并不适用于所有噪声密度的图像。当噪声密度增加时，我们发现如果用这 16 种纹理走向的像素组的灰熵值的中值作为当前点是否为噪声点判别标准，相比于其他算法具有更大的比较优势，而且随着噪声密度在一定程度上的增加，这种算法的优越性也在一定程度上更加凸显出来。具体而言，我们只需要把本节前面算法步骤中第一阶段的第(7)步改为：计算 16 个灰熵的中值(即把 16 个灰熵值按照从小到大的顺序排列，取排在中间第 8 与第 9 位灰熵值的平均值) $P(i,j) = \mathrm{median}\{H_1, H_2, \cdots, H_{16}\} = 0.5(H_8' + H_9')$，这里 H_8' 和 H_9' 是把 16 个灰熵值序列按照从小到大升序排列后得到的新序列的中间两个元素的值。

　　其他步骤和结构不变。下面看下算法执行的结果，如图 6.35～图 6.42 所示。

(a) 原图像　　　　　　　　　(b) 噪声图像　　　　　　　　(c) 均值滤波

(d) 灰关联滤波　　　　　　　(e) 中值滤波　　　　　　　　(f) 新算法

图 6.35　实验图像的算法结果图(噪声密度参数 0.05，$\theta = 1.0927$)

(a) 原图像　　　　　　　　　(b) 噪声图像　　　　　　　　(c) 均值滤波

(d) 灰关联滤波

(e) 中值滤波

(f) 新算法

图 6.36　实验图像的算法结果图(噪声密度参数 0.10，$\theta = 1.0934$)

(a) 原图像

(b) 噪声图像

(c) 均值滤波

(d) 灰关联滤波

(e) 中值滤波

(f) 新算法

图 6.37　实验图像的算法结果图(噪声密度参数 0.15，$\theta = 1.0935$)

(a) 原图像

(b) 噪声图像

(c) 均值滤波

(d) 灰关联滤波　　　　　　　(e) 中值滤波　　　　　　　(f) 新算法

图 6.38　实验图像的算法结果图(噪声密度参数 0.20，$\theta = 1.0938$)

(a) 原图像　　　　　　　(b) 噪声图像　　　　　　　(c) 均值滤波

(d) 灰关联滤波　　　　　　　(e) 中值滤波　　　　　　　(f) 新算法

图 6.39　实验图像的算法结果图(噪声密度参数 0.25，$\theta = 1.0954$)

(a) 原图像　　　　　　　(b) 噪声图像　　　　　　　(c) 均值滤波

(d) 灰关联滤波

(f) 新算法

图 6.40　实验图像的算法结果图(噪声密度参数 0.30，$\theta=1.0952$)

(a) 原图像

(b) 噪声图像

(c) 均值滤波

(d) 灰关联滤波

(e) 中值滤波

(f) 新算法

图 6.41　实验图像的算法结果图(噪声密度参数 0.35，$\theta=1.0985$)

(a) 原图像

(b) 噪声图像

(c) 均值滤波

　　　(d) 灰关联滤波　　　　　　　(e) 中值滤波　　　　　　　　(f) 新算法

图 6.42　实验图像的算法结果图(噪声密度参数 0.40，$\theta = 1.0985$)

路面图像的算法结果图($\theta = 1.0812$)，如图 6.43 所示。

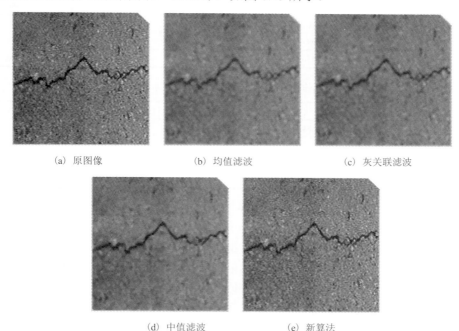

　　(a) 原图像　　　　　　　(b) 均值滤波　　　　　　　(c) 灰关联滤波

　　　　　　　(d) 中值滤波　　　　　　　(e) 新算法

图 6.43　路面图像的算法结果图($\theta = 1.0812$)

　　从上面的图像对比可以看出，当我们对最开始的算法进行更改后，现在的算法对高密度噪声比之前的算法具有更好的抵抗效果，而且随着噪声密度的增加，新算法与传统的均值滤波、灰关联滤波和中值滤波相比还具有一定的优势。我们可以看出，在使用灰熵的滤波算法的时候，应该适当结合图像的纹理信息和噪声分布特点来设计算法的框架结构。算法中一个步骤或一个执行语句的改变，往往意味着算法的核心思想也发生了改变，因此我们应当对算法的执行结果从算法思想的源头来分析原因。

本节开始是利用 16 组灰熵的最大值(或中值)来测度图像局部窗口的当前点隶属于噪声点的程度,通过设置阈值,对图像中被判为噪声点的像素进行有效的中值滤波,如果小窗口内污染严重,则扩大窗口进行中值滤波,这种做法对滤除低密度的噪声取得了良好的效果。当噪声密度变大时,我们修改测度当前点是否为噪声点的方法,通过计算 16 组像素灰度值的中值来度量图像邻域窗口当前点是否为噪声点,这种方法对噪声密度参数从 0.05~0.40 的含噪图像均取得了不错的效果(表 6.7 和表 6.8),而且随着噪声密度的增加,这种方法所取得的相对优势可以一直保持,说明这种方法具有较强的生命力和抗噪性。

表 6.7　　在不同噪声强度下的 PSNR 比较(低密度噪声)

噪声强度	0.05	0.10	0.15	0.20
均值滤波	23.2944	21.5246	20.0619	18.9660
灰关联滤波[159]	25.1107	23.7053	22.2908	21.0875
中值滤波	26.4097	25.5562	24.6029	23.4258
灰熵滤波	28.6930	26.6990	25.0143	23.4500

表 6.8　　在不同噪声强度下的 PSNR 比较(高密度噪声)

噪声强度	0.25	0.30	0.35	0.40
均值滤波	17.9284	17.2782	16.4559	15.7042
灰关联滤波[159]	19.9103	19.0182	17.9885	16.9612
中值滤波	22.1886	20.7869	19.2226	17.3925
灰熵滤波	22.3238	21.3223	20.6261	19.9618

通过本节的研究发现,同一种算法对不同的噪声密度会取得截然不同的处理效果,说明现有的大多数算法都有对应的特定范围的噪声密度水平,只有在这一段区间范围内的噪声能够取得相对更优的算法结果。

不足的是,本节对噪声点的判断仍然依赖于阈值的选取,这里采用计算机搜索的方式结合人眼的主观观察确定最合适的阈值,这对于尺寸相对不大的实验图像没有多大的问题。如果是实际中非常大尺寸的图像,则可能会面临计算量过大的问题,从而达不到实时处理的效果,而且随着噪声密度的增加,本节后面改进的算法执行后也面临着局部区域的很多噪声没有检测出,图像中仍然遗留一些未处理的噪声的现象,说明本节对噪声的判别还需要进一步改进和提升。

6.5　基于灰色预测模型的路面图像复合滤波算法

6.4 节对路面图像的去噪或滤波算法是先应用灰色系统理论对噪声进行显式识别或隐式识别,然后有选择地利用邻域像素的加权均值求和的方式来得到滤波窗口新的像素值,因此它们利用的关键点是邻域像素之间的关联性和噪声像素的无序性。本节对邻域像素的灰色特性进一步地挖掘和整合，提出路面图像局部区域在一定程度上的"可预测性"，并与经典中值滤波相结合，提出一种复合滤波算法。

何仁贵[172]指出，图像系统仍然是一种广义的能量系统，并且图像矩阵的元素是非负的，如果能够选用合适的算法，同样能够满足指数能量变化规律，并且只要把图像矩阵的各行或列的均值累加，则可以把图像处理问题转化为一维预测问题，可以在图像处理中应用灰色预测模型进行拟合或预测[173]。

谢松云等将灰色预测模型应用到图像的滤波过程的问题进行了多次探讨[131,126]。不同的做法主要体现在对建模的原始序列的构成的选择和灰色预测模型的改进上面。在文献[126]中，选取图像邻域的当前窗口中心点周围的上边、右边、下边、左边按顺时针方向排列的四个点（ $f(i-1,j),f(i,j+1),f(i+1,j),f(i,j-1)$ ）建立原始序列，或者是选取图像邻域的当前窗口中心点周围从左上方开始按照顺时针方向排列的八个点（ $f(i-1,j-1),f(i-1,j),f(i-1,j+1),f(i,j+1),f(i+1,j+1),f(i+1,j),f(i+1,j-1),f(i,j-1)$ ）建立原始序列进行灰色预测建模。文献[174]考虑到图像邻域中心点周围仍然可能存在噪声的干扰，这时选取图像邻域中心点左上方的四个点（ $f(i-1,j-1),f(i-1,j)$, $f(i-1,j+1),f(i,j-1,)$ ）或者八个点建立原始序列，并且对灰色预测模型的时间响应公式添加一个参数 p ，针对不同的情况赋予参数不同的数值，最后也得到了不错的滤波效果。但是在求参数 $B'B$ 的逆矩阵的过程中，矩阵的解经常出现病态的情况，而且这种滤波效果也依赖于噪声密度、原始序列点的个数和元素的选取，以及参数 p 的赋值。这种多因素影响的复杂性导致程序的执行效果的稳定性变差。谢松云等对灰色预测模型与图像滤波模型的结合做出了很好的尝试，也对我们进一步把灰色预测模型用到图像滤波中所介入的角度给出了很多有益的启示。

由于灰度图像的像素灰度值的范围是[0,255]，符合灰色预测建模中要求原始序列是非负常数的条件，通过累加可以减弱图像数据的灰性，发掘其近似指数性，从而可以建立传统的灰色预测模型来对图像数据进行预测。目前，已经有学者将灰色预测应用到图像滤波中[174]。在一般的灰色预测图像滤波中，主要是对图像窗口当前中心像素的邻域像素进行一次累加，建立 GM(1,1)模型，得到累加序列的预测值，最后进行累减还原。在当前的灰色预测滤波算法中，另一个比较有代表性的做法是西北工业大学何仁贵提出的"基于 GM(1,1)模型的非线性滤波器"[172]。它主要是利用图像的邻域窗口中的极值像素点周围的像素值作为原始序列来预测邻近序列端点的图像邻域窗口中心像素灰度值。

6.5.1　基于 GM(1,1)模型的非线性滤波器

下面对何氏滤波简述如下。

在数字图像中，选取一个 3×3 的图像滤波窗口，并设 $f(i,j)(i=2,\cdots,M-1;$ $j=2,\cdots,N-1)$ 为图像滤波窗口的当前像素， $f(i,j)$ 周围的邻域像素灰度值作为原始序列，即

$$X^{(0)} = \left(x^{(0)}(1), x^{(0)}(2), x^{(0)}(3), x^{(0)}(4), x^{(0)}(5), x^{(0)}(6), x^{(0)}(7), x^{(0)}(8) \right)$$
$$= (f(i-1, j-1), f(i-1, j), f(i-1, j+1), f(i, j+1),$$
$$f(i+1, j+1), f(i+1, j), f(i+1, j-1), f(i, j-1)) \tag{6.81}$$

然后对原始序列进行一次累加，得到一次累加序列。

$$X^{(1)} = \left(x^{(1)}(1), x^{(1)}(2), \cdots, x^{(1)}(8) \right)$$
$$= (f(i-1, j-1),$$
$$f(i-1, j-1) + f(i-1, j),$$
$$f(i-1, j-1) + f(i-1, j) + f(i-1, j+1),$$
$$f(i-1, j-1) + f(i-1, j) + f(i-1, j+1) + f(i, j+1),$$
$$f(i-1, j-1) + f(i-1, j) + f(i-1, j+1) + f(i, j+1) + f(i+1, j+1),$$
$$f(i-1, j-1) + f(i-1, j) + f(i-1, j+1) + f(i, j+1) + f(i+1, j+1) + f(i+1, j),$$
$$f(i-1, j-1) + f(i-1, j) + f(i-1, j+1) + f(i, j+1) + f(i+1, j+1) + f(i+1, j) + f(i+1, j-1),$$
$$f(i-1, j-1) + f(i-1, j) + f(i-1, j+1) + f(i, j+1) + f(i+1, j+1) + f(i+1, j) + f(i+1, j-1) + f(i, j-1)) \tag{6.82}$$

求一次累加生成序列的紧邻均值生成序列，即

$$Z^{(1)} = \left(z^{(1)}(2), \cdots, z^{(1)}(8) \right)$$
$$= (0.5(x^{(1)}(1) + x^{(1)}(2)), 0.5(x^{(1)}(2) + x^{(1)}(3)), 0.5(x^{(1)}(3) + x^{(1)}(4)), 0.5(x^{(1)}(4) + x^{(1)}(5)),$$
$$0.5(x^{(1)}(5) + x^{(1)}(6)), 0.5(x^{(1)}(6) + x^{(1)}(7)), 0.5(x^{(1)}(7) + x^{(1)}(8))) \tag{6.83}$$

设 $P = \begin{bmatrix} a \\ b \end{bmatrix}$ 为参数列，且

$$Y = \begin{bmatrix} x^{(0)}(2) \\ x^{(0)}(3) \\ \vdots \\ x^{(0)}(8) \end{bmatrix} = \begin{bmatrix} f(i-1, j) \\ f(i-1, j+1) \\ \vdots \\ f(i, j-1) \end{bmatrix} \tag{6.84}$$

$$B = \begin{bmatrix} -z^{(1)}(2) & 1 \\ -z^{(1)}(3) & 1 \\ \vdots & \vdots \\ -z^{(1)}(8) & 1 \end{bmatrix} = \begin{bmatrix} -0.5(x^{(1)}(1) + x^{(1)}(2)) & 1 \\ -0.5(x^{(1)}(2) + x^{(1)}(3)) & 1 \\ \vdots & \vdots \\ -0.5(x^{(1)}(7) + x^{(1)}(8)) & 1 \end{bmatrix} \tag{6.85}$$

由最小二乘法，得到图像的邻域窗口像素的 GM$(1,1)$ 模型 $x^{(0)}(k) + az^{(1)}(k) = b$ 的参数估计为

$$P = \begin{bmatrix} a \\ b \end{bmatrix} = (B'B)^{-1} B'Y \tag{6.86}$$

则图像邻域窗口像素的一次累加生成序列的模拟和预测值为

$$\hat{x}^{(1)}(k+1) = \left(x^{(0)}(1) - \frac{b}{a}\right)\mathrm{e}^{-ak} + \frac{b}{a}, \quad k = 1, 2, \cdots, 9 \tag{6.87}$$

原始序列的预测值为

$$\hat{x}^{(0)}(k+1) = \hat{x}^{(1)}(k+1) - \hat{x}^{(1)}(k) = (1 - \mathrm{e}^a)\left(x^{(0)}(1) - \frac{b}{a}\right)\mathrm{e}^{-ak} \tag{6.88}$$

在何仁贵的做法中，$k = 7$，即把 $\hat{x}^{(0)}(8) = \hat{f}(i, j-1)$ 作为图像当前像素点 $f(i, j)$ 的预测值来替换原始极值。这样可以有效遏制噪声对图像质量的干扰。由于灰色预测模型用于图像滤波算法中尚处于起步阶段，目前国内外的研究者并不是很多，所以还存在很多理论和实践上尚待解决的问题。

在以上算法中，何仁贵对像素的极值点进行灰色预测值代替，并公布了算法实现的 MATLAB 源代码，但是在算法实现中，存在以下还不完善的地方。

首先，算法在灰色预测建模过程中，是以 $f(i-1, j-1)$ 为初始值，按照以 $f(i, j)$ 为中心顺时针的方向依次选取各邻域像素值作为原始序列；由于灰色建模中原始序列的顺序将会影响对原始序列的拟合与预测值，而这样选取并未给出一定的理由。

其次，众所周知，在灰色预测建模时，初始值的选取也会影响建模的效果，而以 3×3 邻域窗口中左上角的灰度值作为建模的初始值，我们认为，这并不一定是合理的。

再次，一般灰色建模时，只有满足建模条件的数据才适合建模。保险的做法就是验证数据的级比与光滑比。但在实际应用中，为了方便，上述做法并没有进行有效检验，从而导致矩阵病态的情况出现。已有文献指出，当图像邻域窗口的像素灰度整体比较接近时，预测时可能会出现参数 a 为 0 的情况。此时，再将参数代入一次累加的预测公式将会出现分母为 0 的情况。虽然 MATLAB 在一定程度上可以容忍算法中极限值情况，但是从算法的稳定性和可移植性考虑出发，这种异常情况还是要尽可能避免。

最后，当图像的噪声密度加大时，图像局部会出现聚集在一起的噪声块，很显然，此时，上述算法的滤波算法并不理想。同时，在何仁贵的滤波算法中，同时加入了"开关(即图像滤波前对每个像素加入了噪声判别的前期过程)"和"递归(图像滤波过程中充分应用了已经滤波噪声的最新的邻域像素，这样减少了噪声)"两种元素，可能最后的效果还达不到目前这种程度。

有鉴于此，本节从灰色预测模型的建模机理出发，联合最新灰色预测模型的研究成果和适用条件，结合图像椒盐噪声干扰的特点，对何仁贵的以上算法进行改进，提出了一种基于 GM(1,1) 模型的复合滤波算法[139]。

本节首先根据何氏算法中灰色预测滤波的缺点，提出了一种综合中值滤波、灰色预测滤波等典型滤波器的复合滤波算法，并且对灰色序列的建模过程加入了一个仿射变换的过程，有效防止了图像数据有可能导致灰色模型出现病态的情形；通过加入的大窗口邻域中值滤波可以首先对噪声污染严重的区域进行噪声块的去除，防止灰色预测模型的滥用；通过对邻域的极值情况进行分辨，对中心像素处于邻域像素排序中段的情形作为正常像素予以保留，也是为了防止灰色预测模型的滥用；实验证明改进的复合滤波算法优越于传统的何氏灰色预测滤波算法，并且在对路面图像的处理中取得了较好的效果。

6.5.2　改进算法的思想

通过对椒盐噪声的像素灰度值和像素分布规律的研究，我们发现椒盐噪声一般都属于图像邻域窗口的极值点，故当遇到图像邻域的中心像素点灰度值远离局部极值时，可以判断当前像素点并未受椒盐噪声的污染，可以作为正常像素点予以保留；当图像邻域窗口的像素绝大多数等于极值点时，可以认为此处图像像素点受到椒盐噪声的严重污染而导致噪声块的出现，此时由于邻域像素本身大部分都是椒盐噪声，所以根本不能预测其中心像素的替换值，这时可以扩大 3×3 的滤波窗口为 5×5 的滤波窗口，利用大窗口内的邻域像素直接进行简单的中值滤波（由于 5×5 窗口内的有效像素点本身已经远离中心像素点，此时进行灰色预测已经没有多大意义）。在适合建立 $\text{GM}(1,1)$ 的情况时，为了提高精度，可以对原始序列进行适当调整，并且对建模序列进行适当近似的有效数据选取，去掉邻域中的噪声数据，减少建模数据以提高建模速度和精度；对于建立的对原始序列的模拟序列，我们选取第三个数据（即有效值建模序列的拟合中间值）作为图像邻域窗口中心值的替换值。为了防止病态矩阵和预测序列分母为零的情况出现，本节应用一个仿射变换降低病态情况，并将原始序列近似相等时的情况直接进行均值滤波，从而提高程序的运行效果和建模精度。最后，将改进的算法与传统的均值滤波、中值滤波、何仁贵算法进行比较，可以发现本节提出的算法的优越性。

6.5.3　算法的具体步骤

(1)设当前像素点为 $f(i,j)(i = 2,\cdots,M - 1; j = 2,\cdots,N - 1)$ ，则 3×3 的滤波窗口内邻域序列为

$$d(i,j) = \{f(i-1,j-1), f(i-1,j), f(i-1,j+1), f(i,j-1), f(i,j),$$
$$f(i,j+1), f(i+1,j-1), f(i+1,j), f(i+1,j+1)\} \qquad (6.89)$$

对邻域内的各像素点按照从小到大的顺利进行排序有

$$S(i,j) = \text{sort}\{d(i,j)\} = \{s(1), s(2), s(3), s(4), s(5), s(6), s(7), s(8), s(9)\} \qquad (6.90)$$

(2)对图像邻域窗口内的中心点进行判断。

情形①：如果当前中心点的灰度值经过排序后处于新序列的中段部分且中心点的灰度值不等于邻域窗口内的极值，则保持当前中心像素点的灰度值不变。

如果 $f(i,j) = s(4)$ ，或 $f(i,j) = s(5)$ ，或 $f(i,j) = s(6)$ ，且 $f(i,j) \neq s(1)$ ，且 $f(i,j) \neq s(9)$ ，则不对当前像素点进行任何处理。

情形②：如果当前中心点的灰度值经过排序后处于新序列的中段部分且中心点的灰度值等于邻域窗口内的极值且中心像素不处于图像框架的最外两层，则判定当前邻域窗口内污染严重，存在聚集的噪声块，这时要扩大图像邻域的窗口进行中值滤波。

如果 $f(i,j) = s(4)$，或 $f(i,j) = s(5)$，或 $f(i,j) = s(6)$ 且 $f(i,j) = s(1)$，或 $f(i,j) = s(9)$，且 $i \neq 1$，且 $i \neq 2$，且 $i \neq M$，且 $i \neq M-1$，且 $j \neq 1$，且 $j \neq 2$，且 $j \neq N$，且 $j \neq N-1$，则

$$\hat{f}(i,j) = \text{median}\{f(i-2,j-2), f(i-2,j-1), f(i-2,j), f(i-2,j+1), f(i-2,j+2),$$
$$f(i-1,j-2), f(i-1,j-1), f(i-1,j), f(i-1,j+1), f(i-1,j+2),$$
$$f(i,j-2), f(i,j-1), f(i,j), f(i,j+1), f(i,j+2),$$
$$f(i+1,j-2), f(i+1,j-1), f(i+1,j), f(i+1,j+1), f(i+1,j+2),$$
$$f(i+2,j-2), f(i+2,j-1), f(i+2,j), f(i+2,j+1), f(i+2,j+2)\} \tag{6.91}$$

情形③：如果 $f(i,j) \neq s(4)$，且 $f(i,j) \neq s(5)$，且 $f(i,j) \neq s(6)$，且 $f(i,j) = s(1)$，或 $f(i,j) = s(2)$，或 $f(i,j) = s(8)$，或 $f(i,j) = s(9)$，则可以选取邻域窗口排序的中段部分进行 $\text{GM}(1,1)$ 建模，以滤除邻域中噪声的影响，可得

$$X^{(0)} = (x^{(0)}(1), x^{(0)}(2), x^{(0)}(3), x^{(0)}(4), x^{(0)}(5))$$
$$= (s(3), s(4), s(5), s(6), s(7)) \tag{6.92}$$

对原始序列进行一次累加，可得

$$X^{(1)} = (x^{(1)}(1), x^{(1)}(2), x^{(1)}(3), x^{(1)}(4), x^{(1)}(5))$$
$$(x^{(0)}(1),$$
$$x^{(0)}(1) + x^{(0)}(2),$$
$$x^{(0)}(1) + x^{(0)}(2) + x^{(0)}(3),$$
$$x^{(0)}(1) + x^{(0)}(2) + x^{(0)}(3) + x^{(0)}(4),$$
$$x^{(0)}(1) + x^{(0)}(2) + x^{(0)}(3) + x^{(0)}(4) + x^{(0)}(5)) \tag{6.93}$$

对一次累加序列进行紧邻均值生成，即

$$Z^{(1)} = (0.5(x^{(1)}(1) + x^{(1)}(2)), 0.5(x^{(1)}(2) + x^{(1)}(3)), 0.5(x^{(1)}(3) + x^{(1)}(4)), 0.5(x^{(1)}(4) + x^{(1)}(5)) \tag{6.94}$$

其中，$z^{(1)}(k) = 0.5(x^{(1)}(k) + x^{(1)}(k-1))$，$k = 2, 3, 4, 5$。

由于建模时没有进行原始序列的级比和光滑比的检验，为了防止建模序列出现病态性的情况，引用文献[119]中的结论，对建模序列进行一个仿射变换[175]，这样可以将模型变为完全良态。

令

$$P = \sum_{k=2}^{5} (x^{(1)}(k-1) + x^{(1)}(k)) \tag{6.95}$$

$$W = -\frac{P}{2 \times (5-1)} \tag{6.96}$$

$$\rho = \sqrt{(5-1) \Big/ \sum_{k=2}^{5} [z^{(1)}(k) + W]^2} \tag{6.97}$$

则

$$y^{(1)}(k) = \rho \cdot (x^{(1)}(k) + W) = \rho x^{(1)}(k) + c, c = \rho W, k = 1, 2, \cdots, 5 \tag{6.98}$$

$$z_y^{(1)}(k) = 0.5(y^{(1)}(k) + y^{(1)}(k-1)) = \rho z^{(1)}(k) + c, k = 1, 2, \cdots, 5 \tag{6.99}$$

$$F = \begin{bmatrix} x^{(0)}(2) \\ x^{(0)}(3) \\ x^{(0)}(4) \\ x^{(0)}(5) \end{bmatrix}, Y = \rho F = \begin{bmatrix} \rho x^{(0)}(2) \\ \rho x^{(0)}(3) \\ \rho x^{(0)}(4) \\ \rho x^{(0)}(5) \end{bmatrix}, B = \begin{bmatrix} -z_y^{(1)}(2) & 1 \\ -z_y^{(1)}(3) & 1 \\ -z_y^{(1)}(4) & 1 \\ -z_y^{(1)}(5) & 1 \end{bmatrix} \tag{6.100}$$

$$\begin{bmatrix} a \\ u \end{bmatrix} = (B^{\mathrm{T}} B)^{-1} B^{\mathrm{T}} Y \tag{6.101}$$

此时，如果 $a = 0$，则对该邻域进行均值滤波，即

$$\hat{f}(i,j) = \mathrm{mean}\{f(i-1,j-1), f(i-1,j), f(i-1,j+1), f(i,j-1), f(i,j),$$
$$f(i,j+1), f(i+1,j-1), f(i+1,j), f(i+1,j+1)\}$$
$$= \frac{1}{9} \sum_{k=i-1}^{i+1} \sum_{l=j-1}^{j+1} f(k,l) \tag{6.102}$$

如果 $a \neq 0$，则应用 $\mathrm{GM}(1,1)$ 的时间响应式，可得

$$\hat{y}^{(1)}(3) = \left(y^{(1)}(1) - \frac{u}{a}\right) e^{-2a} + \frac{u}{a}, \quad \hat{x}^{(1)}(3) = \frac{\hat{y}^{(1)}(3)}{\rho} - W \tag{6.103}$$

$$\hat{y}^{(1)}(2) = \left(y^{(1)}(1) - \frac{u}{a}\right) e^{-a} + \frac{u}{a}, \quad \hat{x}^{(1)}(2) = \frac{\hat{y}^{(1)}(2)}{\rho} - W \tag{6.104}$$

$\hat{f}(i,j) = \hat{x}^{(0)}(3) = \hat{x}^{(1)}(3) - \hat{x}^{(1)}(2)$。这样便得到图像邻域窗口中心的新灰度值。

情形④：除了以上第(1)种～第③种典型情况外的其他情形，图像当前像素值保持不变。

(3)将上述第(1)步～第(3)步的图像中按照从左到右、从上到下的顺序，依次遍历，即可得到新的图像的滤波图。

算法的流程图如图 6.44 所示。

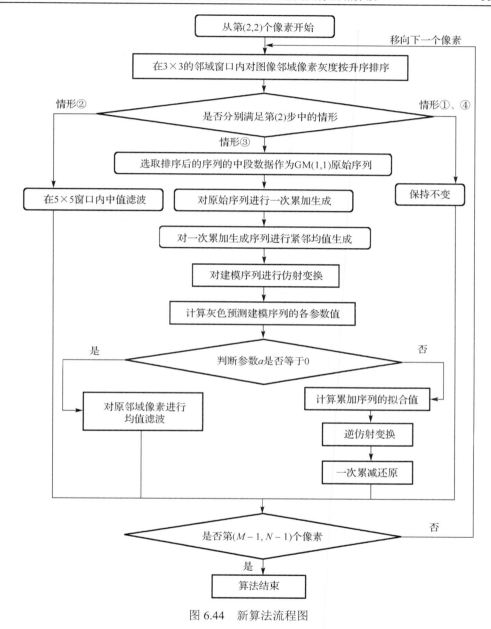

图 6.44　新算法流程图

6.5.4　算法的实现结果及其分析

在不同噪声密度参数下的实验图像算法结果图，如图 6.45～图 6.52 所示。

(a) 原图像　　　　　　　　(b) 噪声图像　　　　　　　　(c) 均值滤波

(d) 中值滤波　　　　(e) 何氏灰色预测滤波　　　　(f) 改进新滤波算法

图 6.45　实验图像算法结果图(噪声密度参数为 0.05)

(a) 原图像　　　　　　　　(b) 噪声图像　　　　　　　　(c) 均值滤波

(d) 中值滤波　　　　(e) 何氏灰色预测滤波　　　　(f) 改进新滤波算法

图 6.46　实验图像算法结果图(噪声密度参数为 0.10)

(a) 原图像　　　　　　　(b) 噪声图像　　　　　　　(c) 均值滤波

(d) 中值滤波　　　　　(e) 何氏灰色预测滤波　　　　(f) 改进新滤波算法

图 6.47　实验图像算法结果图（噪声密度参数为 0.15）

(a) 原图像　　　　　　　(b) 噪声图像　　　　　　　(c) 均值滤波

(d) 中值滤波　　　　　(e) 何氏灰色预测滤波　　　　(f) 改进新滤波算法

图 6.48　实验图像算法结果图(噪声密度参数为 0.20)

(a) 原图像　　　　　　　　　(b) 噪声图像　　　　　　　　　(c) 均值滤波

(d) 中值滤波　　　　　　(e) 何氏灰色预测滤波　　　　　　(f) 改进新滤波算法

图 6.49　实验图像算法结果图(噪声密度参数为 0.25)

(a) 原图像　　　　　　　　　(b) 噪声图像　　　　　　　　　(c) 均值滤波

(d) 中值滤波　　　　　　(e) 何氏灰色预测滤波　　　　　　(f) 改进新滤波算法

图 6.50　实验图像算法结果图(噪声密度参数为 0.30)

(a) 原图像　　　　　　　(b) 噪声图像　　　　　　(c) 均值滤波

(d) 中值滤波　　　　(e) 何氏灰色预测滤波　　　(f) 改进新滤波算法

图 6.51　实验图像算法结果图(噪声密度参数为 0.35)

(a) 原图像　　　　　　　(b) 噪声图像　　　　　　(c) 均值滤波

(d) 中值滤波　　　　(e) 何氏灰色预测滤波　　　(f) 改进新滤波算法

图 6.52　实验图像算法结果图(噪声密度参数为 0.40)

路面图像算法结果图，如图 6.53 所示。

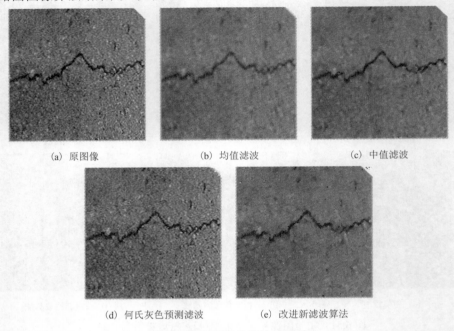

(a) 原图像　　　　　　　　(b) 均值滤波　　　　　　　(c) 中值滤波

(d) 何氏灰色预测滤波　　　　　(e) 改进新滤波算法

图 6.53　路面图像算法结果图

从实验图像的处理效果来看，当给原图像较低密度的噪声（密度参数为 0.05 等）时，本节提出的算法执行效果并没有传统的中值滤波算法效果好，甚至也没有何氏灰色预测滤波算法效果好，主要原因是用于灰色预测模型建模的原始序列中可能含有被污染的噪声点，导致模型的精度很差，拟合值可能偏离真实像素灰度值太多。随着噪声密度的增加，本节提出的算法执行效果的相对优势逐渐显现。

当给图像添加密度为 0.30 及以上时，原始图像被噪声污染非常严重，图像的主要边缘部分全部模糊，几乎看不清，图像的视觉质量非常差；当用均值滤波进行处理时，图像的整体效果变得模糊，图像的噪声依然很多，当用中值滤波进行处理时，噪声的数量明显减少，但是依然有一些成块的噪声污染着图像的画面；当用何氏灰色预测滤波时，对图像的噪声去除情况依然有限，图像的噪声还是有一些；本节新提出的灰色预测算法整体滤除情况较好，图像中的噪声块已经消失，目标的边缘变得清晰，图像的灰度层次还是比较丰富，但是遗憾的是，图像中还是有些噪声点存在。如果能够在灰色预测滤波的同时就去掉剩余的这些噪声，将会使算法更加有效。从路面图像的处理效果来看，本节改进的新算法能使路面图像的裂缝更加清晰，裂缝周围的平滑区域保持相对平滑，裂缝与非裂缝部分的对比度有一定程度上的提高，但是图像仍然有过于平滑的迹象，有可能导致后面的裂缝检测效果下降。因此，在后面的研究中，如何改进灰色预测算法的机理，去除算法结果中残存的噪声点，将是我们继续努力的方向。

滤波效果的客观评价如下。

我们还是用 PSNR 来衡量算法的实现效果，如表 6.9 和表 6.10 所示。

表 6.9 各种滤波方法的 PSNR 对比(低密度噪声)

噪声密度	0.05	0.10	0.15	0.20
均值滤波	23.3671	21.6094	20.0891	18.9231
中值滤波	26.4969	25.6218	24.5544	23.6485
何氏灰色预测滤波	18.9865	−14.3084	−79.5948	−90.3661
本节改进的灰色预测滤波	25.1936	24.8208	24.1365	23.4807

表 6.10 各种滤波方法的 PSNR 对比(高密度噪声)

噪声密度	0.25	0.30	0.35	0.40
均值滤波	18.0872	17.0442	16.4574	15.7510
中值滤波	22.3280	20.3427	19.0393	17.3251
何氏灰色预测滤波	−94.8155	−115.4317	−124.2700	−110.7722
本节改进的灰色预测滤波	22.7118	21.4530	20.5835	19.7943

从 PSNR 的结果来看，当分别对原始图像给予 0.15、0.20、0.25、0.30 等密度的噪声时，从均值滤波、中值滤波、何氏灰色预测滤波以及本节改进的灰色预测滤波算法来看，新算法在高密度噪声情况下所取得的 PSNR 具有一定的优越性，从而说明本节的新算法在噪声密度高的情况下会取得相对理想的效果。值得注意的是，何氏灰色预测滤波整体较低，这并不代表图像实际的滤波效果就一定很差，相反，在噪声密度较低时，何氏滤波的效果相比于本节的新算法还有一定的比较优势。

PSNR 的值比较低或者波动过大，这可能是灰色预测模型建模过程中发现了病态现象。毛树华[175]指出灰色预测模型"由于其特殊的建模方法(由累加数构成建模序列及最小二乘法的参数估计方法)导致模型在不同程度上存在病态性,有时还异常严重"，因此对累加得到的数据进行仿射变换是有效改善模型病态性的方法之一。当然，这里的 PSNR 只是检验模型效果的一个参照标准，并不是绝对标准(灰色预测建模过程中可能由于一个像素处的超级病态而导致整个的 PSNR 的值发生很大的改变)，也就是说，有时候 PSNR 的结果好并不意味着模型处理质量就一定好，同样，PSNR 的结果差也并不意味着模型处理结果就一定差。检验模型滤波效果的最有效标准还是人眼的主观识别。

本节从灰色预测的基本概念与理论出发，首先介绍了目前已有的把灰色预测模型应用到图像滤波算法的做法，并且分析这种做法的出发点，接着指出了何氏算法在理论与算法上尚存在的不完善的地方，并给出了自己的想法对原算法进行改进。本节针对原算法在滤波时不能有效去除较大的噪声块的缺点，在设计滤波器时给出了一个与灰色预测滤波并列的大窗口中值滤波器；针对灰色预测滤波时，原始序列的构造会影响预测精度的事实，本节对原始序列的顺序进行调整，按照升序排列，并且截取排序在中段的数据进行建模，以减少建模的运算量，同时又可以去除两端的噪声对预测的干扰；为了防止建模中矩阵出现病态的情况，本节引入了仿射变换对建模序列进行处理，减少程序的病态性，增强了程序的稳定性。最后通过 MATLAB 软件编程实现，给出了图像的算法实现结果，并与传统的均值滤波、中值滤波、何氏灰色预测滤波进行比较，说明了新算法的有效性。这是新算法的主观比较。在客观比较上，本节算法通过计算在不同噪声密度情况下的 PSNR 的结果，从数值上证明了本节算法在噪声密度较高时，与传统算法相比，具有一定的优越性。但是，新算法还存在不完善的地方，首先在对滤波窗口的中心像素进行处理时，本节设计了 3 种典型的情形来形成滤波算法的 3 个分支，一种代表当前点是正常点，故保持像素值不变，另一种是噪声块，故进行大窗口非线性滤波；还有一种才是存在一定密度噪声的情形，此时采用一种改进的灰色预测滤波器。事实上，这里对三种情况进行判别还是非常粗糙的，对像素点的分类也是不完全的；从处理结果来看，也使新算法残留了一些剩余噪声。这些剩余噪声有可能是图像原始的噪声点没有及时处理，也有可能是用灰色预测建模时由于模型精度太差产生的新的像素极值点。也就是说，算法执行过程中，由于模型自身的原因或者原始序列平滑性不够的原因，在去除噪声的同时也生成了一些新的噪声点。

目前灰色预测模型主要是应用到具有先后次序的一维的时间序列数据中，由于在图像二维平面上的数据并不存在一定的时间上的连续性，我们只能寻找二维图像数据在几何位置上可能存在的一定的相互依存关系。图像数据在由二维平面降为一维数据的过程中，如何保存数据地理位置之间的沿着纹理走向的连续性，这仍然具有一定的挑战性和不可测性。本节提出的灰色预测滤波算法只能说给出了一种研究的方向，目前所取得的成绩还非常有限，图像处理的质量也还不尽如人意，对灰色预测模型与图像滤波的结合上也还存在一些遗留的问题。最主要的表现就是灰色预测模型与图像滤波的对接还是一种机械的硬性嵌入的方式，算法的机理还不是很完善，需要进一步探讨。灰色预测模型原本用于具有内在相关性的时间序列数据，在同一个平面内的图像数据一般只存在地理位置和空间结构上的一定程度上的依存性，我们把这种原本仅用于处理时间序列的模型和工具用到同属不确定性问题的非时间序列的场合，这本身也是一种尝试和探索。目前研究图像的灰色预测模型滤波方法的文献还不多，从研究思想方法和技术执行技巧上还有很大的空间需要开拓，有待于感兴趣的学者的进一步探索。因此，进一步结合路面图像的像素和噪声分布规律，改进灰色预测的具体实现策略，仍是我们继续努力的方向。

6.6 小　　结

本章介绍了几种基于灰色系统理论的路面图像滤波或去噪算法。几种算法都通过挖掘被噪声污染的路面图像的灰色特性，成功地提高了路面图像去噪或滤波的水平和效果，为路面图像的后续增强处理和裂缝检测打下了良好的基础。同时，几种算法又各具特色、各有侧重：前两种算法以灰色关联分析为理论基础，挖掘的是路面图像邻域像素之间的相互关联性，对轻微和中等程度的比较规则的噪声（特别是椒盐噪声等脉冲噪声）具有良好的去噪效果；而当路面图像的噪声污染种类复杂、污染程度增加等导致路面图像内部信息紊乱时，基于灰熵的滤波方法可能具有更好的辨识性；基于灰色预测的复合滤波算法更加强调路面图像邻域像素之间的连续性，有选择地利用灰指数模型进行拟合或预测中心像素值，而不是简单地求加权平均值，并与中值滤波相结合，对部分污染严重的路面图像将会是一种有效的去噪途径。

第7章　基于灰色系统理论的路面图像边缘检测算法

第6章介绍了灰色系统理论在路面图像处理中的几种算法，本章将继续应用灰色关联分析、灰熵理论、灰色预测模型来对路面图像的裂缝边缘进行检测，既扩大了灰色系统理论的使用范围，又为路面图像的边缘检测提供了一种新的途径。

路面图像在经过去噪、增强处理以后，对其进行边缘检测和轮廓提取具有十分重要的意义。通过对路面图像中的裂缝边缘进行提取，可以有效定位裂缝产生的具体位置、形状、尺度大小，甚至根据裂缝的灰度强弱估计裂缝的深浅、类型等严重程度。对裂缝部分的高质量检测有助于对路面裂缝的自动测量与计算，也是整个路面裂缝自动检测过程中比较关键的环节和步骤。

路面图像中的裂缝边缘部分是灰色的。首先，由于路面受力不均、环境影响等，路面裂缝的边缘本身可能是断裂的、不连续的，当路面的裂缝是网状形状等不规则形状时，裂缝边缘的不规则性导致路面图像裂缝边缘本身是若隐若现的，因此边界的界定并不是泾渭分明的；其次，路面图像在成像、传输、存储过程中，成像设备的轻微抖动、传输介质和存储介质的物理损坏等，都会造成一定程度上的图像边缘模糊和失真，而图像前期的去噪和增强过程又不可能达到100%完美的图像修复和还原，所以路面图像的裂缝边缘不可能是整齐划一、信息饱满的。因此，利用擅长解决"少数据、贫信息"问题的灰色系统理论进行路面图像的裂缝边缘检测有其天然的优势。

一般来说，路面图像的裂缝部分的像素灰度一般较正常路面部分的像素灰度值要低，而且在路面图像局部区域内，裂缝边缘部分一般存在一定程度上的灰度突变(突变的强度较噪声要稍微小些)，并且突变的像素灰度一般满足一定方向上或者是一定纹理形状上的连续性，这是与噪声引起的灰度突变最大的不同。有鉴于此，当图像当前区域的参考序列与比较序列已经选定后，我们可以利用灰色关联度来度量参考序列与比较序列的相似度；当系统蕴含的信息比较杂乱不便于选定参考序列与比较序列时，也可以笼统地利用原始序列的灰熵来度量图像给定序列的不平衡程度；也可以利用当前区域灰色预测建模的精度信息来精准刻画当前区域的像素纹理的离乱程度(由于灰色预测模型对建模的原始序列的平滑性要求较高，当选定的原始序列的突变较大时，模型误差越大，建模精度越低；反之，当选定的原始序列的突变较小时，模型误差越小，建模精度越高。反过来，我们可以利用灰色预测建模的精度高低来测度当前序列的数据平滑程度，精度越高，越可能是平滑区域，反之，精度越低，越有可能是图像的边缘区域。同时，不同的灰色预测模型的种类和形式也对模型的精度有不同的敏感性)。

目前，基于灰色关联分析的图像边缘检测方法已经发展得比较迅速，有一些优秀的学者和团队，如马苗、谢松云、冯冬竹、胡鹏等，在这方面做出了一些开创性的、探索性的研究，给我们提供了很好的思路和方向。本章将重点介绍灰色关联分析、灰熵、灰色预测模型在路面图像边缘检测中的一些应用研究。

7.1　基于灰色关联分析的路面图像边缘检测算法

7.1.1　传统的基于灰色关联度的图像边缘检测算法

2003 年，马苗等把灰色关联度应用到图像的边缘检测领域[88]。该算法首先对图像基元的特点进行分析，然后确定参考序列和比较序列，最后计算图像邻域的灰色关联度，并设定阈值确定该点是边缘还是非边缘点。具体步骤如下。

（1）取值均为 1 的五点为参考序列，比较序列为邻域窗口中心点的上、左、中、下、右五点，即

$$X_0 = \{x_0(1), x_0(2), x_0(3), x_0(4), x_0(5)\} = \{1,1,1,1,1\} \tag{7.1}$$

$$\begin{aligned}
X_1 &= \{x_1(1), x_1(2), x_1(3), x_1(4), x_1(5)\} \\
&= \{f(i-1,j), f(i,j-1), f(i,j), f(i,j+1), f(i+1,j)\}, \\
&\quad i = 2,3,\cdots,M-1; j = 2,3,\cdots,N-1
\end{aligned} \tag{7.2}$$

其中，当 i 为 1 或 M，j 为 1 或 N 时，重复其相邻的行或列上相应位置的像素值作为该点的像素值。

（2）计算以各像素点为中心形成的比较序列与参考序列的灰色关联系数，有

$$\Delta_{01}(k) = |x_0(k) - x_1(k)| \tag{7.3}$$

$$M = \max_{1 \le k \le 5} \Delta_{01}(k), \quad m = \min_{1 \le k \le 5} \Delta_{01}(k) \tag{7.4}$$

$$\gamma_{01}(k) = \frac{m + \zeta M}{\Delta_{01}(k) + \zeta M}, \quad \zeta \in (0,1), k = 1,2,\cdots,5 \tag{7.5}$$

其中，ζ 为分辨系数，一般取 $\zeta \le 0.5$，以保证它的值域在 0～1。

（3）计算以各像素点 $f(i,j)$ 为中心形成的比较序列和参考序列的灰色关联度，有

$$\gamma_{01}(i,j) = \frac{1}{5} \sum_{k=1}^{5} \gamma_{01}(k) \tag{7.6}$$

（4）设定阈值 θ，如果该点处的灰色关联度大于阈值 θ，则说明该中心像素处于平滑区域的中心，不是边缘点；反之，就是边缘点。

马苗等把灰色关联分析引入图像的边缘检测算法中，完成了灰色关联分析与图像

边缘检测的对接，通过仿真实验并取得了理想的效果。后来，基于灰色关联分析的图像边缘检测算法主要朝着两个方向发展，一个是把灰色关联度与传统的边缘检测算子相结合，以更好地检测出图像的纹理边缘。例如，王康泰等[176]把灰色关联度与 Sobel 算子相结合，石俊涛等[177]把灰色关联分析与 Prewitt 算子相结合[178]，桂预风等[179]把灰色关联度与 Laplacian 算子、遗传算法等[180]相结合，文永革等[181]把 Roberts 算子与灰色关联分析相结合，爨莹等[182]把灰色关联分析与 Zernike 矩相结合，薛文格等[183]把灰色绝对关联度与 Krisch 算子相结合，周礼刚等[184]将对数灰关联度和 IOWGA 算子相结合，提出一种基于对数灰关联度的 IOWGA 算子最优组合预测模型，钟都都等[185]把灰色关联分析与 Canny 算子相结合，刘媛媛等[186]把灰色关联度与模糊熵相结合，梁娟[187]把灰色关联分析与模糊推理相结合。这些做法把传统边缘检测算子融入了灰色关联分析的元素，均取得了不错的效果。另一个是对灰色关联度的模型形式进行替换，例如，齐英剑等[188]提出的基于灰色相对关联度的图像边缘检测算法，花兴艳等[189]、郑子华等[89]、高永丽等[190]、周志刚等[191]提出的基于灰色绝对关联度的图像边缘检测算法，郑子华等[192]提出的灰色加权绝对关联度的图像边缘检测算法，高永丽等[193]提出的改进的邓氏关联度的图像边缘检测算法，胡鹏等[90]提出的基于灰色斜率关联度的图像边缘检测算法，李会鸽等[194]提出了基于灰色简化 B 型关联度的图像边缘检测算法，并且用迭代法实现了阈值的最佳选取。这些做法主要是结合图像纹理信息合理利用灰色关联度的多种形式，创新了灰色关联度在图像边缘检测领域的应用[195,196]。

本节将利用前面提到的灰色图像关联度模型进行图像边缘检测[197]。灰色图像关联度模型避免传统的邓氏关联度可能出现分式的分母为零的病态情况，并且省去了传统的邓氏关联度计算过程中参考序列和比较序列都要归一化处理的过程，简化了计算过程，增强了模型的稳定性和可执行性，而且取得了不错的运行效果。

7.1.2　改进算法的思想

当设定图像邻域像素的均值为参考序列的，此时参考序列的每个元素都是相等的，如果比较序列越是远离参考序列，则说明图像的该邻域存在边缘经过，这时图像在该中心点处计算得出的灰色关联度值就会越小；反之，如果图像在该处邻域没有边缘经过，是平滑区域，则此时参考序列和比较序列应当会非常接近，此时的灰色关联度的值就越大。通过设定阈值，可以把图像中边缘寻找出来，而且可以根据需要，设定不同的阈值，得到不同的边缘检测效果。

7.1.3　改进算法的步骤

（1）设在图像 3×3 的邻域窗口中当前中心像素为 $f(i,j)(i=2,3,\cdots,M-1;$ $j=2,3,\cdots,N-1)$，首先求出该邻域窗口所有像素的均值，然后按照公式设定模型的参考序列与比较序列，即

$$v(i,j) = \frac{1}{3 \times 3} \sum_{k=i-1}^{i+1} \sum_{l=j-1}^{j+1} f(k,l) \tag{7.7}$$

$$
\begin{aligned}
X_0 &= \{x_0(1), x_0(2), x_0(3), x_0(4), x_0(5), x_0(6), x_0(7), x_0(8), x_0(9)\} \\
&= \{v(i,j), v(i,j), v(i,j), v(i,j), v(i,j), v(i,j), v(i,j), v(i,j), v(i,j)\}
\end{aligned} \tag{7.8}
$$

$$
\begin{aligned}
X_1 &= \{x_1(1), x_1(2), x_1(3), x_1(4), x_1(5), x_1(6), x_1(7), x_1(8), x_1(9)\} \\
&= \{f(i-1,j-1), f(i-1,j), f(i-1,j+1), f(i,j-1), f(i,j), f(i,j+1), \\
&\quad f(i+1,j-1), f(i+1,j), f(i+1,j+1)\}
\end{aligned} \tag{7.9}
$$

(2) 求出参考序列与比较序列的差序列，可得

$$\Delta(u) = |x_0(u) - x_1(u)|, \quad u = 1, 2, \cdots, 9 \tag{7.10}$$

(3) 计算灰色图像关联系数，有

$$\gamma_{01}(u) = \frac{1}{1 + \Delta(u)} \tag{7.11}$$

(4) 计算图像邻域窗口的中心像素 $f(i,j)$ 的灰色图像关联度，有

$$\gamma_{01}(i,j) = \frac{1}{9} \sum_{u=1}^{9} \gamma_{01}(u) \tag{7.12}$$

(5) 把前面四步从图像的左上角开始，按照从左到右、从上到下的顺序依次遍历，将每个像素为邻域窗口中心像素得到的相应的灰色关联度保存在一张表格中（在 MATLAB 程序中可以用一个矩阵来存储），直到遍历图像右下角的最后一个像素。

$$\Upsilon = [\gamma_{01}(i,j)]_{(M-2) \times (N-2)} \tag{7.13}$$

(6) 找到所有像素处对应的灰色关联度的值的最小值和最大值，通过多次尝试或计算机搜索的方式找到一个介于最小值和最大值之间的临界值，作为区分当前点是边缘点还是非边缘点的阈值，即

$$\mathrm{Tag}(i,j) = \begin{cases} 1, & \gamma_{01}(i,j) < \theta \\ 0, & \text{其他} \end{cases} \tag{7.14}$$

这样就检测出图像的边缘，也可以结合人眼观察，根据实际情况设定多个不同的阈值得到不同程度的边缘水平以满足实际的需要。

对实验图像用步长 0.02 和对路面裂缝图像用步长 0.02 分别进行搜索，选定阈值，算法执行结果如图 7.1 和图 7.2 所示。

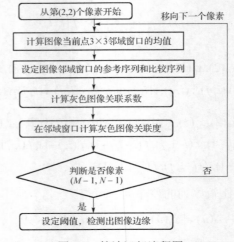

图 7.1　算法运行流程图

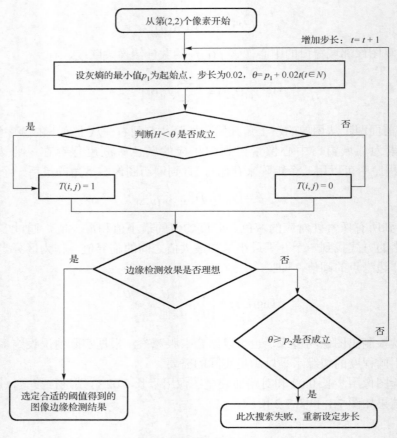

图 7.2　合适阈值搜索流程图

7.1.4　改进算法的结果及其分析

对实验图像用步长 0.02 和对路面裂缝图像用步长 0.02 分别进行搜索，选定阈值，算法执行结果如图 7.3 和图 7.4 所示。

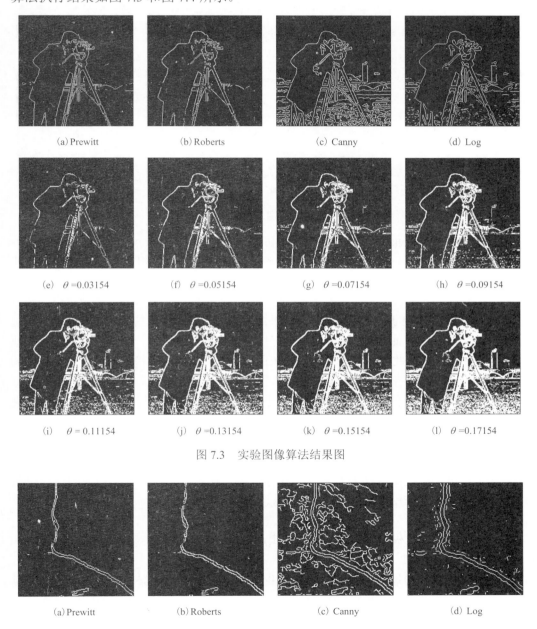

(a) Prewitt　　　　　　　　(b) Roberts　　　　　　　　(c) Canny　　　　　　　　(d) Log

(e)　$\theta = 0.03154$　　　　(f)　$\theta = 0.05154$　　　　(g)　$\theta = 0.07154$　　　　(h)　$\theta = 0.09154$

(i)　$\theta = 0.11154$　　　　(j)　$\theta = 0.13154$　　　　(k)　$\theta = 0.15154$　　　　(l)　$\theta = 0.17154$

图 7.3　实验图像算法结果图

(a) Prewitt　　　　　　　　(b) Roberts　　　　　　　　(c) Canny　　　　　　　　(d) Log

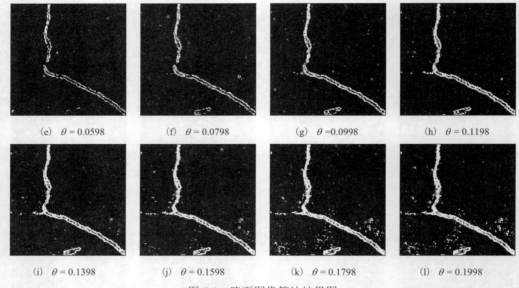

(e) $\theta = 0.0598$　　(f) $\theta = 0.0798$　　(g) $\theta = 0.0998$　　(h) $\theta = 0.1198$

(i) $\theta = 0.1398$　　(j) $\theta = 0.1598$　　(k) $\theta = 0.1798$　　(l) $\theta = 0.1998$

图 7.4　路面图像算法结果图

从实验图像和路面图像的结果，我们可以看到，当使用 Prewitt 运算符，Roberts 算子提取图像的边缘，很多边缘细节已被忽略，并且边缘信息相对较弱。相反，当使用 Canny 算子、Log 算子提取图像的边缘时，可能会在图像中显示太多意外的边缘细节，并且边缘检测的效果也不是很令人满意。然而，给定不同的阈值参数，本节提出的新方法可以得到我们想要的各种令人满意的结果。尤其是从路面图像的处理效果来看，当选取合适的阈值时，路面的裂缝边缘可以很好地提取出来，并且在一定程度上回避了其他噪声信号的干扰。因此，利用本节提出的灰色图像关联度的边缘检测方法是一个很好的尝试，希望以后可以结合灰色图像关联度模型与经典的边缘检测算子进行边缘检测。

本节对图像的灰色关联边缘检测算法进行了介绍，并利用灰色图像关联度模型进行了图像的边缘检测算法的实施，仿真实验表明，本节给出的算法简洁易懂，节约了程序运行的效率，同时仍然可以取得很好的执行效果，说明灰色关联分析在图像边缘检测领域是适用的。后面可以把灰色关联度模型与其他传统的经典边缘检测算子结合起来使用，进一步提高算法的有效性和执行效果，让灰色关联分析在图像的边缘检测过程中发挥更大的作用。

7.2　基于灰关联熵阈值选取的路面图像边缘检测算法

在对路面图像的边缘像素的分析中，我们发现图像的裂缝部分在灰度上主要表现为灰度值的剧变，而与图像像素灰度值的绝对数值大小无关。在传统的图像分割算法中，分割阈值的选取主要有最大类间方差法、模糊熵法等。它们的共同特点是需要统计和计算图像整体的像素灰度级的个数或频率，而忽略了图像局部区域的像素纹理分布特征。这样，就不可避免地造成对图像像素空间分布信息的缺失，更是没有利用图像像素的邻域信息，由此造成分割阈值的不准确也在所难免。近年来，利用图像的邻域梯度信息的边缘检测算子逐渐流行起来，如 Roberts 算子、Laplacian 算子等。

本节将灰熵理论与图像邻域信息相结合，提取每个像素的灰熵特征，利用灰熵可以反映图像邻域的像素灰度变化和波动情况的原理，通过对整个图像的灰熵值域进行搜索，选取恰当的分割阈值，从而实现图像的边缘检测和轮廓提取[198]。

7.2.1　算法的思想

由于图像的边缘主要反映为图像灰度值的波动起伏，在一个 3×3 的邻域窗口中，以窗口中心像素为参考序列，周围 8 邻域的像素灰度为比较序列，计算它们的灰关联熵。如果灰熵值比较大，则表明中心像素的灰度值比较接近其邻域的灰度值，即中心像素点处于非边缘区域；如果灰熵值比较小，则表明中心像素的灰度值比较远离邻域像素或者是部分邻域像素的灰度值，即图像处于边缘区域。因此，根据灰熵值的大小，就可以判定图像像素在该点处属于边缘的程度。我们只需选取合适的阈值，就可以对图像进行有效的分割，使得图像边缘被分离出来。

7.2.2　算法的步骤

(1) 在 3×3 的邻域窗口中，以窗口中心像素为参考序列，中心像素周围的邻域中 8 像素为比较序列，即

$$X_0 = \{x_0(1), x_0(2), x_0(3), x_0(4), x_0(5), x_0(6), x_0(7), x_0(8)\}$$
$$= \{f(i,j), f(i,j), f(i,j), f(i,j), f(i,j), f(i,j), f(i,j), f(i,j)\} \tag{7.15}$$
$$X_1 = \{x_1(1), x_1(2), x_1(3), x_1(4), x_1(5), x_1(6), x_1(7), x_1(8)\}$$
$$= \{f(i-1,j-1), f(i-1,j), f(i-1,j+1), f(i,j-1), f(i,j+1), f(i+1,j-1), f(i+1,j), f(i+1,j+1)\} \tag{7.16}$$

(2) 计算差序列，并且计算邻域窗口中心像素处的平均差序列，有

$$\Delta_{ij}(k) = |x_0(k) - x_1(k)|, \quad k = 1, 2, \cdots, 8 \tag{7.17}$$

(3) 为了扩大序列内不同指标的灰色关联系数的差异性，这里应用灰色图像关联系数，以体现邻域各像素与邻域窗口中心像素的信息差异，有

$$\varepsilon_{ij}(k) = \frac{1}{1 + \Delta_{ij}(k)/255}, \quad k = 1, 2, \cdots, 8 \tag{7.18}$$

(4) 对上述关联系数进行归一化，可得

$$e_{ij}(k) = \frac{\varepsilon_{ij}(k)}{\sum\limits_{k=1}^{8} \varepsilon_{ij}(k)}, \quad k = 1, 2, \cdots, 8 \tag{7.19}$$

(5) 计算灰关联熵，有

$$H(i,j) = -\sum_{k=1}^{8} e_{ij}(k) \ln e_{ij}(k) \tag{7.20}$$

(6) 按照前面五步，从图像的第 $(2,2)$ 个像素，按照从上到下、从左到右的顺序依次遍历，直到第 $(M-1,N-1)$ 个像素。

(7) 由于邻域窗口各像素的灰熵值越小，代表该邻域中心像素点成为边缘的可能性越大。可以求出整个图像的所有灰熵值，然后设定步长，让图像的阈值从最小灰熵值到最大灰熵值以步长逐步变大，然后根据各阈值分割图像后的边缘效果图，选定最终的图像边缘检测阈值，也可以根据实际情况需要，设定不同的阈值来得到不同的效果图。

$$T(i,j) = \begin{cases} 1, & H(i,j) < \xi \\ 0, & H(i,j) \geqslant \xi \end{cases} \tag{7.21}$$

其中，$p_1 < \xi < p_2$，$p_1 = \min\limits_{2 \leqslant i \leqslant M-1} \min\limits_{2 \leqslant j \leqslant N-1} \{H(i,j)\}$，$p_2 = \max\limits_{2 \leqslant i \leqslant M-1} \max\limits_{2 \leqslant j \leqslant N-1} \{H(i,j)\}$。

在对 cameraman.tif 图像的处理中，可以选取步长为 0.0005，精确搜索合适的阈值，$\xi = p_1 + 0.0005t \ (t \in N)(\xi < p_2)$。

算法的流程图如图 7.5 和图 7.6 所示。

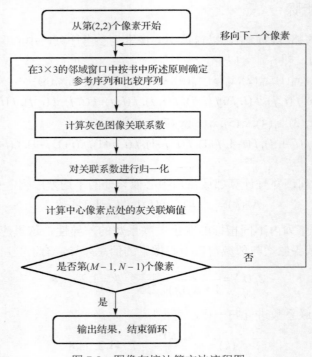

图 7.5　图像灰熵计算方法流程图

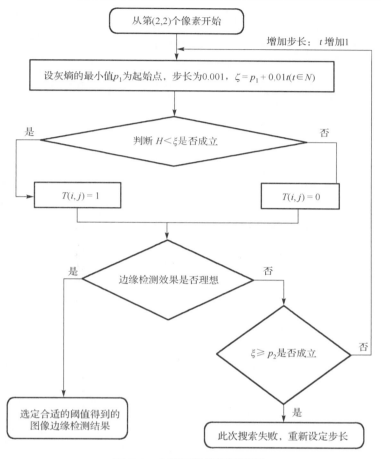

图 7.6 合适阈值搜索流程图

7.2.3 算法结果及其分析

对实验图像用步长 0.0005 和对路面裂缝图像用步长 0.0003 分别进行搜索，选定阈值，算法执行结果如图 7.7 和图 7.8 所示。

(a) Prewitt 算子 (b) Roberts 算子 (c) Canny 算子 (d) Log 算子

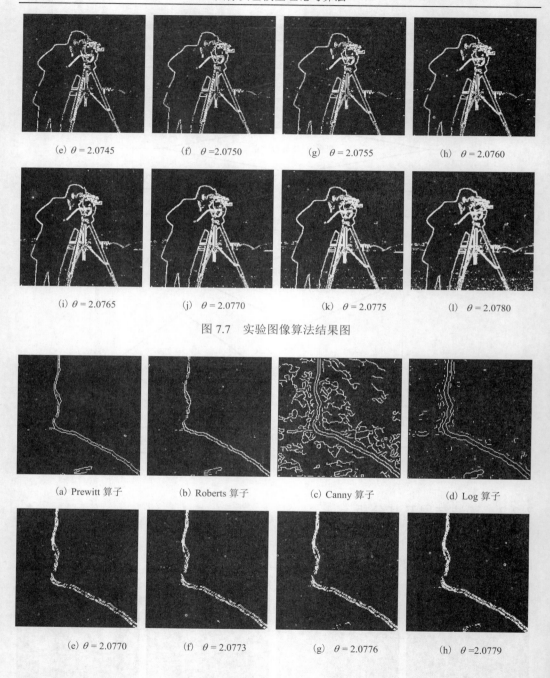

(e)　$\theta = 2.0745$　　　　(f)　$\theta = 2.0750$　　　　(g)　$\theta = 2.0755$　　　　(h)　$\theta = 2.0760$

(i)　$\theta = 2.0765$　　　　(j)　$\theta = 2.0770$　　　　(k)　$\theta = 2.0775$　　　　(l)　$\theta = 2.0780$

图 7.7　实验图像算法结果图

(a) Prewitt 算子　　　　(b) Roberts 算子　　　　(c) Canny 算子　　　　(d) Log 算子

(e)　$\theta = 2.0770$　　　　(f)　$\theta = 2.0773$　　　　(g)　$\theta = 2.0776$　　　　(h)　$\theta = 2.0779$

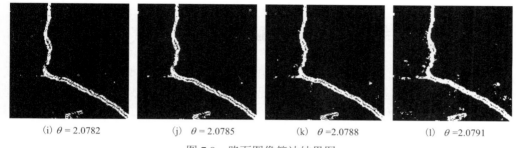

(i) θ = 2.0782　　　(j) θ = 2.0785　　　(k) θ = 2.0788　　　(l) θ = 2.0791

图 7.8　路面图像算法结果图

从实验图片的边缘检测结果来看，Prewitt 算子处理的结果相对较好，图像中的物理边缘比较清晰且连续，能够检测出绝大部分想要的边缘，也没有伪边缘被检测出；Roberts 算子处理的结果比 Prewitt 算子处理的结果相对差一些，主要是边缘的连续性不太好，有一些割断的边缘分支；而 Canny 算子和 Log 算子都存在过度检测的情况，导致图像中相当多的背景部分的边缘也被检测出来，导致近处的草地和远处的风景部分也被检测出来，这不是我们想要的结果；本节提出的利用灰熵进行阈值选取的方法，给出了多个阈值情况下的图像边缘检测结果，根据阈值的大小，对图像的边缘检测的多少也在变化之中。这里给出了几个典型的阈值情况下的边缘检测情况，在实际中可以根据后续的处理需要选择其中一个或几个阈值，来得到理想的边缘效果。

从对路面图像的处理结果来看，也是 Prewitt 算子的处理结果较好，能够检测出相当多的主要的边缘，并且边缘像素的分布也满足一定的连续性，图像的整体视觉效果较好；Canny 算子和 Log 算子虽然检测出全部裂缝的边缘，但是图像仍然存在过检测的情况，导致裂缝旁边的细微纹理也被检测出来，成为多余的伪边缘；本节提出的算法对图像的裂缝边缘检测比较到位，能够根据不同的情况选取多个阈值进行检测，这里给出了几个阈值情况下的边缘结果，基本都符合裂缝检测的要求。

当然，本节算法还存在不足。主要是检测出来的边缘都存在双边缘的情况，所以后期处理时最好根据需求进行适当边缘细化处理，以达到更好的视觉效果和自动识别效果；本节对阈值的选取是通过遍历整个灰度级来搜索合适的阈值，如何实现阈值的自适应选取也将是后期需要努力的方向。

本节首先介绍了目前主流的边缘检测算子和路面图像边缘检测的特点，然后从灰熵理论出发，阐述了本节算法的主要思想，接着罗列出新算法的主要步骤，并对算法的实现结构图和主要框架进行描述；最后给出算法的仿真实现结果，并对结果的意义进行分析。在充分理解灰熵理论的基础上，结合图像特点，提出一种适合图像边缘检测的灰关联熵的算法，与传统的边缘检测算子的检测结果进行比较。实验证明，新算法具有更大的实现灵活性和自由性，对阈值的选取通过搜索可以达到理想的程度。后期可以主要研究阈值的自动或客观选取方法。

7.3　基于局部纹理分析与灰熵判别的路面图像边缘检测算法

在 7.2 节中，我们介绍了一种利用邻域窗口的中心像素与邻域其他像素的灰关联熵的方法来进行边缘检测。它的主要思想是利用灰熵来度量邻域窗口中中心像素与周围邻域像素的波动程度。在这种思想的指导下，灰关联熵的计算中，邻域窗口中中心像素周围的 8 像素都是一视同仁的，是没有方向与顺序的，灰熵值只是用来刻画中心像素与周围邻域像素的灰度差的波动大小，波动越大，则灰熵值越小，反之，则灰熵值越大。而波动的情况正好从另一个侧面反映了图像中边缘分布的情况。因为边缘区像素总是表现为灰度值的分布的起伏差异性。基于相同的思想，本节将充分吸收 7.2 节中利用灰熵反映像素灰度分布起伏趋势的理念，充分考虑到图像邻域像素分布的方向性和纹理走向问题，提出一种新的基于灰熵判别的路面图像边缘检测算法[199]。

7.3.1　算法的主要思想

在图像 3×3 的邻域窗口中，以邻域窗口的中心像素点为中点，根据图像的纹理走向选取 16 种像素组合；如果中心点是边缘点，一般来说，则邻域内以中心像素为中心连成边缘的 3 像素的灰度值应当非常接近，它们的灰关联熵值比起邻域中的其他组合应当更大；同理，在邻域窗口中以中心像素为中点的其他组合的灰熵值应当较小。如果整个邻域都是平滑区域，那么无论过中心像素的纹理怎么选取，它们的像素灰度值都非常接近，因此灰熵值都会很大，这时取所有组合的最大灰熵值减去最小灰熵值，其差应当很小；但是，如果图像中心像素处于边缘区域，则至少有一个以中心像素为中点的组合的灰熵值会很大，而越不可能成为边缘走向的过中心像素的组合的灰熵值就越小。此时，如果用组合中的最大灰熵值减去最小灰熵值，则其差将会很大。因此，可以认为，邻域窗口中过中心像素的各边缘走向组合的最大灰熵与最小灰熵的差值越大，该中心像素成为边缘的特征越明显。此时，只需要设定一个阈值来截断这个差值，就可以将边缘像素分离出来，从而实现边缘的有效检测。

7.3.2　算法的步骤

在一个图像中，设一个大小为 M 行 N 列的图像可以表示为 $f(i,j)(i = 2, \cdots, M-1; j = 2, \cdots, N-1)$。为简化计算，图像的最外框的像素不作为中心像素进行考虑。一个处于第 i 行第 j 列的像素 $f(i,j)$ 在 3×3 的邻域窗口中可以有多种边缘经过。

如果图像滤波窗口的中心像素是边缘像素，那么过中心像素的某个方向，图像像素的灰度值将在数值上呈现出一定的相似性和连续性，利用图像邻域窗口中的纹理分布特征和像素灰度分布特性，受文献[147]、[200]的启发，我们提取了 16 种典型的边缘像素分布的形状，如图 7.9 所示。

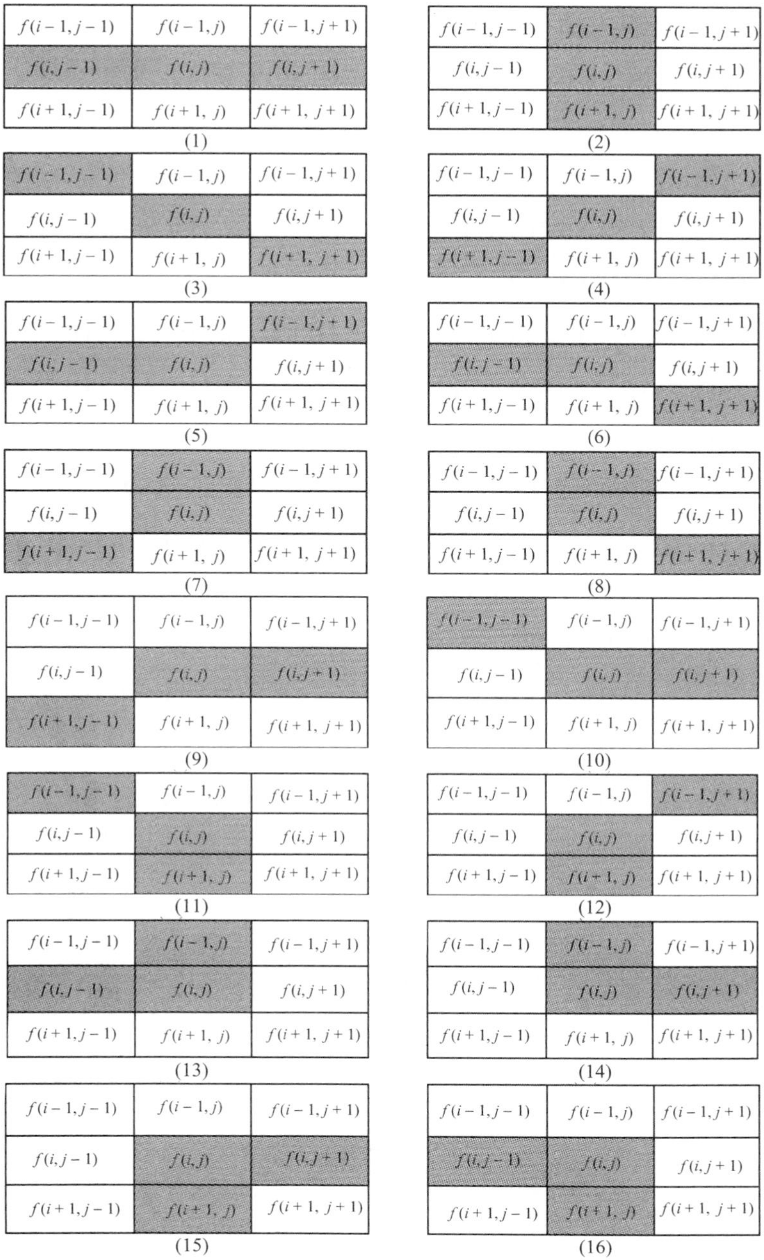

$f(i-1,j-1)$	$f(i-1,j)$	$f(i-1,j+1)$
$f(i,j-1)$	$f(i,j)$	$f(i,j+1)$
$f(i+1,j-1)$	$f(i+1,j)$	$f(i+1,j+1)$

(1)

$f(i-1,j-1)$	$f(i-1,j)$	$f(i-1,j+1)$
$f(i,j-1)$	$f(i,j)$	$f(i,j+1)$
$f(i+1,j-1)$	$f(i+1,j)$	$f(i+1,j+1)$

(2)

$f(i-1,j-1)$	$f(i-1,j)$	$f(i-1,j+1)$
$f(i,j-1)$	$f(i,j)$	$f(i,j+1)$
$f(i+1,j-1)$	$f(i+1,j)$	$f(i+1,j+1)$

(3)

$f(i-1,j-1)$	$f(i-1,j)$	$f(i-1,j+1)$
$f(i,j-1)$	$f(i,j)$	$f(i,j+1)$
$f(i+1,j-1)$	$f(i+1,j)$	$f(i+1,j+1)$

(4)

$f(i-1,j-1)$	$f(i-1,j)$	$f(i-1,j+1)$
$f(i,j-1)$	$f(i,j)$	$f(i,j+1)$
$f(i+1,j-1)$	$f(i+1,j)$	$f(i+1,j+1)$

(5)

$f(i-1,j-1)$	$f(i-1,j)$	$f(i-1,j+1)$
$f(i,j-1)$	$f(i,j)$	$f(i,j+1)$
$f(i+1,j-1)$	$f(i+1,j)$	$f(i+1,j+1)$

(6)

$f(i-1,j-1)$	$f(i-1,j)$	$f(i-1,j+1)$
$f(i,j-1)$	$f(i,j)$	$f(i,j+1)$
$f(i+1,j-1)$	$f(i+1,j)$	$f(i+1,j+1)$

(7)

$f(i-1,j-1)$	$f(i-1,j)$	$f(i-1,j+1)$
$f(i,j-1)$	$f(i,j)$	$f(i,j+1)$
$f(i+1,j-1)$	$f(i+1,j)$	$f(i+1,j+1)$

(8)

$f(i-1,j-1)$	$f(i-1,j)$	$f(i-1,j+1)$
$f(i,j-1)$	$f(i,j)$	$f(i,j+1)$
$f(i+1,j-1)$	$f(i+1,j)$	$f(i+1,j+1)$

(9)

$f(i-1,j-1)$	$f(i-1,j)$	$f(i-1,j+1)$
$f(i,j-1)$	$f(i,j)$	$f(i,j+1)$
$f(i+1,j-1)$	$f(i+1,j)$	$f(i+1,j+1)$

(10)

$f(i-1,j-1)$	$f(i-1,j)$	$f(i-1,j+1)$
$f(i,j-1)$	$f(i,j)$	$f(i,j+1)$
$f(i+1,j-1)$	$f(i+1,j)$	$f(i+1,j+1)$

(11)

$f(i-1,j-1)$	$f(i-1,j)$	$f(i-1,j+1)$
$f(i,j-1)$	$f(i,j)$	$f(i,j+1)$
$f(i+1,j-1)$	$f(i+1,j)$	$f(i+1,j+1)$

(12)

$f(i-1,j-1)$	$f(i-1,j)$	$f(i-1,j+1)$
$f(i,j-1)$	$f(i,j)$	$f(i,j+1)$
$f(i+1,j-1)$	$f(i+1,j)$	$f(i+1,j+1)$

(13)

$f(i-1,j-1)$	$f(i-1,j)$	$f(i-1,j+1)$
$f(i,j-1)$	$f(i,j)$	$f(i,j+1)$
$f(i+1,j-1)$	$f(i+1,j)$	$f(i+1,j+1)$

(14)

$f(i-1,j-1)$	$f(i-1,j)$	$f(i-1,j+1)$
$f(i,j-1)$	$f(i,j)$	$f(i,j+1)$
$f(i+1,j-1)$	$f(i+1,j)$	$f(i+1,j+1)$

(15)

$f(i-1,j-1)$	$f(i-1,j)$	$f(i-1,j+1)$
$f(i,j-1)$	$f(i,j)$	$f(i,j+1)$
$f(i+1,j-1)$	$f(i+1,j)$	$f(i+1,j+1)$

(16)

图 7.9　16 种典型的边缘像素分布形状

新算法的步骤如下。

(1)在以 $f(i,j)$ 为中心像素的 3×3 的邻域窗口中，选取图像邻域窗口的中心像素 $f(i,j)$ 为元素构造参考序列 X_0，并按照图 7.9 所示构造比较序列 X_s（$s=1,\cdots,16$）。

$$X_0 = \{x_0(1), x_0(2), x_0(3)\} = \{f(i,j), f(i,j), f(i,j)\} \tag{7.22}$$

$$X_1 = \{x_1(1), x_1(2), x_1(3)\} = \{f(i,j-1), f(i,j), f(i,j+1)\} \tag{7.23}$$

$$X_2 = \{x_2(1), x_2(2), x_2(3)\} = \{f(i-1,j), f(i,j), f(i+1,j)\} \tag{7.24}$$

$$X_3 = \{x_3(1), x_3(2), x_3(3)\} = \{f(i-1,j-1), f(i,j), f(i+1,j+1)\} \tag{7.25}$$

$$X_4 = \{x_4(1), x_4(2), x_4(3)\} = \{f(i+1,j-1), f(i,j), f(i-1,j+1)\} \tag{7.26}$$

$$X_5 = \{x_5(1), x_5(2), x_5(3)\} = \{f(i,j-1), f(i,j), f(i-1,j+1)\} \tag{7.27}$$

$$X_6 = \{x_6(1), x_6(2), x_6(3)\} = \{f(i,j-1), f(i,j), f(i+1,j+1)\} \tag{7.28}$$

$$X_7 = \{x_7(1), x_7(2), x_7(3)\} = \{f(i-1,j), f(i,j), f(i+1,j-1)\} \tag{7.29}$$

$$X_8 = \{x_8(1), x_8(2), x_8(3)\} = \{f(i-1,j), f(i,j), f(i+1,j+1)\} \tag{7.30}$$

$$X_9 = \{x_9(1), x_9(2), x_9(3)\} = \{f(i+1,j-1), f(i,j), f(i,j+1)\} \tag{7.31}$$

$$X_{10} = \{x_{10}(1), x_{10}(2), x_{10}(3)\} = \{f(i-1,j-1), f(i,j), f(i,j+1)\} \tag{7.32}$$

$$X_{11} = \{x_{11}(1), x_{11}(2), x_{11}(3)\} = \{f(i-1,j-1), f(i,j), f(i+1,j)\} \tag{7.33}$$

$$X_{12} = \{x_{12}(1), x_{12}(2), x_{12}(3)\} = \{f(i-1,j+1), f(i,j), f(i+1,j)\} \tag{7.34}$$

$$X_{13} = \{x_{13}(1), x_{13}(2), x_{13}(3)\} = \{f(i,j-1), f(i,j), f(i-1,j)\} \tag{7.35}$$

$$X_{14} = \{x_{14}(1), x_{14}(2), x_{14}(3)\} = \{f(i-1,j), f(i,j), f(i,j+1)\} \tag{7.36}$$

$$X_{15} = \{x_{15}(1), x_{15}(2), x_{15}(3)\} = \{f(i+1,j), f(i,j), f(i,j+1)\} \tag{7.37}$$

$$X_{16} = \{x_{16}(1), x_{16}(2), x_{16}(3)\} = \{f(i,j-1), f(i,j), f(i+1,j)\} \tag{7.38}$$

(2)计算差序列、灰色图像关联系数，可得

$$\Delta_{0s}(k) = |x_0(k) - x_s(k)|, 1 \leqslant s \leqslant 16 \tag{7.39}$$

$$\varepsilon_{0s}(t) = 1 / (1 + (\Delta_{0s}(k) / 255)) \tag{7.40}$$

(3)执行归一化运算，可得

$$p_s(t) = \frac{\varepsilon_{0s}(t)}{\sum_{t=1}^{3} \varepsilon_{0s}(t)} \tag{7.41}$$

以满足灰熵定义中 $\sum_{t=1}^{3} p_s(t) = 1$ 。

(4)计算灰关联熵，有

$$H_s = -\sum_{t=1}^{3} p_s(t) \ln p_s(t) \tag{7.42}$$

其中，$s = 1, 2, \cdots, 16$。

(5)计算灰熵的集合 $\{H_s \mid s=1,2,\cdots,16\}$ 中的最大值与最小值之差，可得

$$\mathrm{sh}(i,j) = H_{\max} - H_{\min} \tag{7.43}$$

其中，$H_{\max} = \max\limits_{1 \leqslant s \leqslant 16}\{H_s\}$；$H_{\min} = \min\limits_{1 \leqslant s \leqslant 16}\{H_s\}$。

(6)设定阈值 θ。标记边缘像素的矩阵记为 $\mathrm{flag}(i,j)$。如果 $\mathrm{sh}(i,j) > \theta$，则 $\mathrm{flag}(i,j)=1$；意味着相应的图像像素 $f(i,j)$ 是边缘像素；否则，$\mathrm{flag}(i,j)=0$，意味着相应的图像像素 $f(i,j)$ 是非边缘像素，即

$$\mathrm{flag}(i,j) = \begin{cases} 1, & \mathrm{sh}(i,j) > \theta \\ 0, & \mathrm{sh}(i,j) \leqslant \theta \end{cases} \tag{7.44}$$

(7)对图像中的每个像素执行步骤(1)～步骤(6)。这样，标志矩阵就可以得到整个图像像素的边缘与非边缘信息，从而检测出所有边缘。

算法的框架结构和流程图如图 7.10 和图 7.11 所示。

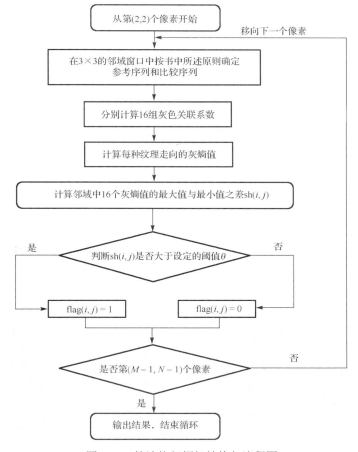

图 7.10　算法执行框架结构与流程图

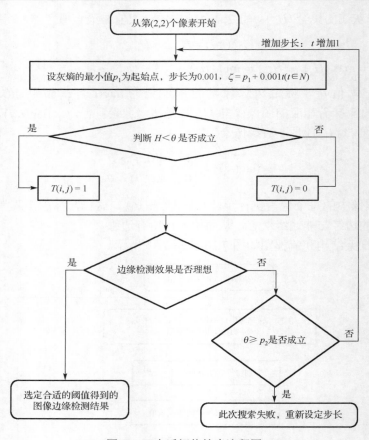

图 7.11　合适阈值搜索流程图

7.3.3　算法的结果及其分析

为了能够验证新方法的有效性，我们先用新算法给予不同的阈值进行边缘分割以得到不同程度的边缘检测情况，然后以经典的图像边缘检测算子，即 Canny 算子、Roberts 算子、Log 算子进行仿真实验，得到结果如图 7.12 所示。

(a) Prewitt 算子　　　　(b) Roberts 算子　　　　(c) Canny 算子　　　　(d) Log 算子

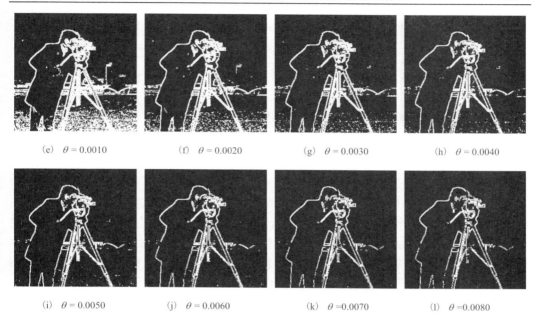

(e)　$\theta = 0.0010$　　　　　(f)　$\theta = 0.0020$　　　　　(g)　$\theta = 0.0030$　　　　　(h)　$\theta = 0.0040$

(i)　$\theta = 0.0050$　　　　　(j)　$\theta = 0.0060$　　　　　(k)　$\theta = 0.0070$　　　　　(l)　$\theta = 0.0080$

图 7.12　实验图像及其新算法中不同阈值的边缘检测结果图

　　下面用路面图像进行裂缝检测，并且给出传统的边缘检测算子的结果对比图，如图 7.13 所示。

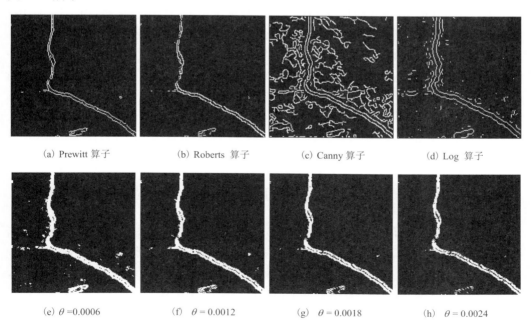

(a) Prewitt 算子　　　　　(b) Roberts 算子　　　　　(c) Canny 算子　　　　　(d) Log 算子

(e)　$\theta = 0.0006$　　　　　(f)　$\theta = 0.0012$　　　　　(g)　$\theta = 0.0018$　　　　　(h)　$\theta = 0.0024$

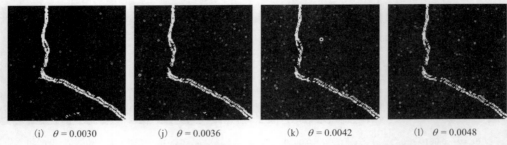

(i)　θ = 0.0030　　　　(j)　θ = 0.0036　　　　(k)　θ = 0.0042　　　　(l)　θ = 0.0048

图 7.13　　路面图像及其新算法中不同阈值的边缘检测结果图

算法结果分析如下。

我们可以发现，从实验图像的结果来看，Canny 算子能够检测出较多的连续的边缘，但是存在着过检测的现象。因为很多背景部分的边缘也被检测出来。Log 算子也是一样，检测出过多的背景纹理。Roberts 算子的检测程度或强度比较适中，但是整体效果比较一般。本节算法分别选取了 8 个不同的阈值，检测出的图像的边缘也呈现由多到少逐步递减的趋势，其中，当 θ = 0.0040 时，实验图像检测出的边缘比较清晰，而且过滤了一些不想要的背景部分的纹理，整体效果比较好。Canny 算子和 Log 算子都检测出公路路面的水泥刻槽等正常纹理部分，Roberts 算子的检测效果相对较好，但是也检测出一些背景上的断点。本节算法通过选取多个阈值，能够呈现出不同层次的边缘效果，可以满足多层次的检测需要，是一种相对理想的边缘检测算法。由此可见，无论实验图像还是真实的路面图像，新算法的实验效果都好于传统的边缘检测算子的实现效果，并且我们可以通过调节阈值的大小，来实现对不同后继处理要求的图像的边缘检测。如何结合人眼视觉特性，实现对阈值的自适应选取，将是我们进一步研究的目标。

本节从介绍经典的边缘检测算子及其发展状况入手，结合路面图像邻域窗口像素分布的纹理特征和边缘走向，分析了图像边缘区域和非边缘区域的像素在平面分布上的形状特点，提出了 16 种不同方向的图像边缘像素走向的示意图，利用灰熵理论来刻画图像邻域窗口的像素纹理走向的差异，通过设置灰熵的最大值与最小值之间的差值的阈值，来得到不同层次的边缘结构图。最后通过仿真实验和对真实图像的实验操作，并与传统边缘检测算法进行比较与分析，证实了新算法的有效性和可塑性，并对下一步的改进指出了方向。

7.4　基于 GM(1,1,C) 的路面图像边缘检测算法

图像的边缘检测问题一直是一个热点问题。边缘检测的效果直接影响到对图像后续的处理和分析。随着灰色系统理论的产生和发展，把灰色预测理论应用到图像处理中的做法是最近几年才发展起来的。数字图像的灰度值一般不太适用于灰色预测建模，因为灰色预测建模要求原始数据呈现单调变化，而图像数据在几何上只有顺着纹理才会具有一定程度的单调性。但是，在边缘检测过程中，当按照一种固定的顺序来建立原始序列时，预测模型在图像的边缘区域就会表现出很大的误差，当在图像的平滑区域

时，预测精度就比较高。因此，我们可以利用预测模型在图像不同区域的预测精度与误差来检测图像的边缘所在。这就是把灰色预测模型应用到图像的边缘检测过程中最根本的思路和依据。目前，在灰色预测的图像边缘检测算法中，还存在一些固有的问题没有解决，例如，在图像中心点的灰色预测过程中，如果图像邻域像素灰度值非常接近，那么图像的灰色预测模型的发展系数会非常接近 0。这样就会造成 GM(1,1) 模型的时间响应序列的公式的分母出现为零的情况。GM(1,1) 的原始序列的顺序的确定仍然是制约灰色预测模型发展的瓶颈。本节将从图像的边缘检测的原理出发，充分应用灰色预测理论的建模机理，提出了一种新的基于灰色预测模型的路面图像的边缘检测算法[153]。

在文献[127]中，灰色预测模型应用于图像边缘检测，它们都是遵从这种规律：灰色预测模型在图像的平滑区域具有高精度和图像的边缘区域中的低精度，因此通过计算预测值和实际像素值之间的差可以得到预测精度。差异越大，该点更有可能处于图像的边缘区域；差异越小，像素点在平滑区域的可能性越大。目前对灰色预测模型用于图像边缘检测的研究的文献相对有些多[201]。文献[202]对原始序列加入了一个对数变换，使得原来不能通过级比检验的序列变换后也能通过灰色预测建模的级比检验，并且提出采用残差检验的方法对灰预测结果进行二次边缘提取，使得更多的边缘能够被检测出来。

这些文献之间的差别在于原始序列的选择方法在灰色预测建模中是不同的，即在邻域窗口中按照什么方向、什么顺序、有多少邻域像素进入建模的原始序列[203]，用什么形式的模型[154,126,204]，与什么其他方法结合[205,206]等，这些问题的解决方案目前仍处于多方向、多角度的尝试阶段，尚未形成完全一致的结论。

目前尝试解决这些问题的方法可以总结为两类：一类是结合特定图像的纹理特征和局部信息分布规律来选择适当的邻域数据点；另一类是结合图像数据的特征选择正确的灰度预测模型形式。

在传统的灰色预测模型的图像边缘检测算法中，由于传统的 GM(1,1) 的时间响应公式中有可能出现分母（发展系数）为零的病态情况，所以我们用灰色预测模型中的内涵型，即 GM(1,1,C) 模型来进行边缘检测。首先从四个主要纹理方向选择像素序列作为灰色预测模型的原始序列，接着进行 GM(1,1,C) 的运算，然后计算每个序列的拟合残差和，并计算最大残差和与最小残差和的差作为图像的局部邻域波动的指标，以测量边缘的程度，最后设置阈值以提取边缘。实验结果表明，所提出的算法可以获得更好的效果。

7.4.1　算法的思想

在图像的邻域窗口中，根据图像的纹理分布特点，选取过中心点的 4 个典型的纹理方向，即水平方向、竖直方向、主对角线方向、副对角线方向的 3 个像素为原始序列，如图 7.14 所示。

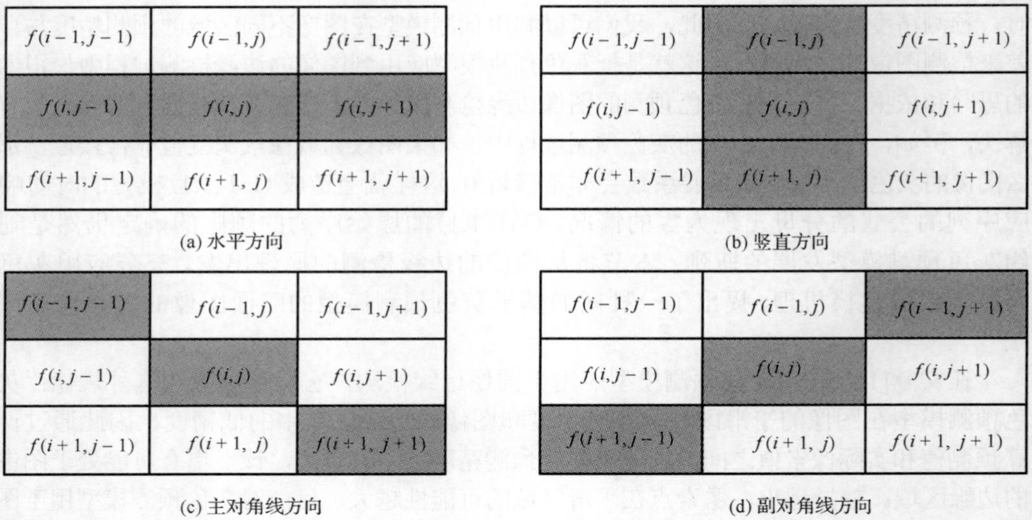

$f(i-1,j-1)$	$f(i-1,j)$	$f(i-1,j+1)$
$f(i,j-1)$	$f(i,j)$	$f(i,j+1)$
$f(i+1,j-1)$	$f(i+1,j)$	$f(i+1,j+1)$

(a) 水平方向

$f(i-1,j-1)$	$f(i-1,j)$	$f(i-1,j+1)$
$f(i,j-1)$	$f(i,j)$	$f(i,j+1)$
$f(i+1,j-1)$	$f(i+1,j)$	$f(i+1,j+1)$

(b) 竖直方向

$f(i-1,j-1)$	$f(i-1,j)$	$f(i-1,j+1)$
$f(i,j-1)$	$f(i,j)$	$f(i,j+1)$
$f(i+1,j-1)$	$f(i+1,j)$	$f(i+1,j+1)$

(c) 主对角线方向

$f(i-1,j-1)$	$f(i-1,j)$	$f(i-1,j+1)$
$f(i,j-1)$	$f(i,j)$	$f(i,j+1)$
$f(i+1,j-1)$	$f(i+1,j)$	$f(i+1,j+1)$

(d) 副对角线方向

图 7.14　四个主要边缘纹理图

由于灰色系统理论一般最少需要 4 个数据才能建模，文献[207]指出，可以对 3 个数据点的间隔进行紧邻均值生成，可以在第 1 个数据点与第 2 个数据点之间、第 2 个数据点与第 3 个数据点之间插入生成点，就可以将 3 个数据点扩展到 5 个数据点，这样有利于灰色预测模型的建立。传统的灰色预测模型的时间响应序列为

$$\hat{x}^{(1)}(k+1) = \left(x^{(0)}(1) - \frac{b}{a} \right) \mathrm{e}^{-ak} + \frac{b}{a}, k = 1, 2, \cdots, n \tag{7.45}$$

从式(7.45)可以看出，当发展系数 $-a$ 等于 0 时，会出现分母为 0 的情况，此时模型无意义。而文献[208]指出，当灰色建模的原始序列非常接近时，容易导致 $-a$ 趋近于 0，从而导致预测病态。借鉴文献[209]的思想，为了防止这种情况在图像的灰色预测中出现，我们引入 $\mathrm{GM}(1,1)$ 模型的衍生模型 $\mathrm{GM}(1,1,C)$[1] 来进行预测，可有效防止预测病态情形的出现。

由于 3×3 的邻域窗口中，这 4 个主要的纹理方向都经过图像邻域的中心点，也就是经过原始序列的中间点，所以在对 5 个数据(原来有 3 个数据，通过插值插入了 2 个数据，所以对于每组原始序列，数据都是 5 个)的灰色预测建模时，可以选定中间像素的灰度值为初始值，然后得到邻域的灰色预测模型。

由 $\mathrm{GM}(1,1)$ 定义型 $(\mathrm{GM}(1,1,D))$，可得

$$x^{(0)}(k) + az^{(1)}(k) = b \tag{7.46}$$

由一次累加的紧邻均值生成公式可得

$$z^{(1)}(k) = 0.5(x^{(1)}(k) + x^{(1)}(k-1))$$
$$= 0.5(x^{(1)}(k-1) + x^{(0)}(k) + x^{(1)}(k-1))$$
$$= x^{(1)}(k-1) + 0.5x^{(0)}(k) \tag{7.47}$$

把式(7.47)代入式(7.46)，可得

$$x^{(0)}(k) + a[x^{(1)}(k-1) + 0.5x^{(0)}(k)] = b \tag{7.48}$$

$$(1 + 0.5a)x^{(0)}(k) + ax^{(1)}(k-1) = b \tag{7.49}$$

$$(1 + 0.5a)x^{(0)}(k+1) + ax^{(1)}(k) = b \tag{7.50}$$

由式(7.50)减去式(7.49)，可得

$$(1 + 0.5a)x^{(0)}(k+1) - (1 + 0.5a)x^{(0)}(k) + a[x^{(1)}(k) - x^{(1)}(k-1)] = 0 \tag{7.51}$$

$$(1 + 0.5a)x^{(0)}(k+1) - (1 + 0.5a)x^{(0)}(k) + ax^{(0)}(k) = 0 \tag{7.52}$$

$$(1 + 0.5a)x^{(0)}(k+1) - (1 - 0.5a)x^{(0)}(k) = 0 \tag{7.53}$$

$$(1 + 0.5a)x^{(0)}(k+1) = (1 - 0.5a)x^{(0)}(k) \tag{7.54}$$

$$x^{(0)}(k+1) = \frac{1 - 0.5a}{1 + 0.5a} x^{(0)}(k) \tag{7.55}$$

令 $k = 4$，可得

$$x^{(0)}(5) = \frac{1 - 0.5a}{1 + 0.5a} x^{(0)}(4) = \frac{1 - 0.5a}{1 + 0.5a} \cdot \frac{1 - 0.5a}{1 + 0.5a} x^{(0)}(3) = \left(\frac{1 - 0.5a}{1 + 0.5a}\right)^2 x^{(0)}(3) \tag{7.56}$$

由式(7.55)，可得

$$x^{(0)}(k) = \frac{1 + 0.5a}{1 - 0.5a} x^{(0)}(k+1) \tag{7.57}$$

令 $k = 1$，可得

$$x^{(0)}(1) = \frac{1 + 0.5a}{1 - 0.5a} x^{(0)}(2) = \frac{1 + 0.5a}{1 - 0.5a} \frac{1 + 0.5a}{1 - 0.5a} x^{(0)}(3) = \left(\frac{1 + 0.5a}{1 - 0.5a}\right)^2 x^{(0)}(3) \tag{7.58}$$

故当图像邻域的中心像素(即建模的原始序列的第 3 个数据)给定时，可以通过 $\hat{x}^{(0)}(1) = \left(\frac{1 + 0.5a}{1 - 0.5a}\right)^2 x^{(0)}(3)$ 和 $\hat{x}^{(0)}(5) = \left(\frac{1 - 0.5a}{1 + 0.5a}\right)^2 x^{(0)}(3)$ 来计算邻域窗口纹理方向上两端的预测值。

最后分别计算 4 个纹理方向的每个方向的 GM(1,1)的残差和，残差和越小，说明 GM(1,1)在该方向上的预测精度越高，图像在该方向上像素灰度值更接近，即该序列的像素是可能的边缘像素；接下来计算图像邻域内 4 个方向上像素的残差和的最大值与最小值之差；如果图像邻域中心点处于边缘区域，则灰色预测模型在真正纹理走向上和非纹理走向上的预测残差将会比较大，而当图像的中心像素在平滑区域时，由于各个像素的灰度值都波动不大，图像在每个纹理走向上的灰色预测残差和都应当比较

接近，所以最大值与最小值的差值比较小。然后，我们通过设定一个适当的阈值，就可以将图像的边缘提取出来。

7.4.2　算法的具体实现步骤

(1) 在图像的 3×3 的邻域窗口中，按图 7.14 所示的纹理方向选定 4 组数据；并且在每组数据中，在第 1 个数据与第 2 个数据之间、第 2 个数据与第 3 个数据之间，用紧邻均值生成方法进行插值，可得

$$X_1^{(0)} = (x_1^{(0)}(1), x_1^{(0)}(2), x_1^{(0)}(3), x_1^{(0)}(4), x_1^{(0)}(5))$$
$$= (f(i,j-1), 0.5(f(i,j-1)+f(i,j)), f(i,j), 0.5(f(i,j)+f(i,j+1)), f(i,j+1)) \quad (7.59)$$

$$X_2^{(0)} = (x_2^{(0)}(1), x_2^{(0)}(2), x_2^{(0)}(3), x_2^{(0)}(4), x_2^{(0)}(5))$$
$$= (f(i-1,j), 0.5(f(i-1,j)+f(i,j)), f(i,j), 0.5(f(i,j)+f(i+1,j)), f(i+1,j)) \quad (7.60)$$

$$X_3^{(0)} = (x_3^{(0)}(1), x_3^{(0)}(2), x_3^{(0)}(3), x_3^{(0)}(4), x_3^{(0)}(5))$$
$$= (f(i-1,j-1), 0.5(f(i-1,j-1)+f(i,j)), f(i,j),$$
$$0.5(f(i,j)+f(i+1,j+1)), f(i+1,j+1)) \quad (7.61)$$

$$X_4^{(0)} = (x_4^{(0)}(1), x_4^{(0)}(2), x_4^{(0)}(3), x_4^{(0)}(4), x_4^{(0)}(5))$$
$$= (f(i+1,j-1), 0.5(f(i+1,j-1)+f(i,j)),$$
$$f(i,j), 0.5(f(i,j)+f(i-1,j+1)), f(i-1,j+1)) \quad (7.62)$$

(2) 对上述纹理序列进行一次累加生成，可得

$$X_t^{(1)} = (x_t^{(1)}(1), x_t^{(1)}(2), x_t^{(1)}(3), x_t^{(1)}(4), x_t^{(1)}(5))$$
$$= (x_t^{(0)}(1), \sum_{k=1}^{2} x_t^{(0)}(k), \sum_{k=1}^{3} x_t^{(0)}(k), \sum_{k=1}^{4} x_t^{(0)}(k), \sum_{k=1}^{5} x_t^{(0)}(k)), \quad t=1,2,3,4 \quad (7.63)$$

(3) 对一次累加生成序列进行紧邻均值生成，可得

$$Z_t^{(1)} = (z_t^{(1)}(2), z_t^{(1)}(3), z_t^{(1)}(4), z_t^{(1)}(5))$$
$$= (0.5(x_t^{(1)}(1)+x_t^{(1)}(2)), 0.5(x_t^{(1)}(2)+x_t^{(1)}(3)), 0.5(x_t^{(1)}(3)+x_t^{(1)}(4)), 0.5(x_t^{(1)}(4)+x_t^{(1)}(5))),$$
$$t=1,2,3,4 \quad (7.64)$$

(4) 计算灰色建模各个参数可得

$$Y_t = \begin{bmatrix} x_t^{(0)}(2) \\ x_t^{(0)}(3) \\ x_t^{(0)}(4) \\ x_t^{(0)}(5) \end{bmatrix}, \quad B_1 = \begin{bmatrix} -z_t^{(1)}(2) & 1 \\ -z_t^{(1)}(3) & 1 \\ -z_t^{(1)}(4) & 1 \\ -z_t^{(1)}(5) & 1 \end{bmatrix}, \begin{bmatrix} a_t \\ b_t \end{bmatrix} = (B_t^{\mathrm{T}} B_t)^{-1} B_t^{\mathrm{T}} Y_t, \quad t=1,2,3,4 \quad (7.65)$$

(5) 计算 $\mathrm{GM}(1,1,C)$ 模型的拟合值。

把上述值分别代入式 (7.58)、式 (7.56)，可得

$$\hat{x}_t^{(0)}(1) = \left(\frac{1+0.5a_t}{1-0.5a_t}\right)^2 x_t^{(0)}(3), \quad t=1,2,3,4 \quad (7.66)$$

$$\hat{x}_t^{(0)}(5) = \left(\frac{1 - 0.5a_t}{1 + 0.5a_t} \right)^2 x_t^{(0)}(3), \quad t = 1, 2, 3, 4 \tag{7.67}$$

(6)计算每组序列的残差和，可得

$$\varepsilon_t = (\hat{x}_t^{(0)}(1) + \hat{x}_t^{(0)}(5)) - (x_t^{(0)}(1) + x_t^{(0)}(5)), \quad t = 1, 2, 3, 4 \tag{7.68}$$

(7)计算 4 个残差和中的最大值与最小值，并用最大值减去最小值的差作为该邻域窗口的像素中心点处的边缘的特征值，有

$$T(i, j) = \max(\varepsilon_1, \varepsilon_2, \varepsilon_3, \varepsilon_4) - \min(\varepsilon_1, \varepsilon_2, \varepsilon_3, \varepsilon_4) \tag{7.69}$$

(8)将步骤(1)～步骤(6)的过程对图像的每个像素按照从左到右、从上到下的顺序进行遍历，从而得到记录图像边缘特征的参数矩阵 $T_{ij} (i = 2, \cdots, M-1; j = 2, \cdots, N-1)$。

(9)通过多次尝试，设定阈值 θ，然后对图像按式(7.70)进行二值化处理，可得

$$g(i, j) = \begin{cases} 255, & T(i, j) > \theta \\ 0, & T(i, j) \leq \theta \end{cases} \tag{7.70}$$

最后得到阈值化的边缘检测图。

新算法流程图如图 7.15 所示。

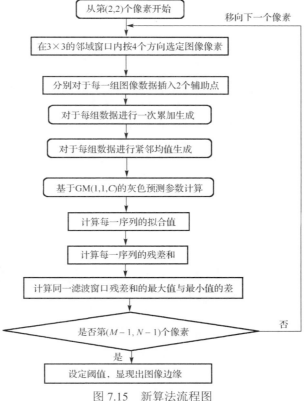

图 7.15　新算法流程图

7.4.3 算法的实现结果及其分析

实验图像及其新算法中不同阈值的边缘检测结果图，如图 7.16 所示。

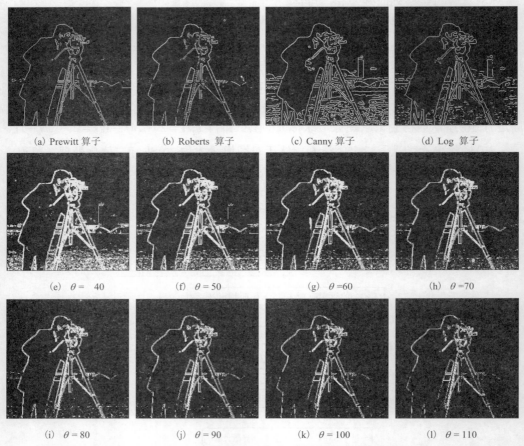

　　(a) Prewitt 算子　　　　　(b) Roberts 算子　　　　　(c) Canny 算子　　　　　(d) Log 算子

　　(e) $\theta = 40$　　　　　(f) $\theta = 50$　　　　　(g) $\theta = 60$　　　　　(h) $\theta = 70$

　　(i) $\theta = 80$　　　　　(j) $\theta = 90$　　　　　(k) $\theta = 100$　　　　　(l) $\theta = 110$

图 7.16　实验图像及其新算法中不同阈值的边缘检测结果图

路面图像及其新算法中不同阈值的边缘检测结果图，如图 7.17 所示。

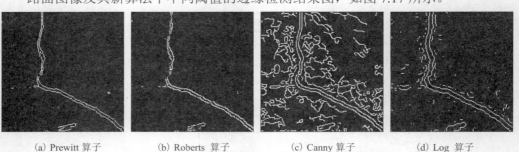

　　(a) Prewitt 算子　　　　　(b) Roberts 算子　　　　　(c) Canny 算子　　　　　(d) Log 算子

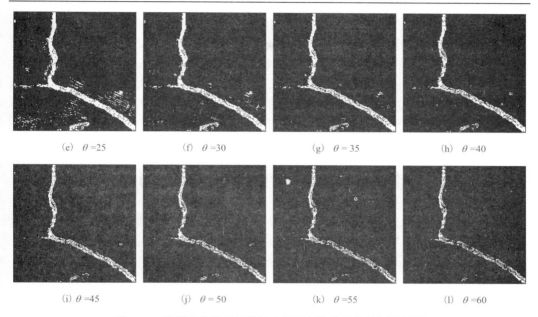

(e)　$\theta = 25$　　　　　(f)　$\theta = 30$　　　　　(g)　$\theta = 35$　　　　　(h)　$\theta = 40$

(i)　$\theta = 45$　　　　　(j)　$\theta = 50$　　　　　(k)　$\theta = 55$　　　　　(l)　$\theta = 60$

图 7.17　路面图像及其新算法中不同阈值的边缘检测结果图

算法结果分析如下。

　　从实验图像的处理结果来，只有 Prewitt 算子与 Roberts 算子的处理结果稍微好些，基本能够检测出图像的大体轮廓，目标物体的边缘基本都检测出来，但是显得边缘检测不够，有些弱边缘不是很连续；而 Canny 算子和 Log 算子又存在过检测的问题，导致很多地面上的草地的纹理和远处的背景部分都被检测出来，而对照相人这个目标的检测效果也比较一般；当用本节提出的基于灰色预测模型的边缘检测算法作用于原始图像时，我们可以根据后续的处理要求设定不同的阈值，根据阈值的大小来控制对边缘的检测的强弱；从检测效果来看，当设定阈值为 80、90、100、110 这几个阈值时，对图像的边缘的检测越来越少，也就是随着阈值的增大，更多的伪边缘被剔除出去，但是也有可能使得正常的边缘被漏掉，所以如何设定一种智能的最佳阈值的选取方法将是后续研究要努力的地方。从路面图像的处理来看，Roberts 算子相对较好，Prewitt 算子的效果次之；Canny 算子和 Log 算子检测出太多的噪声，导致图像的边缘根本就看不清楚，因此这两种算法的检测情况不适合对路面图像的检测；本节算法由于设定多个阈值，并且检测出来的一般为双边缘，所以裂缝边缘被加强，裂缝的视觉效果变得锐化，让边缘部分可以很清晰地呈现出来，并且裂缝周围的纹理或噪声也被有选择地筛掉，所以是一种较好的路面图像处理算法。

　　本节首先综述了现有的灰色预测模型边缘检测的一般思想，指出了传统边缘检测的主要做法和思路，针对现有算法存在的问题，本节基于灰色预测理论，结合图像的边缘区域和非边缘的纹理特征，通过选择 4 个典型的纹理走向像素，并应用紧邻均值生成的方法对 3 像素的纹理序列进行插值拓展，引入了两个辅助点来适当增加预测序列的数据，应用灰色预测模型的定义型以有效规避建模预测时发展系数接近 0 的问题，并且推导了以中间值为初始已知值的 $GM(1,1,C)$ 的建模过程，利用灰色预测模型的预测精度残差来刻画图像局部邻域边缘的程度，设定不同的阈值来显现出一定需求的边缘。本节给出算法的核心思想，详细罗列了算法实现的具体步骤；画出了流程图与算法的主要框架结构，并且给出了算法的仿真实现结果，结合实际情况对程序运行结果进行分析。最后指明了后续研究要解决的问题。

7.5　不同灰色预测模型在路面图像边缘检测中的应用与比较分析

前面介绍了灰色预测模型的内涵型(即 $GM(1,1,C)$)在图像边缘检测中的应用。由于灰色预测模型在图像处理中的应用目前尚处于初始阶段，目前还没有太多的文献可以比较和分析。从现有的灰色预测模型在图像处理中的应用来看，我们可以总结一下灰色预测模型在图像处理中应用涉及的一些要点问题。马苗等[82]指出，在图像处理中应用灰色预测模型的关键技术主要涉及建模数据的选取顺序、参与建模的序列长度、标准化原始序列可能会造成信息丢失等问题。对于建模数据的选取方式和选取顺序问题一直是图像处理领域的热门问题，一直以来都得到很多学者的重视，一些实验也证明哪怕对于同一个模型结构，如果用于建模的原始序列的数据选择方式和顺序不一样，则得到的结果也大相径庭。读者也可以从本书的一些章节中感受到不同算法中原始序列数据的选取问题以及仿真结果分析。本节将重点探讨另一个问题，在图像邻域的原始序列的数据选取完全相同，数据的个数、长度也完全相同的前提下，不同的灰色预测模型在图像边缘检测中的实际运行效果会如何。这里，我们主要比较最经典的灰色预测模型的定义型($GM(1,1,D)$)、灰色预测模型的内涵型($GM(1,1,C)$)、灰色预测模型的离散型(SDGM)、灰色 Verhulst 模型用于图像边缘检测时不同的效果，旨在为不同的种类和形式的灰色预测模型对图像边缘检测的适定性做出一些有益的探索和尝试。

7.5.1　算法的思想

在图像邻域窗口中，如果当前区域有边缘通过，则当前区域为非平滑区域，这时选取中心点周围的 8 像素建立灰色预测模型，由于原始序列的波动较大，距离灰色预测模型建模所要求光滑比或级比很远，所以这时模型的精度较低，模型的平均残差较大；反之，如果当前区域没有边缘通过，则图像处于平滑区域，这时建模数据比较适合灰色预测建模，模型精度较高，平均残差较小。因此，我们可以通过测度灰色预测建模的精度的大小来分辨当前点是否处于边缘区域或相对平滑区域，最后整个边缘点连接起来就构成了图像的边缘。这里分别采用 $GM(1,1,D)$、$GM(1,1,C)$、SDGM、灰色 Verhulst 模型进行建模，以此来分析当原始序列的数据选取完全相同时，上述模型在图像边缘检测中的效果，为今后图像边缘检测中的模型选取提供参照和依据。

7.5.2　算法的步骤和过程

设图像的大小为 M 行 N 列。在图像的当前邻域窗口中，$f(i,j)$ $(i=2,3,\cdots,M-1;$ $j=2,3,\cdots,N-1)$ 为中心点。

(1) 在选取当前点周围的 8 像素灰度值按照顺时针的方向建立原始序列，可得

$$X^{(0)} = (x^{(0)}(1), x^{(0)}(2), x^{(0)}(3), x^{(0)}(4), x^{(0)}(5), x^{(0)}(6), x^{(0)}(7), x^{(0)}(8))$$

$$= (f(i-1,j-1), f(i-1,j), f(i-1,j+1), f(i,j+1), f(i+1,j+1), f(i+1,j), f(i+1,j-1), f(i,j-1))$$

$$(7.71)$$

(2) 对上述原始序列进行一次累加生成变换，即

$$X^{(1)} = (x^{(1)}(1), x^{(1)}(2), x^{(1)}(3), x^{(1)}(4), x^{(1)}(5), x^{(1)}(6), x^{(1)}(7), x^{(1)}(8))$$

$$= \left(x^{(0)}(1), \sum_{h=1}^{2} x^{(0)}(h), \sum_{h=1}^{3} x^{(0)}(h), \sum_{h=1}^{4} x^{(0)}(h), \sum_{h=1}^{5} x^{(0)}(h), \sum_{h=1}^{6} x^{(0)}(h), \sum_{h=1}^{7} x^{(0)}(h), \sum_{h=1}^{8} x^{(0)}(h) \right)$$

$$(7.72)$$

(3) 对一次累加生成序列进行紧邻均值生成，这样可以增加序列的光滑度，提高模型的预测精度[2]。

$$Z^{(1)} = (z^{(1)}(1), z^{(1)}(2), z^{(1)}(3), z^{(1)}(4), z^{(1)}(5), z^{(1)}(6), z^{(1)}(7), z^{(1)}(8))$$

$$= (0.5(x^{(1)}(2) + x^{(1)}(1)), 0.5(x^{(1)}(3) + x^{(1)}(2)), 0.5(x^{(1)}(4) + x^{(1)}(3)),$$

$$0.5(x^{(1)}(5) + x^{(1)}(4)), 0.5(x^{(1)}(6) + x^{(1)}(5)), 0.5(x^{(1)}(7) + x^{(1)}(6)), 0.5(x^{(1)}(8) + x^{(1)}(7))) \quad (7.73)$$

(4) 分别按照四种不同模型的要求求出模型的建模参数。

① GM$(1,1,D)$（即 GM$(1,1)$ 定义型）的参数序列为

$$Y_1 = \begin{bmatrix} x^{(0)}(2) \\ x^{(0)}(3) \\ \vdots \\ x^{(0)}(8) \end{bmatrix}, B_1 = \begin{bmatrix} -z^{(1)}(2) & 1 \\ -z^{(1)}(3) & 1 \\ \vdots & \vdots \\ -z^{(1)}(8) & 1 \end{bmatrix}, \hat{\beta}_1 = \begin{bmatrix} a_1 \\ b_1 \end{bmatrix} = (B_1^{\mathrm{T}} B_1)^{-1} B_1^{\mathrm{T}} Y_1 \quad (7.74)$$

② GM$(1,1,C)$（即 GM$(1,1)$ 内涵型）的参数序列与 GM$(1,1,D)$ 型完全一样，即

$$Y_2 = \begin{bmatrix} x^{(0)}(2) \\ x^{(0)}(3) \\ \vdots \\ x^{(0)}(8) \end{bmatrix}, B_2 = \begin{bmatrix} -z^{(1)}(2) & 1 \\ -z^{(1)}(3) & 1 \\ \vdots & \vdots \\ -z^{(1)}(8) & 1 \end{bmatrix}, \hat{\beta}_2 = \begin{bmatrix} a_2 \\ b_2 \end{bmatrix} = (B_2^{\mathrm{T}} B_2)^{-1} B_2^{\mathrm{T}} Y_2 \quad (7.75)$$

③ SDGM（即 GM$(1,1)$ 离散型）的参数序列为

$$Y_3 = \begin{bmatrix} x^{(1)}(2) \\ x^{(1)}(3) \\ \vdots \\ x^{(1)}(8) \end{bmatrix}, B_3 = \begin{bmatrix} -x^{(1)}(1) & 1 \\ -x^{(1)}(2) & 1 \\ \vdots & \vdots \\ -x^{(1)}(7) & 1 \end{bmatrix}, \hat{\beta}_3 = \begin{bmatrix} a_3 \\ b_3 \end{bmatrix} = (B_3^{\mathrm{T}} B_3)^{-1} B_3^{\mathrm{T}} Y_3 \qquad (7.76)$$

④ 灰色 Verhulst 模型的参数序列为

$$Y_4 = \begin{bmatrix} x^{(0)}(2) \\ x^{(0)}(3) \\ \vdots \\ x^{(0)}(8) \end{bmatrix}, B_4 = \begin{bmatrix} -z^{(1)}(2) & (z^{(1)}(2))^2 \\ -z^{(1)}(3) & (z^{(1)}(3))^2 \\ \vdots & \vdots \\ -z^{(1)}(8) & (z^{(1)}(8))^2 \end{bmatrix}, \hat{\beta}_4 = \begin{bmatrix} a_4 \\ b_4 \end{bmatrix} = (B_4^{\mathrm{T}} B_4)^{-1} B_4^{\mathrm{T}} Y_4 \qquad (7.77)$$

(5) 分别按照四种模型的公式求出原始序列的拟合值序列。

① GM$(1,1,D)$（即 GM$(1,1)$定义型）的还原值为

$$\hat{x}^{(0)}(k+1) = \hat{x}^{(1)}(k+1) - \hat{x}^{(1)}(k) = (1 - \mathrm{e}^{a_1})\left(x^{(0)}(1) - \frac{b_1}{a_1} \right)\mathrm{e}^{-a_1 k}, k = 1, 2, \cdots, n-1 \quad (7.78)$$

② GM$(1,1,C)$ 的还原值为

$$\hat{x}^{(0)}(k) = \left(\frac{1 - 0.5a_2}{1 + 0.5a_2} \right)^{k-2} \cdot \frac{b_2 - a_2 x^{(0)}(1)}{1 + 0.5a_2}, \ k = 3, 4, \cdots, 8$$

$$\hat{x}^{(0)}(2) = \frac{b_2 - a_2 x^{(0)}(1)}{1 + 0.5a_2} \qquad (7.79)$$

③ GM$(1,1)$离散型的还原值为

$$\hat{x}^{(1)}(1) = x^{(1)}(1) = x^{(0)}(1)$$

$$\hat{x}^{(1)}(k+1) = a_3 \hat{x}^{(1)}(k) + b_3, \quad k = 1, 2, \cdots, 7 \qquad (7.80)$$

$$\hat{x}^{(0)}(k+1) = \hat{x}^{(1)}(k+1) - \hat{x}^{(1)}(k), \quad k = 1, 2, \cdots, 7 \qquad (7.81)$$

④ 灰色 Verhulst 模型的还原值为

$$\hat{x}^{(1)}(k+1) = \frac{a_4 x^{(0)}(1)}{b_4 x^{(0)}(1) + [a_4 - b_4 x^{(0)}(1)]\mathrm{e}^{ak}}, \quad k = 1, 2, \cdots, 7 \qquad (7.82)$$

$$\hat{x}^{(0)}(k+1) = \hat{x}^{(1)}(k+1) - \hat{x}^{(1)}(k), \quad k = 1, 2, \cdots, 7 \qquad (7.83)$$

(6) 分别计算四种模型的平均残差值，并把该值的大小作为当前点成为边缘的可能的测度。

$$e_t^{(0)}(i,j) = \frac{1}{8} \sum_{k=1}^{8} | x^{(0)}(k) - \hat{x}^{(0)}(k) |, \quad t = 1, 2, 3, 4;$$

$$i = 2, 3, \cdots, M-1; j = 2, 3, \cdots, N-1 \qquad (7.84)$$

(7)找出每个模型的残差值，分别存储成一张表格，找出这张表格中的最大值与最小值，设定步长，从小到大搜索最合适的阈值 $\theta_t (t=1,2,3,4)$，使得图像的边缘检测效果达到相对最优，即

$$\hat{f}_t(i,j) = \begin{cases} 255, & e_t^{(0)}(i,j) > \theta_t \\ 0, & e_t^{(0)}(i,j) \le \theta_t \end{cases}, \quad t=1,2,3,4 \tag{7.85}$$

其中，$\min\limits_{\substack{i=2,3,\cdots,M-1 \\ j=2,3,\cdots,N-1}} \{e_t^{(0)}(i,j)\} < \theta_t < \max\limits_{\substack{i=2,3,\cdots,M-1 \\ j=2,3,\cdots,N-1}} \{e_t^{(0)}(i,j)\}$。

因此，可以分别得到四种模型的四组边缘检测结果图，从边缘检测的结果中直观地比较四种模型在图像边缘检测建模中的精度与效果。

算法流程图如图 7.18 所示。

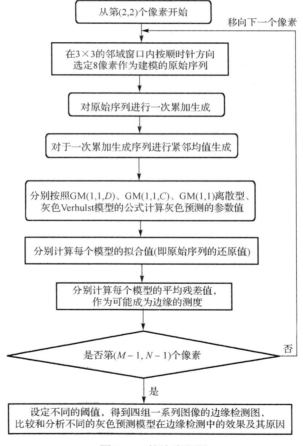

图 7.18　算法流程图

7.5.3 算法的结果及其分析

在这个算法流程中，我们对原始序列的选取完全相同，只是模型的种类不同，则模型的参数也就不同。搜索设定的阈值也不是完全相同的。下面给出程序运行的结果，如图 7.19～图 7.26 所示。

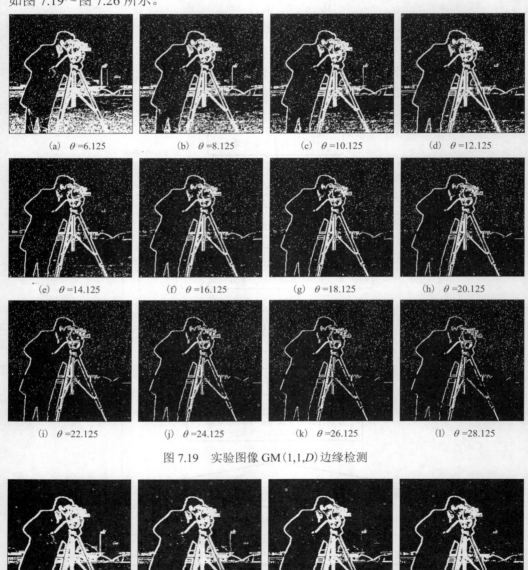

(a) θ =6.125   (b) θ =8.125   (c) θ =10.125   (d) θ =12.125

(e) θ =14.125   (f) θ =16.125   (g) θ =18.125   (h) θ =20.125

(i) θ =22.125   (j) θ =24.125   (k) θ =26.125   (l) θ =28.125

图 7.19   实验图像 GM(1,1,D) 边缘检测

(a) θ =8   (b) θ =10   (c) θ =12   (d) θ =14

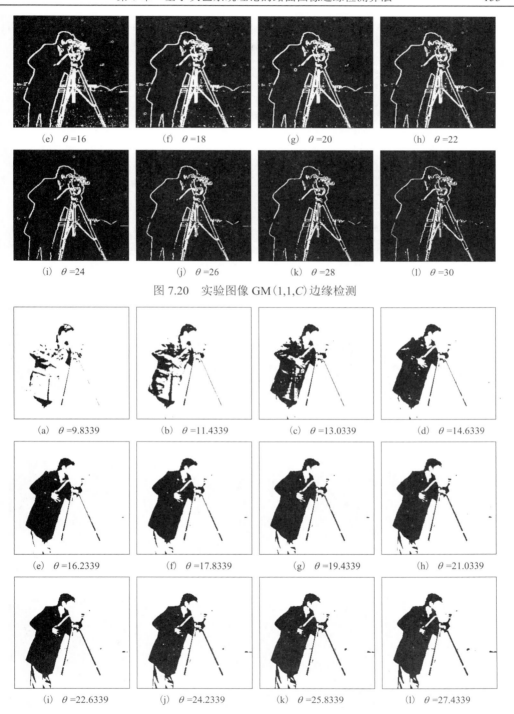

(e)　$\theta=16$　　　　(f)　$\theta=18$　　　　(g)　$\theta=20$　　　　(h)　$\theta=22$

(i)　$\theta=24$　　　　(j)　$\theta=26$　　　　(k)　$\theta=28$　　　　(l)　$\theta=30$

图 7.20　实验图像 $GM(1,1,C)$ 边缘检测

(a)　$\theta=9.8339$　　　(b)　$\theta=11.4339$　　　(c)　$\theta=13.0339$　　　(d)　$\theta=14.6339$

(e)　$\theta=16.2339$　　　(f)　$\theta=17.8339$　　　(g)　$\theta=19.4339$　　　(h)　$\theta=21.0339$

(i)　$\theta=22.6339$　　　(j)　$\theta=24.2339$　　　(k)　$\theta=25.8339$　　　(l)　$\theta=27.4339$

图 7.21　实验图像离散灰色预测模型边缘检测

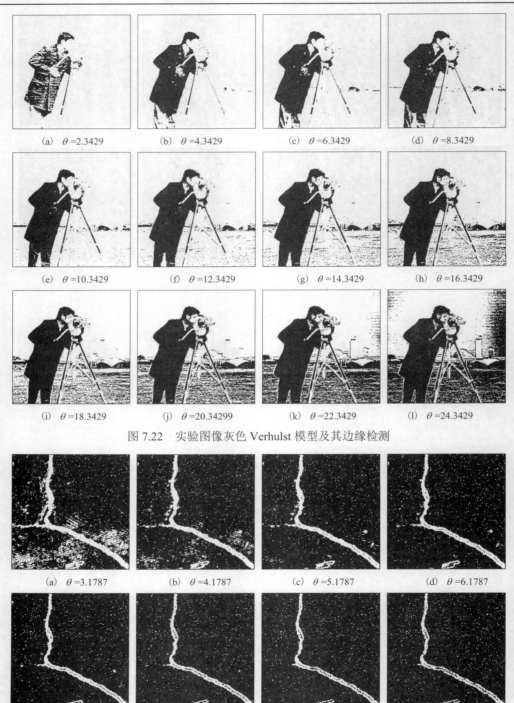

(a)　θ =2.3429　　　(b)　θ =4.3429　　　(c)　θ =6.3429　　　(d)　θ =8.3429

(e)　θ =10.3429　　(f)　θ =12.3429　　(g)　θ =14.3429　　(h)　θ =16.3429

(i)　θ =18.3429　　(j)　θ =20.34299　　(k)　θ =22.3429　　(l)　θ =24.3429

图 7.22　实验图像灰色 Verhulst 模型及其边缘检测

(a)　θ =3.1787　　　(b)　θ =4.1787　　　(c)　θ =5.1787　　　(d)　θ =6.1787

(e)　θ =7.1787　　　(f)　θ =8.1787　　　(g)　θ =9.1787　　　(h)　θ =10.1787

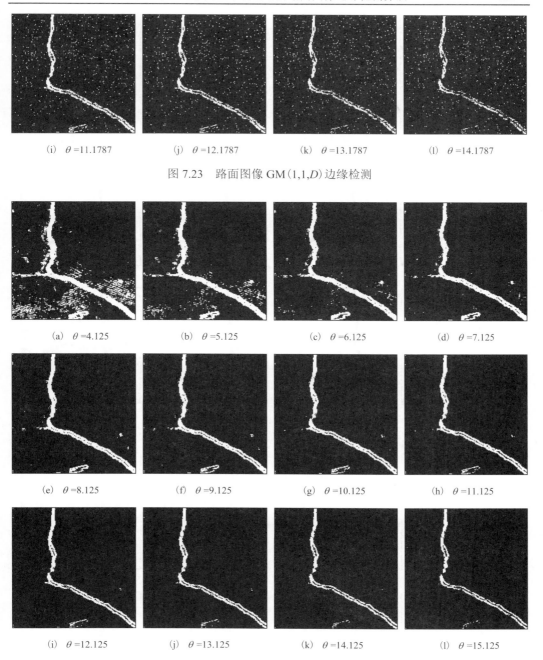

(i)　θ =11.1787　　　(j)　θ =12.1787　　　(k)　θ =13.1787　　　(l)　θ =14.1787

图 7.23　路面图像 GM(1,1,D)边缘检测

(a)　θ =4.125　　　(b)　θ =5.125　　　(c)　θ =6.125　　　(d)　θ =7.125

(e)　θ =8.125　　　(f)　θ =9.125　　　(g)　θ =10.125　　　(h)　θ =11.125

(i)　θ =12.125　　　(j)　θ =13.125　　　(k)　θ =14.125　　　(l)　θ =15.125

图 7.24　路面图像 GM(1,1,C)边缘检测

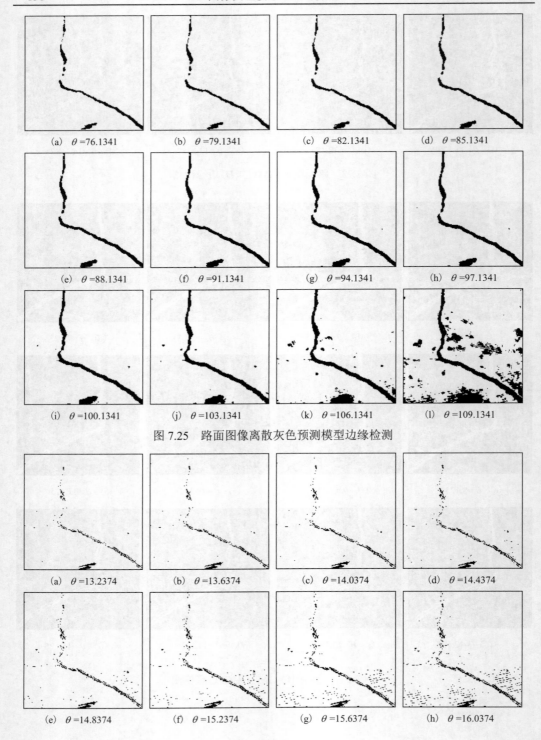

(a)　θ =76.1341　　　　　(b)　θ =79.1341　　　　　(c)　θ =82.1341　　　　　(d)　θ =85.1341

(e)　θ =88.1341　　　　　(f)　θ =91.1341　　　　　(g)　θ =94.1341　　　　　(h)　θ =97.1341

(i)　θ =100.1341　　　　　(j)　θ =103.1341　　　　　(k)　θ =106.1341　　　　　(l)　θ =109.1341

图 7.25　路面图像离散灰色预测模型边缘检测

(a)　θ =13.2374　　　　　(b)　θ =13.6374　　　　　(c)　θ =14.0374　　　　　(d)　θ =14.4374

(e)　θ =14.8374　　　　　(f)　θ =15.2374　　　　　(g)　θ =15.6374　　　　　(h)　θ =16.0374

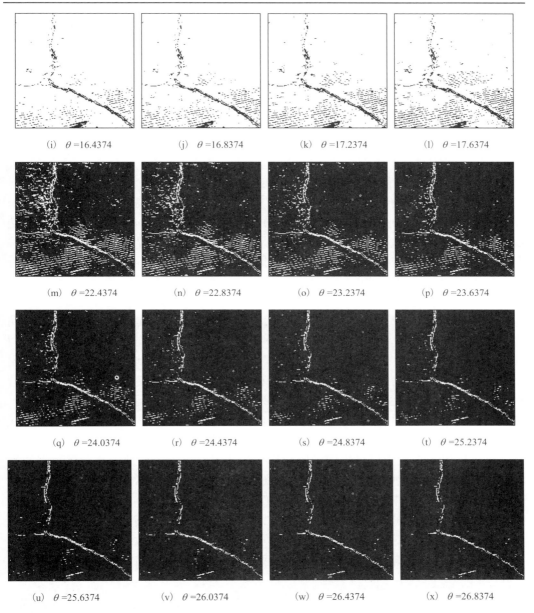

(i)　$\theta = 16.4374$　　　　(j)　$\theta = 16.8374$　　　　(k)　$\theta = 17.2374$　　　　(l)　$\theta = 17.6374$

(m)　$\theta = 22.4374$　　　　(n)　$\theta = 22.8374$　　　　(o)　$\theta = 23.2374$　　　　(p)　$\theta = 23.6374$

(q)　$\theta = 24.0374$　　　　(r)　$\theta = 24.4374$　　　　(s)　$\theta = 24.8374$　　　　(t)　$\theta = 25.2374$

(u)　$\theta = 25.6374$　　　　(v)　$\theta = 26.0374$　　　　(w)　$\theta = 26.4374$　　　　(x)　$\theta = 26.8374$

图 7.26　路面图像灰色 Verhulst 模型及其边缘检测

　　从实验图像程序执行的结果来看,当 GM(1,1,D) 的边缘检测算法取不同的阈值时,图像的边缘可以比较清晰地检测出来,但是也可以看出,几乎所有的边缘检测结果上都增加了很多噪声,图像上呈现的不只是边缘,还有很多斑点。分析原因,可能是 GM(1,1,D) 模型(传统的灰色预测模型)的公式中含有分母,在有些像素分布区域下可能出现分母为零的病态情况,从而增加了图像中出现更多的噪声点和斑点。GM(1,1,C)模型用于边缘检测的效果在这几种模型中效果是最好的,基本上选取不同的阈值,可以得到不同边缘浓淡程度的图像轮廓,而且边缘比较清晰,也没有引入噪声点,图像的边缘检测的整体情况处于一种比较理想的状态。离散灰色预测模型和灰色 Verhulst 模型检测出来的结果更接近于图像分割,也就是把人物的主要轮廓、目标都分割出来,但是没有细化到具体的边缘像素。所以这两种方法,作为边缘检测的结果并不是那么一致。由此可见,只有基于 GM(1,1,C) 的边缘检测的效果更胜一筹。对路面图像而言,GM(1,1,C) 和 GM(1,1,D) 取得的效果与实验图像的效果差不多,有一些不同的是,离散灰色预测模型对路面图像的边缘检测中,路面裂缝部分以黑色边缘的形式显现出来,在选取的阈值合理的情况下,主要的裂缝边缘与其他背景部分分离的效果还是非常好的,在阈值增加的情况下,会有部分伪边缘被检测出来。在灰色 Verhulst 模型对路面图像的边缘检测过程中,当阈值很小时,裂缝部分也是以黑色边缘的形式显示出来(这时的边缘检测效果非常接近离散灰色预测模型的检测效果),但是随着阈值的增大,图像的黑色部分和白色部分发生了交换,这时的裂缝边缘又以黑色边缘的形式显示出来。

　　各种灰色预测模型的比较一直是模型应用的热点。刘思峰等[2]对均值 GM(1,1) 模型(EGM)(也就是本书里提到的 GM(1,1,D),即 GM(1,1) 定义型,也是最早由邓聚龙提出的最经典的模型)、原始差分 GM(1,1) 模型(ODGM)[210]、均值差分 GM(1,1) 模型(EDGM)和离散 GM(1,1) 模型(DGM)进行了比较,通过一些序列进行了实证分析,提出了一个非常有建设性的结论:均值 GM(1,1) 模型(即 GM(1,1) 定义型)"经过一次累加数据进行均值变换,产生了神奇的效果,模拟精度大大提高,创造了一种能够对小数据、贫信息不确定性系统进行高精度模拟、预测的新方法。"刘思峰等根据数据的类型(齐次指数序列、非指数增长序列、振荡序列)给出了实际建模过程中选择模型的参考和依据。

　　重点提出了在灰生成过程中的紧邻均值生成运算可以很好地提高图像数据的光滑性,也能够扩展模型应用的广度。由于图像数据的复杂性,紧邻均值生成运算可以改进图像灰色建模的精度,有鉴于此,我们在这里做一个尝试,就是把离散灰色预测建模过程中的式(7.76)换成式(7.74)或式(7.75),相当于对这个离散灰色预测模型建模过程中执行与经典的灰色预测模型完全相同的灰生成方式和参数空间,其他过程不变,可以得到修改后的离散灰色预测模型的边缘检测的结果如图 7.27 和图 7.28 所示。

　(a)　$\theta=8$　　　　　　(b)　$\theta=10$　　　　　　(c)　$\theta=12$　　　　　　(d)　$\theta=14$

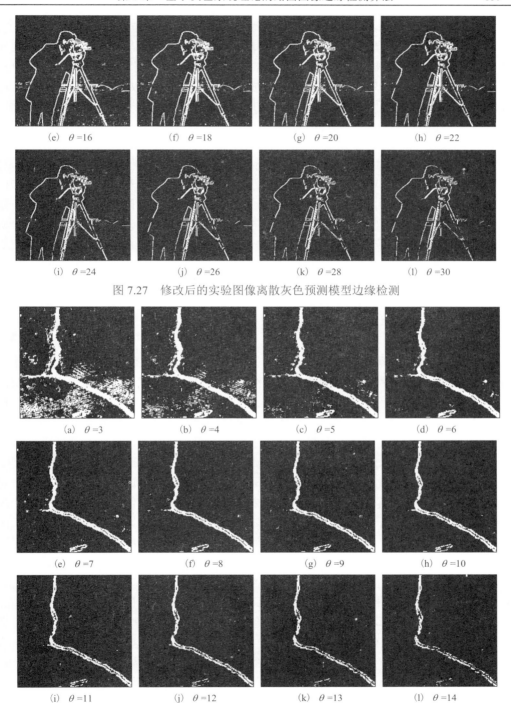

(e)　θ=16　　　　　(f)　θ=18　　　　　(g)　θ=20　　　　　(h)　θ=22

(i)　θ=24　　　　　(j)　θ=26　　　　　(k)　θ=28　　　　　(l)　θ=30

图 7.27　修改后的实验图像离散灰色预测模型边缘检测

(a)　θ=3　　　　　(b)　θ=4　　　　　(c)　θ=5　　　　　(d)　θ=6

(e)　θ=7　　　　　(f)　θ=8　　　　　(g)　θ=9　　　　　(h)　θ=10

(i)　θ=11　　　　　(j)　θ=12　　　　　(k)　θ=13　　　　　(l)　θ=14

图 7.28　修改后的路面图像离散灰色预测模型边缘检测

从上述可以看出，如果把离散灰色预测模型的灰生成与参数空间换成经过紧邻均值生成处理过的形式，模型的拟合精度得到了很大的提高。此时边缘检测的结果也更加接近于我们想要的处理结果。这也从另一方面印证了在图像处理中对经过一次累加生成序列进行紧邻均值生成是有意义的，对改善模型精度和提高边缘检测的效果也是有作用的。此时得到的结论与刘思峰等得到的结论[2]如出一辙。说明对序列的紧邻均值生成运算的确产生了神奇的作用，使得图像的建模精度得到很大的提升。

肖新平等[4]也对 GM(1,1)定义型、内涵型、白化型与指数回归模型进行了误差分析与比较，并分别从模型性质、建模方法、建模原理、残差特征、预测原理、模型用途等方面进行了深入的比较和分析。由于目前灰色预测模型在图像处理中应用还不是很多，不同的灰色预测模型在图像处理中的差别与联系目前还没有一些更深入的分析与做法。本书也只是较浅显地涉及四种比较常见的模型在边缘检测中的应用。决定灰色预测模型的预测精度的因素非常复杂，除了模型的种类，还与原始序列数据的选取、数据变换技术[211]等有很大的关系。

7.6　小　　结

本章主要介绍了灰色关联度、灰熵理论、灰色预测模型在路面图像的边缘检测中的应用与研究。针对路面图像中的裂缝边缘比较难以检测的问题，本章首先通过灰色关联度来度量图像局部边缘的可能程度，设定阈值，并可以搜索合适的阈值，最后检测出图像的边缘。引入灰熵来计算图像局部区域的边缘程度，从而得到图像的每个像素所对应的灰熵边缘特征值，最后通过设定阈值，得到想要的随阈值变化的动态边缘图。此种算法的思想简单，容易理解，计算量也不大，适用于路面状况良好，对裂缝边缘检测质量要求不高的情况，并且可以提高路面高速检测实时处理的效率。随着对路面检测质量要求的提高，单纯应用灰熵来度量图像邻域的边缘特征已经不是总能满足我们预期的效果，于是，与之对应的灰熵边缘检测方法中加入了对路面图像局部区域的纹理特征的考虑，从而使灰熵的度量效果能够深入图像的细微纹理，充分捕捉一些精细的边缘信息，增强了边缘检测的灵敏性。前两种方法都是利用灰熵值来计算边缘起伏的程度，计算过程中，当参考序列各分量相等时，比较序列内部各分量无论如何排列，都不能改变最后的灰关联熵值，而我们知道，图像中的像素的位置信息是固定的，当基于某一种形状或纹理走向选取比较序列的像素时，实质上这种顺序(实质是对应一种空间信息)已经确定了，而且希望是唯一确定的，这是由图像数据本身的意义所决定的，事实上灰熵的计算方法并没有满足这一点。为了能够更有效地检测出路面图像中的部分边缘，本章介绍了一种基于灰色预测模型的边缘检测方法。灰色预测模型的原始序列各元素的先后顺序是不能交换的，所以能够更加灵敏地检测出由于应用灰熵的方法而容易忽视的边缘细节。同时，本章也对灰色预测模型的几种不同的实现形式、灰色预测模型的参数的不同设定方法，以及序列算子在灰生成过程中的应用进行了粗略的比较和分析。本章的几种方法最后都有一个阈值截取的过程，这既是本章算法的优点又是缺点，优点是可以通过搜索或设定多个阈值来截取多层次、多强度的边缘细节以满足多层面的检测需求，缺点是会在一定程度上影响程序的自适应性，因此研究适合算法自身特点的阈值自动选取方法将是我们继续努力的方向。

第 8 章　基于灰色系统理论的路面图像增强算法

　　路面图像的增强算法本是路面图像的自动检测与处理过程中在对裂缝边缘检测与提取之前就要完成的步骤，并且图像增强的效果会较大地影响后续的图像边缘检测结果，本章考虑到反过来路面图像边缘检测的效果又能从一定程度上反映图像增强的质量，因此，本章将路面图像的增强算法放在边缘检测算法之后再讲，并在考察路面图像增强效果的同时比较边缘检测的质量，将经过增强处理后的路面图像的边缘检测结果作为评价增强质量的一个间接手段。本章将介绍灰色关联分析、灰熵理论、灰色预测模型三种理论分别在路面图像增强处理中的应用。

　　在前面几章中，我们介绍了路面图像的去噪和滤波问题，初步改善了路面图像的整体质量。路面图像采集时，可能受到光线、环境等因素的影响，可能造成路面图像的灰度级比较集中、灰度层次减少的现象，或者图像的局部区域存在灰度不均、变异等变质问题。同时，由于路面裂缝的像素灰度较正常路面要低一些，而路面的颜色灰度化以后，整体也集中在低灰度区域，这样目标和背景之间缺乏对比度的路面图像给机器自动辨认产生一些困难，因此，提高图像的灰度层次、增加图像的对比度将有助于对路面图像的后续处理和分析。

　　前面已经提到过路面图像的灰色本性。路面图像的变质其实也是灰性增强的一个过程。本章继续应用灰色系统理论的相关知识来解决路面图像的质量欠佳问题。针对路面图像中边缘纹理走向模糊的问题，本章首先用灰色关联模型来度量图像系统内部的边缘关联程度，检测出路面图像局部区域最连续的像素组，将此像素组看成一条边缘线段，以此线段将图像的邻域窗口分为两部分，然后计算邻域窗口的中心像素与哪一部分的灰度均值差别大，并将该差异扩大化，提高中心像素与邻域中不同属性像素之间的差异程度，扩大对比度；利用灰熵来测度邻域窗口中的不平衡信息的偏离程度，并将灰熵值融入图像局部对比度增强函数中，主动调节增强效果；利用路面图像的纹理走向上像素灰度值的连续性与相关性，本章建立灰色预测模型自适应地实现路面图像的边缘区域的对比度增强并保持平滑区域的光滑。

　　目前关于灰色系统理论在路面图像的增强处理中的做法比较少见[212,213]，本章所做的工作是一次青涩的尝试和探索，对丰富灰色系统理论的使用范围、提高路面图像的预处理质量具有积极的意义。

8.1　基于灰色关联分析的路面图像局部对比度增强算法

　　近年来，图像增强技术作为图像处理的一门重要分支，已经在社会生产和生活的各行各业发挥越来越重要的作用。它的目标就是要锐化图像的主要(有用)信息，减弱图像的次要信息，使得图像的质量和视觉效果进一步提高。当路面图像中的裂缝信息比较微弱时，我们有必要增强其对比度信息，以提高视觉质量或机器自动判读水平。

8.1.1　传统的图像对比度增强算法

在各种各样的图像增强算法中，Beghdadi 提出了一种基于区域局部边缘判决的图像对比度增强算法，引起了众多学者广泛的兴趣。为了能够计算对比度中的平均边缘值，可以用梯度算子来检测边缘，如 Sobel 算子、Laplacian 算子。此外，除了梯度算子，也有学者提出"2D Teager-Kaiser Energy Operator(2DTKEO)"[214]，称为"Teager-Kaiser"对比度增强，还有基于模糊数学的增强技术[215-217]。已经证明这些算子都有一定的优越性。我们试着把灰色关联分析[218]应用到图像局部对比度增强中。

注意到人类视觉机制对图像轮廓相对敏感，Beghdadi 等提出了一种边缘检测算子来构造局部对比度的定义[219,220]，可以描述为

$$C_{kl} = |X_{kl} - \overline{E}_{kl}| / |X_{kl} - \overline{E}_{kl}| \tag{8.1}$$

$$\overline{E}_{kl} = (\sum_{(i,j) \in W_{kl}} \Delta_{ij} \cdot X_{ij}) / (\sum_{(i,j) \in W_{kl}} \Delta_{ij}) \tag{8.2}$$

其中，X_{kl} 是位置在 (k,l) 的滤波窗口 W_{kl} 的中心像素灰度值，$W_{kl} = \{X_{ij} | k-1 \leq i \leq k+1, l-1 \leq j \leq l+1\}$，$X_{ij}$ 是滤波窗口 W_{ij} 的中心像素，不同于 W_{kl}，滤波窗口 W_{kl} 中的每个元素是 W_{ij} 的中心元素；$\overline{E}_{kl}$ 代表邻域窗口 W_{kl} 的局部平均边缘值；Δ_{ij} 代表位置在 (i,j) 处的边缘像素强度信息，它可以被 Laplacian 算子和 Sobel 算子计算出。在文献[219]、[220]中，它可以用 Laplacian 算子给出。

$$\Delta_{ij} = |X_{ij} - \overline{X}| \tag{8.3}$$

其中，$\overline{X} = (X_{i+1,j} + X_{i-1,j} + X_{i,j+1} + X_{i,j-1}) / 4$。

由式(8.1)很容易推算出中心像素值。

$$X_{kl} = \begin{cases} \overline{E}_{kl}(1-C_{kl}) / (1+C_{kl}), & X_{kl} \leq \overline{E}_{kl} \\ \overline{E}_{kl}(1+C_{kl}) / (1-C_{kl}), & X_{kl} > \overline{E}_{kl} \end{cases} \tag{8.4}$$

调节对比度函数，使它的对比度值比以前大。

$$F(C_{kl}) = (C_{kl})^{a/b} \tag{8.5}$$

其中，a 和 b 满足条件 $0 < a < b, b = 2^p$，并且

$$C'_{kl} = F(C_{kl}) \tag{8.6}$$

其中，F 满足：$C_{kl} \in [0,1], F(C_{kl}) > C_{kl}$，且 $F(C_{kl}) \in [0,1]$。

在式(8.4)中，把当前对比度 C_{kl} 换成增强后的对比度 C'_{kl} 就可以得到增强后的邻域窗口中心像素值，即

$$X'_{kl} = \begin{cases} \overline{E}_{kl}(1 - C'_{kl}) / (1 + C'_{kl}), & X_{kl} \leqslant \overline{E}_{kl} \\ \overline{E}_{kl}(1 + C'_{kl}) / (1 - C'_{kl}), & X_{kl} > \overline{E}_{kl} \end{cases} \tag{8.7}$$

这里给出了局部对比度的定义，并且充分利用了边缘检测算子，通过构造局部对比度函数，可以获得一个更好的实现效果。然而，也有一些不足，在增强图像边缘的同时，也盲目地增大了平滑区域的对比度，使得图像变得粗糙。同时，整体增强效果也不是尽如人意。

8.1.2　基于模糊对比度的图像增强算法

传统的图像对比度增强算法也称为直接对比度增强方法，它是通过设定对比函数直接增强图像局部的灰度对比度与层次感。Gordon 等则根据像素及其邻近像素的相对亮度差给出了局部对比度的定义，但是该方法有可能在小邻域增大噪声与量化误差，在大邻域丢失图像细节。李久贤等把模糊隶属度与局部对比度的概念进行融合，提出一种基于模糊对比度的图像增强算法[215]。

定义 8.1[215]　尺寸大小为 $M \times N$ 且具有 L 级灰度级的图像 X 中，$\mu_{ij} \in [0,1]$ $(i = 2, 2, \cdots, M - 1; j = 2, \cdots, N - 1)$，$\mu_{ij}$ 为图像 X 中第 (i, j) 个像素点的灰度级 x_{ij} 的隶属度，$\overline{\mu}_{ij}$ 是以被处理点为中心的窗口内所有像素点灰度平均值的隶属度，则像素点 x_{ij} 的模糊对比度(fuzzy contrast)为

$$F = \frac{|\mu_{ij} - \overline{\mu}_{ij}|}{|\mu_{ij} + \overline{\mu}_{ij}|} \tag{8.8}$$

其中，$|\mu_{ij} - \overline{\mu}_{ij}|$ 表示像素点 x_{ij} 的隶属度与其邻域均值隶属度之差的绝对值，表示模糊对比度；F 表示归一化处理的相对模糊对比度。这里既考虑了空间域邻域均值的平滑作用，又考虑了模糊域对比度的拉伸。

图像模糊对比度增强算法分为以下几步。

(1)选取线性隶属度函数，即

$$\mu_{ij} = \frac{x_{ij} - x_{\min}}{x_{\max} - x_{\min}} \tag{8.9}$$

其中，$x_{\max}$、$x_{\min}$ 分别为图像的最大、最小灰度。

(2)根据式(8.8)计算图像模糊对比度 F，选择 3×3 窗口来计算。

(3)对 F 进行非线性变换，得到

$$F' = \Psi(F) \tag{8.10}$$

为了增强图像，$\Psi(\cdot)$ 取某种凸变换，且 $\Psi(0) = 0$，$\Psi(1) = 1$，$\Psi(x) \geqslant x$。

(4)利用 F' 计算调整后的像素灰度隶属度 μ'_{ij} 及其灰度值 x'_{ij}，其数学表达式为

$$\mu'_{ij} = \begin{cases} \dfrac{\overline{\mu}_{ij}(1-F')}{1+F'}, & \mu_{ij} \leqslant \overline{\mu}_{ij} \\[3mm] 1 - \dfrac{(1-\overline{\mu}_{ij})(1-F')}{1+F'}, & \mu_{ij} > \overline{\mu}_{ij} \end{cases} \tag{8.11}$$

$$x'_{ij} = \mu'_{ij}(x_{\max} - x_{\min}) + x_{\min} \tag{8.12}$$

在讨论模糊对比度增强时，函数 $\psi(\cdot)$ 的选取直接影响处理的效果。若 $|\psi(x)-x|$ 过小，则图像的细节无法突出，较大则会使噪声显现出来。常用的函数[215]包括幂函数 $\psi(x)=x^a$、指数函数 $\psi(x)=\dfrac{1-\mathrm{e}^{-kx}}{1-\mathrm{e}^{-k}}$、对数函数 $\psi(x)=\dfrac{\ln(1+kx)}{\ln(1+k)}$、双曲函数 $\psi(x)=\dfrac{\tanh kx}{\tanh k}$ 及多项式函数等。文献[215]选择多项式函数

$$\psi(x) = 4x - 6x^2 + 4x^3 - x^4 \tag{8.13}$$

$\psi(x)$ 是凸函数。因为

$$\psi''(x)$$
$$= -12 + 24x - 12x^2$$
$$= -12(x-1)^2 \leqslant 0$$

$\forall x \in [0,1]$，且 $\psi(0)=0$，$\psi(1)=1$，$\psi(x) \geqslant x$。

这种方法将基于对比度的图像增强方法与模糊数学理论相结合，提出了一种新的基于对比度的图像增强方法，大致过程仍然是先把图像从空间域映射到模糊域，在模糊域内通过定义一个局部对比度算子，然后通过对凸函数的加强来放大像素邻域的各像素之间的差异。由于这个局部对比度定义为该像素与其邻域像素灰度隶属度均值之差的绝对值，所以具有较强的几何意义，从空间上也容易理解。最后将图像逆映射回空间域，从而完成了这个增强的过程。从标准图像与实际图像的实验来看，该算法的效果明显好于传统的模糊增强算法。

8.1.3　基于简化模糊对比度的图像增强算法

在参加新疆沙雅县农村公路网的规划中，新疆沙雅县交通局提供了沙雅县农村公路网的遥感影像图作为参考。由于当时没有大型扫描仪等设备，只能用随身携带的数码相机把这幅图拍摄下来。做项目时，首先要增强道路的清晰度。其他纹理信息可以不必在意。事实上，我们在现实生产生活中所遇到的大部分图像都不是像标准的实验图像那样灰度级几乎遍布 0～255 的所有的灰度级数，而往往是集中在[0, 255]的某一个子区间。从空间分布来看，图像像素相比于其邻域像素的灰度变化也不是特别剧烈。在文献[215]模糊对比度定义中，它是一个分式的比值，分子为当前像素值与其邻域均值的差的绝对值，也就是当前像素相对其邻域像素的灰度变化量，实际意义还比较明显，容易理解，但是分母为当前像素灰度值与其邻域均值之和(的绝对值)，这时很难

从空间意义上给出合理的解释。除此之外，分式的分母相对复杂，直接导致式(8.11)相对复杂，也增加了程序的运算量。因此，在对上面模糊增强算法改进的基础上，提出了一种基于目标增强的图像处理理念。

下面在对上述基于模糊对比度的图像增强方法的整体框架保持不变的基础上，对相关问题进行改进，使其更适于在具体项目中的应用[221]。

定义 8.2　大小为 $M \times N$ 且具有 L 级灰度等级的图像 X 中，$\mu_{ij} \in [0,1]$ ($i = 2,3,\cdots,$ $M-1; j = 2,3,\cdots,N-1$)，μ_{ij} 为图像 X 中第 (i, j) 个像素点的灰度级 x_{ij} 的隶属度，$\overline{\mu}_{ij}$ 为以被处理点为中心的窗口(取 3×3 的窗口)内除去中心点以外所有像素点灰度平均值的隶属度，则像素点 x_{ij} 的模糊对比度为

$$F = \frac{|\mu_{ij} - \overline{\mu}_{ij}|}{\overline{\mu}_{ij}} \tag{8.14}$$

其中，$|\mu_{ij} - \overline{\mu}_{ij}|$ 表示像素点 x_{ij} 的隶属度与其邻域均值隶属度之差的绝对值，表示模糊对比度；F 表示归一化处理的相对模糊对比度。

相对于定义 8.1，定义 8.2 做了两点修改：一是在对以像素 x_{ij} 为中心点的邻域均值的隶属度 $\overline{\mu}_{ij}$ 的计算时刻意除去了中心点的隶属度，这样可以除去中心点的隶属度 μ_{ij} 对其邻域均值的隶属度 $\overline{\mu}_{ij}$ 的影响，从而使模糊对比度 $|\mu_{ij} - \overline{\mu}_{ij}|$ 更大化，尽可能地反映该像素与其邻域像素状况的差异；二是将式(8.8)改为式(8.14)。由于该图像的像素灰度分布相对平和(事实上,在预处理中经过中值滤波后几乎已经没有灰度值突变太大的噪声点)，所以实验验证发现，由式(8.14)决定的 F 的值域仍然落在 $0 \sim 1$，符合后面要作用的凸函数的定义域。修改后的相对模糊对比度不仅在形式上更为简单，而且其空间意义更为明显，即中心像素与其邻域均值像素的隶属度之差相对于邻域均值像素的隶属度的比率。它更能直观地反映像素灰度与其邻域像素灰度的变化情况。

相应地，可以对式(8.11)进行改进，可得

$$\mu_{ij}' = \begin{cases} \overline{\mu}_{ij}(1 - F'), & \mu_{ij} \leqslant \overline{\mu}_{ij} \\ 1 - (1 - \overline{\mu}_{ij})(1 - F'), & \mu_{ij} > \overline{\mu}_{ij} \end{cases} \tag{8.15}$$

其他步骤和程序与 8.1.2 节一致。

由于图像在成像或拍摄过程中不可避免地受到相干因素的干扰而产生噪声，所以该算法在对图像进行增强处理前要先进行滤波的预处理。

这种改进的方法采用了相对简洁的模糊对比度的定义公式，使得对比度公式中去除了分母，形式更为简单，程序运行速度大大提高。稍微有点遗憾的是，这个算法对图像质量的改善程度也比较有限，还只是一个初步的尝试。由于这种方式与传统的模糊对比度增强算法相比，思想和思路仍然属于同一个层面，只是在具体实现的细节上针对像素分布比较集中、像素灰度值分布的区间比较窄小的特定图像(如路面图像)略微做了一些修改。因此，还需要从其他方面进一步改进和提升算法的有效性。

意识到经典方法的不足，我们很容易分析它的原因，那就是它用 Laplacian 算子或 Sobel 算子去检测邻域的像素的边缘，并增大邻域局部像素的对比度。当前的边缘检测算法的主要不合理部分是当前的边缘检测算子并没有完美地区分出边缘像素和非边缘像素。同时，对比度增强函数也不是非常令人满意。为了克服这些缺点，我们提出一种利用两个序列在几何形状上的相似性的灰色关联分析的图像增强方法[222]。

在传统的图像对比度增强算法中，通过增大窗口中心像素的 3×3 邻域内的"局部平均边缘值"与中心像素的差异来扩大图像局部的灰度对比度。"局部平均边缘值"是利用窗口内每个像素与其自身周围邻域的部分像素的平均值的差的绝对值作为权重，求中心像素的 3×3 的邻域窗口内的加权平均值而得到的。也就是说，邻域窗口中的像素与周围像素的差异越大，该像素成为边缘点的可能性就越大，加权计算时就拥有更大的权重，最后的加权平均和就越接近于边缘值。利用这种思想来得到邻域窗口的"局部平均边缘值"是一种非常容易理解又很有用的做法。但是，接下来通过加大中心像素点与"局部平均边缘值"的差异性来扩大图像局部的对比度，这是一个值得商榷的做法。因为当邻域中心点为非边缘点时，加大这个非边缘点与其邻域的"局部平均边缘值"的差异是否必要；当中心像素是边缘点时，加大这个边缘点与其邻域的"局部平均边缘值"的差异是否理性，或者是否有更合适的做法来代替它，这都值得进一步地讨论。

8.1.4　改进算法的思想

本节结合路面图像的纹理走向，利用灰色关联分析选出图像邻域中像素灰度最相似的一条边缘，假设这条边缘将图像邻域窗口分为两部分，其中至少有一部分的区域像素均值会与中心像素灰度值的差异较大，选择性地增大中心像素与其灰度相差较大区域的差异程度，就可以扩大图像局部的对比度；如果两个区域的像素均值都与中心像素的差异较小，则说明该像素处于平滑区域。

我们可以采用一种更有效的方法来计算 $\bar{E}_{kl}$，它可以更准确地刻画邻域中与中心像素属性相异的部分像素的特征。

假设图像有 M 行 N 列，在一个 3×3 的邻域窗口中，选取位置 (i,j) 处的中心像素 $f(i,j)(i=2,\cdots,M-1;j=i=2,\cdots,N-1)$ 为基本元素构建参考序列，即

$$X_0 = \{x_0(1),x_0(2)\} = \{f(i,j),f(i,j)\} \tag{8.16}$$

分别从过中心像素 $f(i,j)$ 的水平方向、竖直方向、主对角线方向、副对角线方向上，选取四组纹理像素并除去中心像素后建立比较序列，即

$$X_1 = \{x_1(1),x_1(2)\} = \{f(i,j-1),f(i,j+1)\} \tag{8.17}$$

$$X_2 = \{x_2(1),x_2(2)\} = \{f(i-1,j),f(i+1,j)\} \tag{8.18}$$

$$X_3 = \{x_3(1),x_3(2)\} = \{f(i-1,j-1),f(i+1,j+1)\} \tag{8.19}$$

$$X_4 = \{x_4(1),x_4(2)\} = \{f(i-1,j+1),f(i+1,j-1)\} \tag{8.20}$$

然后计算灰色图像关联系数，即

$$\gamma_{0s}(k) = 1 / (1 + |x_0(k) - x_s(k)| / 255) \tag{8.21}$$

其中，$s = 1, 2, 3, 4; \ k = 1, 2$。

接着计算参考序列与第 s 个比较序列之间的灰色图像关联度，即

$$\gamma_{0s} = \frac{1}{2} \sum_{k=1}^{2} \gamma_{0s}(k) \tag{8.22}$$

选取灰色图像关联度最大的那一行 s'，即

$$\gamma_{0s'} = \max\{\gamma_{01}, \gamma_{02}, \gamma_{03}, \gamma_{04}\} \tag{8.23}$$

将图像局部区域的 3×3 邻域按图 8.1 所示分成两部分。

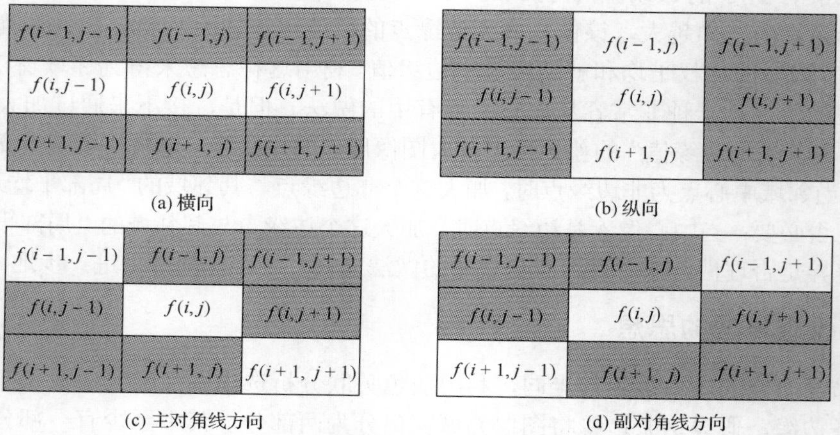

$f(i-1, j-1)$	$f(i-1, j)$	$f(i-1, j+1)$
$f(i, j-1)$	$f(i, j)$	$f(i, j+1)$
$f(i+1, j-1)$	$f(i+1, j)$	$f(i+1, j+1)$

(a) 横向

$f(i-1, j-1)$	$f(i-1, j)$	$f(i-1, j+1)$
$f(i, j-1)$	$f(i, j)$	$f(i, j+1)$
$f(i+1, j-1)$	$f(i+1, j)$	$f(i+1, j+1)$

(b) 纵向

$f(i-1, j-1)$	$f(i-1, j)$	$f(i-1, j+1)$
$f(i, j-1)$	$f(i, j)$	$f(i, j+1)$
$f(i+1, j-1)$	$f(i+1, j)$	$f(i+1, j+1)$

(c) 主对角线方向

$f(i-1, j-1)$	$f(i-1, j)$	$f(i-1, j+1)$
$f(i, j-1)$	$f(i, j)$	$f(i, j+1)$
$f(i+1, j-1)$	$f(i+1, j)$	$f(i+1, j+1)$

(d) 副对角线方向

图 8.1　四个主要纹理方向划分图像邻域窗口的示意图

这里，为了表达的方便，不妨假设 $f(i-1, j-1), f(i, j), f(i+1, j+1)$ 主对角线方向为当前窗口的划分边界（即 $\gamma_{0s'} = \gamma_{03}$），也就是假定主对角线方向上像素为潜在的最大边缘，如果这 3 像素构成的边缘是单像素边缘，那么中心像素 $f(i, j)$ 与由该边缘划分的右上部分区域像素和左下部分区域像素的灰度差异都应当较大，但是总有一边的灰度差异要大些（如果两边部分区域与中心像素的灰度差异相等，则任取一边不会影响后面计算结果）；如果只是与一边的像素灰度差异较大，则说明中心像素属于与另一边相同的灰度区域，这时只需加大中心像素与差异较大的那边像素灰度均值的差异，就可以实现图像局部区域的对比度增强（如果是其他方向上的像素组构成可能的边缘，后面的增强处理方式是类似的）。

此时构造局部对比度函数为

$$c(i, j) = \begin{cases} \dfrac{|f(i, j) - \overline{E}_1(i, j)|}{f(i, j) + \overline{E}_1(i, j)}, & |f(i, j) - \overline{E}_1(i, j)| \geqslant |f(i, j) - \overline{E}_2(i, j)| \\[2mm] \dfrac{|f(i, j) - \overline{E}_2(i, j)|}{f(i, j) + \overline{E}_2(i, j)}, & |f(i, j) - \overline{E}_1(i, j)| < |f(i, j) - \overline{E}_2(i, j)| \end{cases} \tag{8.24}$$

其中

$$\overline{E}_1(i,j) = \frac{1}{3}(f(i,j-1) + f(i+1,j-1) + f(i+1,j)) \tag{8.25}$$

$$\overline{E}_2(i,j) = \frac{1}{3}(f(i-1,j) + f(i-1,j+1) + f(i,j+1)) \tag{8.26}$$

设定阈值，改变对比度增强函数的值域，有

$$C'(i,j) = \begin{cases} F(c(i,j)), & c(i,j) \geqslant \theta \\ c(i,j), & 0 \leqslant c(i,j) < \theta \end{cases} \tag{8.27}$$

其中，θ 是一个待定阈值，其大小取决于需要增强的图像的区域的大小，其阈值越小，被增强的区域越多。

修改对比度增强函数的构造为

$$F(c(i,j)) = (c(i,j))^\alpha, 0 < \alpha < 1 \tag{8.28}$$

其中，α 是参数，一般设定为 0.5，它是由参数 a/b（a、b 均为整数，且 $b \neq 0$）简化而来以获得理想的增强强度。由式（8.24），并将对比度 $c(i,j)$ 换成增强后的对比度 $C'(i,j)$，经过整理，可以获得增强后的像素值。

当 $|f(i,j) - \overline{E}_1(i,j)| \geqslant f(i,j) - \overline{E}_2(i,j)|$ 时，有

$$\hat{f}(i,j) = \begin{cases} \overline{E}_1(i,j)\dfrac{1-C'(i,j)}{1+C'(i,j)}, & f(i,j) \leqslant \overline{E}_1(i,j) \\[3mm] \overline{E}_1(i,j)\dfrac{1+C'(i,j)}{1-C'(i,j)}, & f(i,j) > \overline{E}_1(i,j) \end{cases} \tag{8.29}$$

当 $|f(i,j) - \overline{E}_1(i,j)| < f(i,j) - \overline{E}_2(i,j)|$ 时，有

$$\hat{f}(i,j) = \begin{cases} \overline{E}_2(i,j)\dfrac{1-C'(i,j)}{1+C'(i,j)}, & f(i,j) \leqslant \overline{E}_2(i,j) \\[3mm] \overline{E}_2(i,j)\dfrac{1+C'(i,j)}{1-C'(i,j)}, & f(i,j) > \overline{E}_2(i,j) \end{cases} \tag{8.30}$$

8.1.5　改进算法的步骤

（1）在像素 $f(i,j)$ 及其邻域像素构成的滤波窗口 W_{ij} 中，通过灰色关联分析找出可能性最大的边缘。

（2）计算由最大边缘划分的两部分区域各自的灰度均值 $\overline{E}_1(i,j)$ 和 $\overline{E}_2(i,j)$ 以及局部对比度函数 $C(i,j)$。

（3）根据预期需要增强的强度，对 α 给定不同的阈值，对对比度函数利用对比度增强算子进行增强运算，得到新的对比度函数 $C'(i,j)$。

（4）根据式（8.29）或式（8.30），获得新的像素值 $\hat{f}(i,j)$。

(5)在图像中对每个像素执行步骤(1)～步骤(4)。

(6)增强处理后的图像的边缘检测质量在一定程度上可以反映图像增强的效果，这里可以应用文献[223]提出的 max 或 min 算子来提取图像的边缘，即

$$Edges = [x'']_{M \times N} \tag{8.31}$$

其中，$x''_{mn} = \left| x'_{mn} - \min\{x'_{ij}\} \right|, (i,j) \in Q$，$Q$ 反映了坐标在 $(m.n)$ 的一个 3×3 滤波窗口，x'_{mn} 是一个已经被增强处理过的值。

算法实现的框架结构与流程图，如图 8.2 所示。

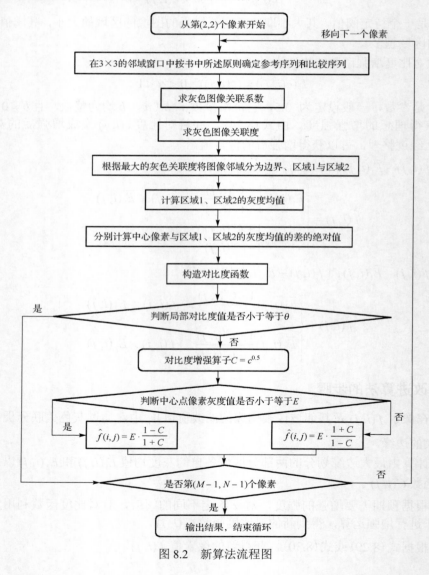

图 8.2　新算法流程图

8.1.6　改进算法的优点及其结果分析

与传统的方法相比，新方法有更多的优点。

(1) 当计算平均边缘值时，传统的方法需要利用 Laplacian 算子在相应的 3×3 的邻域窗口中计算每个像素的边缘幅值，然后计算中心窗口中 9 像素的加权边缘幅值，而新算法只需利用灰色关联分析找到最可能的边缘纹理，并计算部分像素的灰度均值，所以后者简化了计算和减少了计算量。

(2) 新算法利用灰色关联度自身的结构特点和几何意义来自动寻找邻域中最相似的像素连成分界线，能够增大中心像素与邻域中不同属性的分块区域的对比度，所以它更容易获得一个较好的效果。

(3) 新算法通过控制对比度增强函数来调节图像的增强区域，从而可以使图像的边缘等自身对比度较大的部分得到有效增强，而图像的非边缘区域等自身对比度较小的区域得到保留，所以新算法具有一定的针对性和智能性，符合路面图像质量提高的一般要求。

为了检验新算法的有效性，我们用大小为 256×256 的 Lena 图像和真实路面裂缝图像进行实验。下面从图像增强结果与相应图像的边缘检测结果两个方面来考察算法的实现效果。一般来说，越多的图像有效边缘被检测出来，则说明图像在增强局部对比度方面表现优异。但是，如果很多平滑区域被粗糙化后也检测出很多伪边缘，则图像的增强质量反而下降。所以，衡量图像增强的质量的关键还是要把握好一个合适的程度，增强的幅度过小，起不到提高图像局部对比度的作用，尤其是边缘区域的对比度可能提高有限；增强幅度过大，可能导致过增强的情况发生，图像的边缘区域像素灰度可能产生灰度过调的消极现象，这也不是我们希望得到的结果。质量评价的标准还是要靠人眼视觉的主观判断。

首先，为了便于比较，我们给出了原始图像及其边缘检测结果；然后用经典的图像局部对比度增强方法进行实验，该方法曾被认为是非常有效的图像增强算法之一，其效果高于传统的直方图全局增强方法；最后，我们用灰色关联度的局部对比度增强方法进行实验，并且给出不同的阈值对实现效果进行比较。

实验图像算法结果如图 8.3 所示。

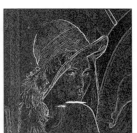

　　(a)　原图像及其边缘检测图　　　　　　　　　(b)　传统增强算法[220]及其边缘检测图

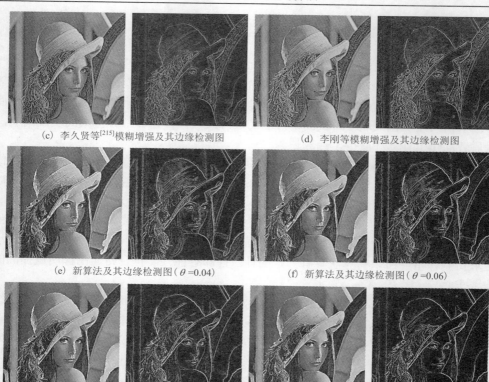

(c) 李久贤等[215]模糊增强及其边缘检测图　　　　(d) 李刚等模糊增强及其边缘检测图

(e) 新算法及其边缘检测图($\theta = 0.04$)　　　　(f) 新算法及其边缘检测图($\theta = 0.06$)

(g) 新算法及其边缘检测图($\theta = 0.08$)　　　　(h) 新算法及其边缘检测图($\theta = 0.10$)

图 8.3　实验图像算法结果

路面图像算法结果如图 8.4 所示。

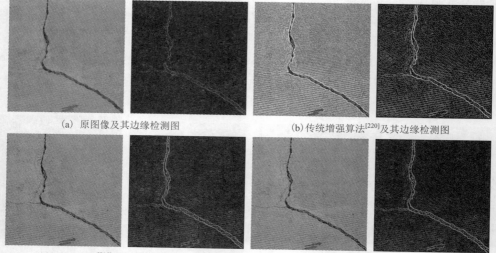

(a) 原图像及其边缘检测图　　　　(b) 传统增强算法[220]及其边缘检测图

(c) 李久贤等[215]模糊增强及其边缘检测图　　　　(d) 李刚等模糊增强及其边缘检测图

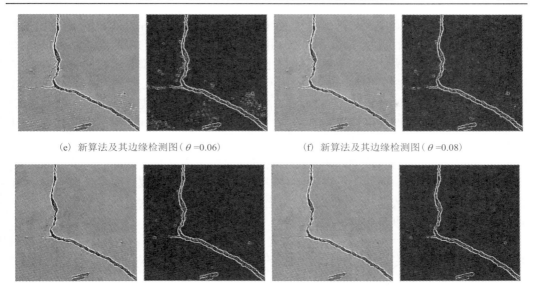

(e) 新算法及其边缘检测图(θ =0.06)　　　　　　(f) 新算法及其边缘检测图(θ =0.08)

(g) 新算法及其边缘检测图(θ =0.10)　　　　　　(h) 新算法及其边缘检测图(θ =0.12)

图 8.4　路面图像算法结果

算法结果分析如下。

从实验图像来看，原图像的边缘检测效果不是很清晰，图像的灰度层次也不是很分明；传统的模糊增强算法对图像锐化的很厉害，导致图像整体存在粗糙化的情况，也使很多非边缘被误检出来，也就是图像存在边缘过度检测的情况；为了避免中心像素值大于邻域均值的图像邻域发生灰度过调的现象，李久贤等的模糊对比度增强算法对经过模糊增强算子作用后的像素(的隶属度)还原值公式进行了部分修改，但该算法对 lena.bmp 图像的对比度增强效果并不理想；李刚等继续对模糊对比度的定义公式进行了简化，可以取得更好的执行效率和更加简洁的公式形式，但是最后处理的效果其实还是不太理想。新算法利用灰色关联分析对图像边缘的自适应智能检测机理，可以根据下一步处理对图像预处理要求的不同，设定多个不同层次的阈值，使理想的边缘细节得到进一步的检测。

从路面图像的处理结果来看，原始图像的边缘检测效果不是很理想，对边缘的检测能力比较弱，图像的灰度层次不是很清晰；传统的模糊增强算法可以强烈地锐化图像的相关细节，使得图像的边缘突出，但是使得图像的平滑区域变得锐化，在一定程度上增添了图像的噪声；李久贤等和李刚等的模糊对比度增强算法对路面图像的处理效果相对而言比对 lena.bmp 图像的处理效果要好，使得裂缝的边缘相对清晰，但是仍需继续完善。新算法通过给定不同的阈值来设定所需的图像增强的灰度层次，使得大量细节被突出起来，同时平滑区域又得以保存，也就是新算法在锐化边缘和保护细节方面取得了一个平衡，是一种相对理想的图像增强算法。

本节以灰色关联分析为基础，提出了一种新的图像对比度增强处理算法。首先，通过灰色关联分析找到图像局部区域可能性最大的边缘走向，并以此边缘走向将图像的局部区域分为边界、区域 1 和区域 2，并且只是计算边缘上的中心像素灰度值与区域中灰度均值差异较大的那一块的局部对比度，改进了对比度增强函数的公式以及方程中相应的参数，以减少平滑区域的粗糙化，提高算法执行效率。然后，通过 MATLAB 软件进行了模拟仿真实验以检测新算法的增强效果。实验结果表明，与传统的增强算法相比，新算法能使图像的质量得到提高，图像边缘和细节得到锐化，同时保存了图像平滑区域，是一种行之有效的值得进一步研究的好算法。

在路面图像的增强算法中，本节提出的算法对图像中具有方向性的裂缝纹理信息具有较强的增强作用，而对于方向性不是很明确的一些平滑区域，如果选取的增强阈值不合理，则容易导致非边缘区域被粗糙化。接下来，我们将从另外一个角度提出一种新的算法，希望可以得到更好的效果。

8.2　基于灰色关联度增强指数的路面图像局部对比度增强算法

前面对图像局部对比度的增强是通过对图像邻域的纹理信息进行分析，通过设计算法有选择地增强图像邻域中心像素与邻域中灰度差别最大的那一组像素的对比度。也就是说，上一种算法成功的基础在于对图像邻域中被选择像素的有效选取，这也是我们算法设计中一个比较难以掌控的问题。8.1 节只是根据图像邻域经过中心像素的可能的边缘纹理的走向把邻域窗口分为有限个区域，这对一般的图像纹理信息都可以考虑到，但是对于有些布局比较复杂的纹理信息，上述做法未必可以精准地实施增强操作。如果考虑到更多的图像邻域纹理走向，则使得我们的算法更加复杂，增加了程序的运行时间和复杂度。在这里，我们可以换一种思路，对图像局部的纹理不多做考虑，而只是区分邻域的中心像素和非中心像素，这样就可以得到一种基于灰色关联度增强指数的图像对比度增强新方法。

8.2.1　算法的思想

在 3×3 的图像邻域窗口中，如果区域内存在边缘，则图像邻域内的边缘像素点与非边缘点的灰度差别比较大，边缘像素点与非边缘像素点灰度相似性比较低，而灰色关联度可以很好地刻画图像局部像素的灰度值的相似性。因此，当邻域内有边缘点时，其所对应的灰色关联度值就比较小，图像的局部对比度比较大，我们需要进一步增大这个比较的对比度值；同理，当邻域内没有边缘点时，也就是当前图像邻域是平滑区域，像素灰度值比较接近，其所对应的灰色关联度值也就比较大，图像的局部对比度则比较小，这时要适当抑制这个比较低的对比度的增大，以防止图像平滑区域的过度粗糙化。前面是通过对对比度增强函数限定在某一个范围内实施增强来实现这种有选择的对比度增强，这里可以通过设计一个函数动态地根据灰色关联度的值的大小而实现邻域对比度的相应变化。

8.2.2　算法的步骤

(1) 在 3×3 的图像邻域窗口中,设当前中心像素为 $f(i,j)$ $(i=2,3,\cdots,M-1;\ j=2,3,\cdots,$ $N-1)$,选定邻域窗口 9 像素的值为比较序列,对应的 9 像素的均值为参考序列,即

$$
\begin{aligned}
X_0 &= \{x_0(1),x_0(2),x_0(3),x_0(4),x_0(5),x_0(6),x_0(7),x_0(8),x_0(9)\} \\
&= \{v(i,j),v(i,j),v(i,j),v(i,j),v(i,j),v(i,j),v(i,j),v(i,j),v(i,j)\}
\end{aligned} \tag{8.32}
$$

其中, $v(i,j)=\mathrm{mean}\{x_0(1),x_0(2),\cdots,x_0(9)\}=\dfrac{1}{9}\displaystyle\sum_{k=i-1}^{i+1}\sum_{l=j-1}^{j+1}f(k,l)$,“ mean ”表示取平均值。

$$
\begin{aligned}
X_1 &= \{x_1(1),x_1(2),x_1(3),x_1(4),x_1(5),x_1(6),x_1(7),x_1(8),x_1(9)\} \\
&= \{f(i-1,j-1),f(i-1,j),f(i-1,j+1),f(i,j-1), \\
&\quad\ f(i,j),f(i,j+1),f(i+1,j-1),f(i+1,j),f(i+1,j+1)\}
\end{aligned} \tag{8.33}
$$

(2) 计算参考序列和比较序列的差序列,即

$$
\Delta_{01}=(\Delta_{01}(1),\Delta_{01}(2),\Delta_{01}(3),\Delta_{01}(4),\Delta_{01}(5),\Delta_{01}(6),\Delta_{01}(7),\Delta_{01}(8),\Delta_{01}(9)) \tag{8.34}
$$

其中, $\Delta_{01}(k)=|x_0(k)-x_1(k)|,\quad k=1,2,\cdots,9$ 。

(3) 计算灰色图像关联系数和灰色图像关联度,有

$$
\gamma_{01}(k)=\dfrac{1}{\dfrac{1}{\theta}(\Delta_{01}(k))+1},\quad k=1,2,\cdots,9 \tag{8.35}
$$

其中, λ 为强度控制参数,这里 θ 可以取 10、20、30、40 等。

$$
\gamma(i,j)=\dfrac{1}{9}\sum_{k=1}^{9}\gamma_{01}(k) \tag{8.36}
$$

(4) 计算邻域窗口的对比度为

$$
c(i,j)=\dfrac{|f(i,j)-v(i,j)|}{f(i,j)+v(i,j)} \tag{8.37}
$$

(5) 设计图像邻域的对比度增强函数。利用当前窗口的中心像素所对应的灰色关联度的值 $\gamma(i,j)$ 作为该对比度增强函数的指数构成部分,利用对比度为 0~1 的函数所具有的性质,构造一个当灰色关联度值越大时,对比度增强函数的值越小,当灰色关联度值越小时,对比度增强函数值越大的类似幂函数(也是凸函数),即

$$
C'(i,j)=c(i,j)^{\gamma(i,j)} \tag{8.38}
$$

(6) 还原经过对比度增强后的图像邻域当前中心点的像素值为

$$
\hat{f}(i,j)=\begin{cases} v(i,j)\cdot\dfrac{1-C'(i,j)}{1+C'(i,j)}, & f(i,j)\leqslant v(i,j) \\[3mm] v(i,j)\cdot\dfrac{1+C'(i,j)}{1-C'(i,j)}, & f(i,j)>v(i,j) \end{cases} \tag{8.39}
$$

算法的框架结构和流程图如图 8.5 所示。

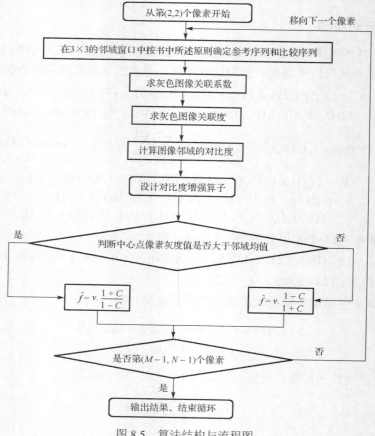

图 8.5　算法结构与流程图

8.2.3　算法的结果及其分析

　　从实验图 8.6 的算法结果来看，原图像没有进行增强处理，其边缘检测结果不够理想，很多弱边缘没有很好地检测出来；从传统的图像对比度增强算法处理结果来看，边缘区域的对比度已经被增强得很大，边缘非常清晰，但是比较遗憾的是，图像的很多非边缘区域也变得粗糙化，平滑区域也产生了很多纹理，导致一些伪边缘的产生。李久贤等、李刚等的模糊对比度增强算法对图像的灰度层次的提升还是非常有限的。我们提出的算法一共选取了 4 个阈值进行增强处理，结果发现随着阈值的增大，图像增强的强度逐渐降低，对实验图像来说，阈值选取在 20～30 的数值可以取得相对满意的效果。由于图像的对比度增强效果的评价主要依赖于人眼的主观观察，所以评价方法比较主观，可能因人因事而异。这里，图像增强主要为后续的边缘检测等操作打下铺垫，从边缘检测效果来看，也可以从另一方面检验图像增强的效果。显然，单就边缘检测的分明度来说，阈值较小时可以取得更明显的边缘检测效果，但是如果过小，则会产生一些伪边缘，因此要适当把握一个度。从路面的对比度增强效果来看，也基本与实验图像的结果保持一致，如图 8.7 所示。单就对比度增强的效果（人眼的舒适度）来说，当阈值等于 10 时，裂缝的边缘变为白色的亮点，说明在边缘处产生了灰度过调的现象（但是其对应的边缘检测结果肯定更为明显），以后可以根据对比度增强的后续处理的目的，参照李久贤等[215]的方法对对比度的还原公式进行改进，或许可以满足更多层面的要求。

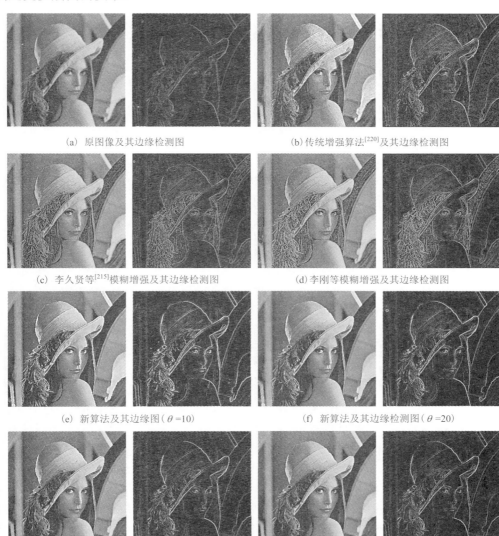

(a) 原图像及其边缘检测图　　　　　　　(b) 传统增强算法[220]及其边缘检测图

(c) 李久贤等[215]模糊增强及其边缘检测图　　　(d) 李刚等模糊增强及其边缘检测图

(e) 新算法及其边缘图（$\theta=10$）　　　　　　(f) 新算法及其边缘检测图（$\theta=20$）

(g) 新算法及其边缘检测图（$\theta=30$）　　　　(h) 新算法及其边缘检测图（$\theta=40$）

图 8.6　实验图像算法结果

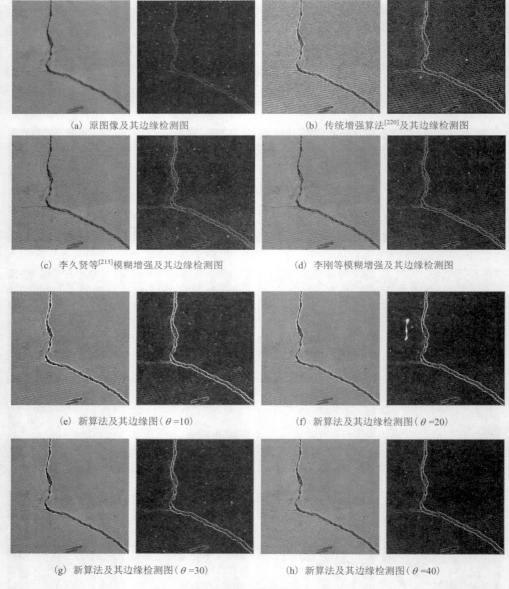

(a) 原图像及其边缘检测图　　　　　　　　　(b) 传统增强算法[220]及其边缘检测图

(c) 李久贤等[215]模糊增强及其边缘检测图　　　(d) 李刚等模糊增强及其边缘检测图

(e) 新算法及其边缘图($\theta=10$)　　　　　　　(f) 新算法及其边缘检测图($\theta=20$)

(g) 新算法及其边缘检测图($\theta=30$)　　　　(h) 新算法及其边缘检测图($\theta=40$)

图 8.7　路面图像算法结果

　　本节把灰色关联度公式嵌入对比度增强函数的构造中,实现了图像对比度增强的基本自适应处理,根据不同的需要或后续要求设置适当的参数(阈值),最后取得了不错的对比度增强的效果。与 8.1 节相比,相同的都是使用灰色关联度,但是在灰色关联度切入的角度和算法架构的设计思维还是差别较大。8.1 节是用灰色关联度选出与当前中心像素灰度差别最大的像素组找到图像邻域内沿着边缘走向的临界线分布,以此有选择性地增强当前中心像素与选定的像素组的对比度，而对对比度增强函数采用的是比较固定的幂函数(加入了一个阈值截断点，对比度低于该阈值的对比度不用增强，这个阈值一旦给定，在图像的所有像素处理过程中是静态不变的)，而本节构造的对比度增强函数中，函数的指数部分由图像局部的灰色关联度自适应生成，随着图像邻域的不同，这个灰色关联度的值也随之变化，以此动态地实现图像邻域的对比度增强。

8.3　基于灰熵增强指数的路面图像局部对比度增强算法

前面提到过路面图像除了具有灰色特性，还有模糊性。王保平[11]指出："图像本质上具有模糊性，这是由于三维目标投影在二维图像平面上带来的信息丢失。定义边界、区域和纹理等图像特征时存在模糊性。对图像底层处理结果的解释带有模糊性。因此，模糊信息处理技术在图像处理中的使用有其内在的合理性和必然性"。因为把模糊数学应用到图像处理中是合适的。在模糊数学与图像处理结合的例子中比较成功的应用之一就是模糊对比度增强算法[215,217,224,225]。

在传统的模糊对比度增强算法中，首先用模糊隶属度函数把图像从空间域映射到模糊域；然后在模糊域内定义模糊局部对比度；接着对模糊局部对比度算子进行增强处理，计算经过调整模糊对比度后的模糊隶属度；最后把经过模糊增强后的图像逆映射回图像空间域。在传统的算法中，对模糊局部对比度的增强一般采用的是经典的幂函数增强方法，能够取得较好的效果。2010 年，张明慧等[213]将灰熵应用到乳腺 CR 图像中，介绍了一种有效的适合医学图像增强的算法。2011 年，Li 等[227]将灰熵与模糊对比度相结合，取得了不错的效果。2012 年，刘艳莉等[212]融合其他算法思想继续对基于灰熵的图像对比度增强算法进行研究。

8.3.1　基于灰熵放大系数的模糊对比度增强算法

刘艳莉等[212]的算法思想与 Li 等[227]的算法思想基本类似，但是在细节处理方面还是有很多不同的，导致结果也有一些差别。先来看看文献[212]的主要思想与流程。

(1)将一幅大小为 $M \times N$ 的图像用一个非线性算子从图像空间映射到模糊空间，这个映射不会导致很多低灰度值被硬性规定为 0，保存了低灰度值的边缘信息，减少图像失真的程度。

$$u(i,j) = \tan\frac{\pi \times f(i,j)}{4 \times (L-1)}, L = 256; i = 1,2,\cdots,M; j = 1,2,\cdots,N \qquad (8.40)$$

(2)计算图像每个像素点处的灰熵值，有

$$h(i,j) = -\sum_{k=i-1}^{i+1}\sum_{l=j-1}^{j+1} p(k,l) \times \ln p(k,l)$$

$$p(k,l) = \frac{u(k,l)}{\displaystyle\sum_{k=i-1}^{i+1}\sum_{l=j-1}^{j+1} u(k,l)}, i=2,3,\cdots,M-1; j=2,3,\cdots,N-1 \tag{8.41}$$

处于图像矩阵边缘的灰熵值的计算详见文献[212]。

(3) 计算当前邻域中心像素的模糊对比度，即

$$c(i,j) = \frac{|u(i,j) - m(i,j)|}{|u(i,j) + m(i,j)|}$$

$$m(i,j) = \frac{1}{8}\left[\sum_{k=i-1}^{i+1}\sum_{l=j-1}^{j+1} u(k,l) - u(i,j)\right], \tag{8.42}$$

$$i = 2,3,\cdots,M-1; j=2,3,\cdots,N-1$$

(4) 计算模糊对比度的放大系数，即

$$\sigma_{ij} = \begin{cases} \dfrac{u_{\max}}{u(i,j)}\left[\beta_{\min} + \dfrac{h(i,j) - h_{\min}}{h_{\max} - h_{\min}}(\beta_{\max} - \beta_{\min})\right], & h(i,j) > \varepsilon \\ \beta_{\min} + \dfrac{h(i,j) - h_{\min}}{h_{\max} - h_{\min}}(\beta_{\max} - \beta_{\min}), & h(i,j) \leqslant \varepsilon \end{cases} \tag{8.43}$$

其中，$h_{\min}$ 与 $h_{\max}$ 分别为最小和最大的像素邻域灰熵；$\beta_{\min}$ 与 $\beta_{\max}$ 分别为最小和最大的对比度放大系数，且为自定义的参数 $0 < \beta_{\min} < \beta_{\max} < 1$，其中 $\beta_{\min}$ 应当适当大些，以避免图像过增强。文献[212]中参数给定为 $\varepsilon = 2.3, \beta_{\min} = 0.5, \beta_{\max} = 0.7$。

(5) 利用指数函数增强模糊对比度：当 $0 < \sigma_{ij} < 1$ 时，增大模糊对比度；当 $\sigma_{ij} > 1$ 时，减小模糊对比度。

$$C'(i,j) = (c(i,j))^{\sigma_{ij}} \tag{8.44}$$

(6) 通过变换后的模糊对比度函数反变换得到修正后的隶属度函数为

$$u'(i,j) = \begin{cases} m(i,j)\dfrac{1 - C'(i,j)}{1 + C'(i,j)}, & u(i,j) \leqslant m(i,j) \\ m(i,j)\dfrac{1 + C'(i,j)}{1 - C'(i,j)}, & u(i,j) > m(i,j) \end{cases} \tag{8.45}$$

(7) 将图像模糊域反变换回图像灰度域，可得

$$f'(i,j) = \frac{4 \times (L-1) \times \arctan(u'(i,j))}{\pi}, i=1,2,\cdots,M; j=1,2,\cdots,N \tag{8.46}$$

在这个算法中，图像的局部对比度根据邻域的灰度像素纹理变化而自适应地增强，取得了不错的效果。但是该算法中有几个参数需要人工多次尝试和设定取值，这样就导致了算法具有一定的不稳定性。我们从另外一个角度，充分运用图像的局部像素分布信息，利用灰熵来度量图像的平滑程度，对对比度算子自适应地进行增强运算。

8.3.2　算法的思想

由于边缘像素表现为图像灰度值的波动，当图像邻域窗口的像素灰度值波动时，此时邻域窗口的灰熵值较小；反之，当图像邻域窗口没有边缘像素时，图像邻域的像素灰度值相对平缓，此时构成计算灰熵的各分量的数值比较接近，因此灰熵值较大。利用图像中的灰熵理论可以刻画图像的边缘区域和非边缘区域的特征的原理，本节根据图像邻域窗口的像素灰度值的灰熵值作为图像对比度的变换因子，构造图像的对比度变换函数，从而实现对比度根据邻域灰熵值的变化来自适应变化。新算法把图像的像素灰度分布属性与灰熵理论所刻画的平衡性相结合，利用灰熵作为基本的衡量因子构造图像的对比度增强函数，并实现图像不同局部区域的灰熵值的自适应变化，从而动态调整图像的模糊局部对比度增强强度，最终实现图像质量的提高。新算法拓展了灰熵理论在图像模糊对比度中的应用范围，实现了灰熵理论与图像局部区域像素灰度分布规律的初步结合，也为灰熵的进一步拓展应用奠定了基础。

8.3.3　算法的实现步骤

(1) 设图像的当前像素点为 $f(i,j)(i=2,\cdots,M-1;j=2,\cdots,N-1)$。灰度图像的像素范围是 $[0,255]$，值域中零值的出现可能造成灰熵的计算中对数的真数部分没有意义，这里先对图像进行一个平移变换，再把图像映射到模糊域，有

$$u(i,j)=\frac{f(i,j)+1}{L},\quad i=2,\cdots,M-1;j=2,\cdots,N-1 \tag{8.47}$$

其中，$L=256$。

(2) 选取一个 3×3 的邻域窗口内的像素为 $u(i-1,j-1)$，$u(i-1,j)$，$u(i-1,j+1)$，$u(i,j-1)$，$u(i,j)$，$u(i,j+1)$，$u(i+1,j-1)$，$u(i+1,j)$，$u(i+1,j+1)$。对邻域内的像素实行归一化处理，即

$$e(k,l)=\frac{u(k,l)}{\sum\limits_{k=i-1}^{i+1}\sum\limits_{l=j-1}^{j+1}u(k,l)},\quad k=i-1,i,i+1;l=j-1,j,j+1 \tag{8.48}$$

(3) 计算图像邻域的灰熵值，并进行保存，最后建立一张保存整张图像邻域边缘信息的灰熵表，即

$$\mathrm{sh}(i,j) = -\sum_{k=i-1}^{i+1}\sum_{l=j-1}^{j+1} e(k,l)\cdot\ln e(k,l) \tag{8.49}$$

(4) 在图像的邻域窗口内，先计算图像邻域的均值，再计算模糊局部对比度，可得

$$v(i,j) = \frac{1}{9}\sum_{k=i-1}^{i+1}\sum_{l=j-1}^{j+1} u(k,l) \tag{8.50}$$

$$F(i,j) = \frac{|u(i,j)-v(i,j)|}{u(i,j)+v(i,j)} \tag{8.51}$$

(5) 利用当前中心点的灰熵值构造对比度增强指数 $Z(i,j)$ 和对比度增强函数 $F'(i,j)$，有

$$Z(i,j) = \log_t(\mathrm{sh}(i,j)) = \ln\mathrm{sh}(i,j)/\ln\theta \tag{8.52}$$

其中，θ 为增强强度控制参数，一般可以取 θ 的值为 3～6。当需要加大局部对比度的调节力度时，可以适当扩大 θ 的取值。

$$F'(i,j) = F(i,j)^{Z(i,j)} \tag{8.53}$$

其中，$F'(i,j)$ 为利用对比度增强指数调节后的邻域窗口中心点对比度值；当用 lena256.bmp 图像进行实验时，可以发现整个图像的灰熵值介于 1.4396～2.1972，$Z(i,j)$ 的值域一定是介于 0～1 的，因此满足 $F'(i,j) \geqslant F(i,j)$，即增大了图像局部区域的对比度，一般来说，图像在邻域内边缘特征越明显，该邻域窗口内的灰熵值就越小，对比度增强指数就越小，得到的对比度增强幂函数值就越大，从而自动实现对路面图像的不同区域进行动态的对比度增强调节。

(6) 计算对比度增强后的新隶属度值为

$$u'(i,j) = \begin{cases} \dfrac{v(1-F')}{1+F'}, & u(i,j) \leqslant v \\[2mm] \dfrac{v(1+F')}{1-F'}, & u(i,j) > v \end{cases} \tag{8.54}$$

(7) 将隶属度值还原为图像像素值，可得

$$\hat{f}(i,j) = u'(i,j)\cdot L - 1 \tag{8.55}$$

算法流程图如图 8.8 所示。

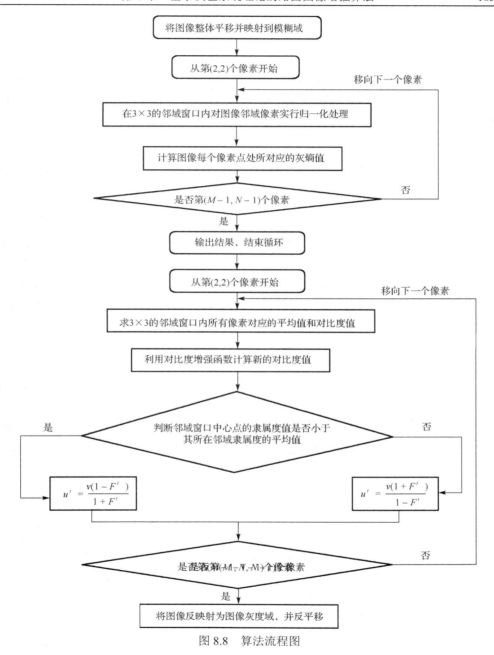

图 8.8　算法流程图

8.3.4　算法的结果及其分析

为了检验本节提出的新算法的有效性，这里我们先利用 lena256.bmp 图像进行实

验，然后利用真实的路面裂缝图像进行检测，并同时考虑其边缘检测效果，如图 8.9
和图 8.10 所示。

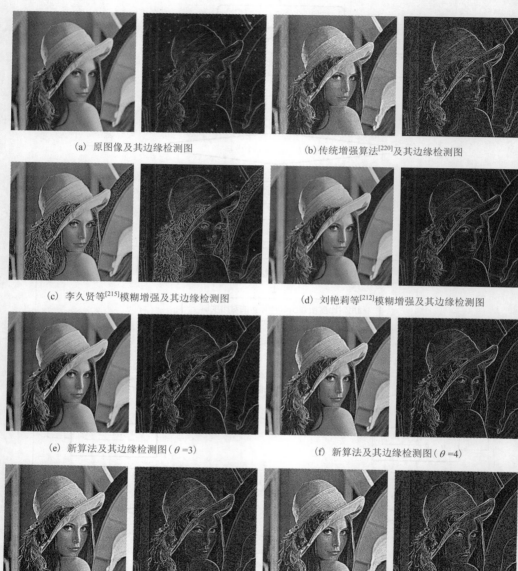

(a) 原图像及其边缘检测图　　　　　　　　　(b) 传统增强算法[220]及其边缘检测图

(c) 李久贤等[215]模糊增强及其边缘检测图　　(d) 刘艳莉等[212]模糊增强及其边缘检测图

(e) 新算法及其边缘检测图（$\theta = 3$）　　　　(f) 新算法及其边缘检测图（$\theta = 4$）

(g) 新算法及其边缘检测图（$\theta = 5$）　　　　(h) 新算法及其边缘检测图（$\theta = 6$）

图 8.9　实验图像算法结果

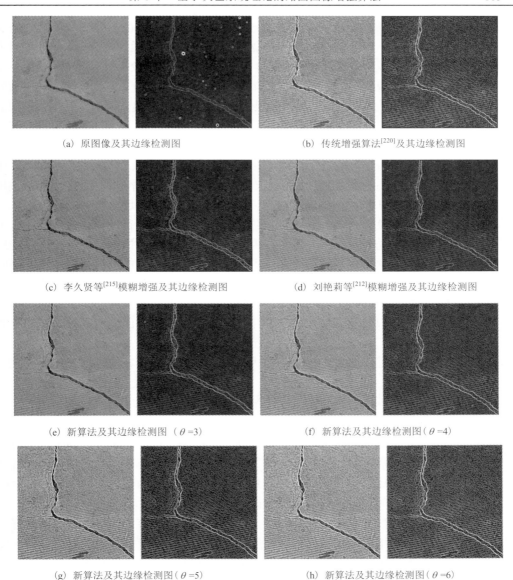

(a) 原图像及其边缘检测图　　　　　　　　　(b) 传统增强算法[220]及其边缘检测图

(c) 李久贤等[215]模糊增强及其边缘检测图　　　　(d) 刘艳莉等[212]模糊增强及其边缘检测图

(e) 新算法及其边缘检测图（$\theta = 3$）　　　　　　　(f) 新算法及其边缘检测图（$\theta = 4$）

(g) 新算法及其边缘检测图（$\theta = 5$）　　　　　　　(h) 新算法及其边缘检测图（$\theta = 6$）

图 8.10　路面图像算法结果

算法结果分析如下。

从对实验图片的处理效果来看，传统的对比度增强算法对图像锐化的效果较好，图像的灰度对比度更加清晰，图像的层次更加分明，但是，在对比度增强的过程中，传统的对比度增强算法由于缺乏对图像边缘的有效识别机制，通常不可避免地使得图像的平滑区域进一步增强，导致图像中的背景部分都变得相对粗糙化；李久贤等的算法对灰度层次的提升比较有限，刘艳莉等的算法实现效果相对比较优越，但是该算法的结果依赖于多个参数的选取, 如果参数选取的不恰当, 则可能导致图像处理效果大打折扣。新算法利用灰熵的特性来识别图像的边缘与非边缘, 通过构造一个对比度增强指数, 使得算法在图像的边缘区域的对比度变得很大, 而在图像平滑区域的对比度只是适度扩大, 这样就能智能控制算法在不同的局部区域的增强强度, 从而实现对比度值的自适应增强和扩大; 从路面图像的处理效果来看, 传统的对比度增强算法在增强图像的裂缝边缘的同时, 也使得边缘附近的路面正常纹理进一步增强, 这将不利于后期对裂缝的边缘提取和进一步处理; 李久贤等、刘艳莉等的算法也存在与实验图像一样的情况。新算法对裂缝边缘的增强效果较好, 而且裂缝边缘附近的正常纹理的对比度也不高, 不会造成后期处理时将裂缝边缘附近的正常纹理也误判成裂缝的情况。因此, 新算法实现了对目标物体的增强和非目标物体的有效克制, 是一种值得进一步深入研究的好算法。

本节以灰熵理论为基础, 对传统的图像对比度增强算法进行改进, 在深入探讨了图像的边缘区域和非边缘区域的特征后, 利用灰熵值来测度图像的平滑程度, 以实现智能地对图像的边缘区域的对比度增强, 并且保持非边缘区域的平滑状态。在灰熵的具体计算中, 本节使用了一个平移变换使得图像的灰度值域映射到[1,256], 从而回避了图像灰度值中零值对灰熵值计算的干扰, 实现了算法的稳定性。通过对算法的实现机理的理论分析和仿真实验表明, 本节利用灰熵的图像模糊对比度增强算法能在有效增强目标物体的同时, 还能进一步保持平滑区域的光滑程度, 是一种值得进一步研究和探索的有潜力的算法, 为我们进一步扩大灰熵在图像增强领域的应用奠定了基础。

8.4　基于灰熵边缘测度的路面图像模糊对比度增强算法

本节利用灰熵对边缘进行测度, 通过设计一个动态生成的对比度增强函数来自适应地实现图像局部区域的对比度增强, 这个函数利用图像局部区域的像素特征有效地刻画图像局部区域对比度增强的尺度, 与传统的静态对比度函数相比, 本节方法对改善图像质量有一定的先进性, 值得进一步改进和研究。

图像的局部对比度增强是图像处理中一个非常重要的内容。相对于直方图增强方法对图像整体进行的增强处理, 局部对比度增强算法对于改善图像局部对比度的灰度层次感具有良好的作用。从局部对比度增强提出到现在, 目前已经有很多学者在这方面进行了研究[228,229]。这些算法在一定程度上改善了图像增强的效果, 但是仍然存在着增强处理操作会导致图像的边缘模糊或平滑区域粗糙化的现象。后来有学者将模糊逻辑引入图像增强中[230], 以及图像对比度增强算法在医学图像处理方面的应用[231-233]。比较有代表性的是基于模糊集合理论的图像模糊对比度增强算法[215,217], 首先将图像从灰度域变换到模糊域; 在预先设定图像空间像素模糊隶属度基础上引入了模糊对比度概念, 而后在模糊域对模糊对比度进行非线性变换, 得到增强后的模糊隶属度, 最后将图像从模糊域变换到灰度域。在这个算法中, 很重要的一个问题就是关于对比度增强函数的设计。

为了解决这个问题, 有学者把灰色系统理论引入图像增强领域中。灰色系统理论与图像处理的结合目前已经取得了一些成绩。本节引进灰熵来刻画图像局部对比度增强的强度，动态自适应地对图像的边缘区域进行较大程度的增强，同时尽量抑制图像非边缘区域的对比度增大，从而尽可能地在突出边缘的同时抑制图像平滑区域的粗造化[234]。

8.4.1　算法的思想

图像增强的目的是增大图像边缘区域的对比度，适当控制非边缘区域的对比度。图像的边缘一般在图像上表现为沿着某一方向的灰度连续性，以及与之垂直方向上的灰度突变。灰熵可以用来刻画图像局部区域的像素的连续性。在图像邻域窗口中，只要经过图像中心像素某一个方向存在灰度突变或者一定程度上的不连续性，我们就可以认为当前像素是可能的边缘像素。

如果当前像素处于图像的平滑区域，则无论沿着哪个方向的像素组的灰熵值都会相差不大，只有当前像素有边缘经过时，不同方向的像素组的灰熵值才会表现出一定程度上的差异性。这时可以利用图像局部窗口沿着四个方向的灰熵值中的最大值减去最小值的差作为当前像素点成为边缘点的测度。然后通过对对比度增强函数的设计，使得边缘区域的对比度增强得更大，平滑区域的对比度增强相对较小，从而自适应地增强图像局部的对比度。

8.4.2　算法的步骤与结构

本节算法可以分为灰熵的差的计算和图像局部对比度增强两个阶段。

第一阶段：主要是计算图像邻域的灰熵的差，用来度量图像邻域对比度增强的尺度。

(1)假设图像一共有 M 行 N 列的像素，当前处于第 i 行第 j 列的像素灰度值为 $f(i,j)$（$i=1,2,\cdots,M; j=1,2,\cdots N$），为了避免后面的计算中可能出现分母为零的情况，这里先将图像数据向右平移一个单位得到[1,256]的值域，然后映射到[0,1]的空间。

$$g(i,j)=(f(i,j)+1)/256 \tag{8.56}$$

(2)在当前窗口中（$2\leqslant i\leqslant M-1; 2\leqslant j\leqslant N-1$），分别选择水平方向、竖直方向、主对角线、副对角线四个方向上的四组像素，并分别对四组像素进行归一化处理之后计算它们的灰熵值。

$$X_1=\{x_1(1),x_1(2),x_1(3)\}=\{g(i,j-1),g(i,j),g(i,j+1)\} \tag{8.57}$$

$$X_2=\{x_2(1),x_2(2),x_2(3)\}=\{g(i-1,j),g(i,j),g(i+1,j)\} \tag{8.58}$$

$$X_3=\{x_3(1),x_3(2),x_3(3)\}=\{g(i-1,j-1),g(i,j),g(i+1,j+1)\} \tag{8.59}$$

$$X_4=\{x_4(1),x_4(2),x_4(3)\}=\{g(i-1,j+1),g(i,j),g(i+1,j-1)\} \tag{8.60}$$

$$Y_1=\{y_1(1),y_1(2),y_1(3)\}=\{g(i,j-1)/m_1,g(i,j)/m_1,g(i,j+1)/m_1\} \tag{8.61}$$

$$m_1=g(i,j-1)+g(i,j)+g(i,j+1) \tag{8.62}$$

$$E_1 = -\sum_{t=1}^{3} y_1(t) \cdot \ln(y_1(t)) \tag{8.63}$$

$$Y_2 = \{y_2(1), y_2(2), y_2(3)\} = \{g(i-1, j)/m_2, g(i, j)/m_2, g(i+1, j)/m_2\} \tag{8.64}$$

$$m_2 = g(i-1, j) + g(i, j) + g(i+1, j) \tag{8.65}$$

$$E_2 = -\sum_{t=1}^{3} y_2(t) \cdot \ln y_2(t) \tag{8.66}$$

$$Y_3 = \{y_3(1), y_3(2), y_3(3)\} = \{g(i-1, j-1)/m_3, g(i, j)/m_3, g(i+1, j+1)/m_3\} \tag{8.67}$$

$$m_3 = g(i-1, j-1) + g(i, j) + g(i+1, j+1) \tag{8.68}$$

$$E_3 = -\sum_{t=1}^{3} y_3(t) \cdot \ln y_3(t) \tag{8.69}$$

$$Y_4 = \{y_4(1), y_4(2), y_4(3)\} = \{g(i-1, j+1)/m_4, g(i, j)/m_4, g(i+1, j-1)/m_4\} \tag{8.70}$$

$$m_4 = g(i-1, j+1) + g(i, j) + g(i+1, j-1) \tag{8.71}$$

$$E_4 = -\sum_{t=1}^{3} y_4(t) \cdot \ln y_4(t) \tag{8.72}$$

(3) 找出四个灰熵值中的最大值与最小值, 然后计算最大值与最小值的差的绝对值:

$$M_1 = \max\{E_1, E_2, E_3, E_4\} \tag{8.73}$$

$$M_2 = \min\{E_1, E_2, E_3, E_4\} \tag{8.74}$$

$$P(i, j) = |M_1 - M_2| \tag{8.75}$$

第二阶段: 设计图像局部对比度增强的函数实现图像邻域的对比度增强。

(4) 计算图像局部区域的对比度为

$$v(i, j) = \frac{1}{9} \sum_{k=i-1}^{i+1} \sum_{l=j-1}^{j+1} g(k, l) \tag{8.76}$$

$$c(i, j) = \frac{|g(i, j) - v(i, j)|}{g(i, j) + v(i, j)} \tag{8.77}$$

(5) 构造局部对比度的动态增强函数为

$$C'(i, j) = c(i, j)^{Z(i, j)} \tag{8.78}$$

$$Z(i, j) = \theta \cdot (1 - P(i, j)) \tag{8.79}$$

其中，θ 为强度控制系数，取 θ 为 0.5～0.8 的数值。

（6）计算对比度增强后的新隶属度为

$$\hat{g}(i,j)=\begin{cases}\dfrac{v(i,j)(1-C'(i,j))}{1+C'(i,j)}, & g(i,j)\leq v(i,j) \\[3mm] \dfrac{v(i,j)(1+C'(i,j))}{1-C'(i,j)}, & g(i,j)>v(i,j)\end{cases} \tag{8.80}$$

（7）将图像从模糊空间逆映射回图像空间，可得

$$\hat{f}(i,j)=\hat{g}(i,j)\cdot 256-1 \tag{8.81}$$

算法流程与框架结构图如图 8.11 所示。

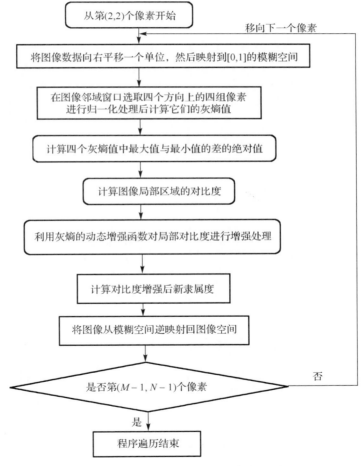

图 8.11　灰熵边缘测度的算法流程图

8.4.3 算法的仿真实验结果及其分析

用 MATLAB 软件对实验图像和路面图像分别进行实验，并且选取不同的参数值进行比较分析。得到结果如图 8.12 和图 8.13 所示。

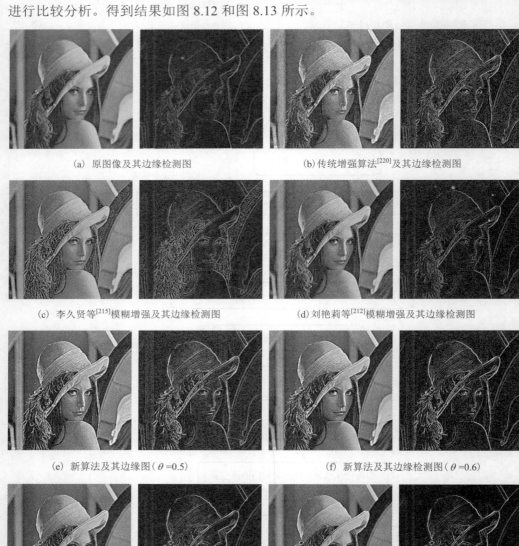

(a) 原图像及其边缘检测图   (b) 传统增强算法[220]及其边缘检测图

(c) 李久贤等[215]模糊增强及其边缘检测图   (d) 刘艳莉等[212]模糊增强及其边缘检测图

(e) 新算法及其边缘图（θ =0.5）   (f) 新算法及其边缘检测图（θ =0.6）

(g) 新算法及其边缘检测图（θ =0.7）   (h) 新算法及其边缘检测图（θ =0.8）

图 8.12 灰熵边缘测度实验图像算法结果

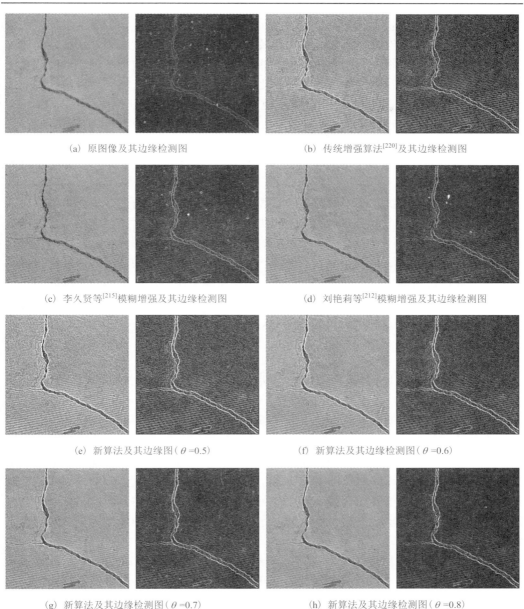

(a)　原图像及其边缘检测图　　　　　　　　(b)　传统增强算法[220]及其边缘检测图

(c)　李久贤等[215]模糊增强及其边缘检测图　　(d)　刘艳莉等[212]模糊增强及其边缘检测图

(e)　新算法及其边缘图(θ=0.5)　　　　　(f)　新算法及其边缘检测图(θ=0.6)

(g)　新算法及其边缘检测图(θ=0.7)　　　(h)　新算法及其边缘检测图(θ=0.8)

图 8.13　灰熵边缘测度路面图像算法结果

　　为了检验图像对比度增强的效果，这里不仅给出不同算法处理后的图像增强效果图，而且给出了利用"最小算子法"得到对应的边缘检测效果图。边缘检测的效果可以从侧面反映出图像对比度增强的效果。

　　从实验图像的处理结果来看，原图像没有经过增强处理，图像的层次感不强，能够被检测出来的边缘也不明显；传统的图像对比度增强算法在一定程度上增加了图像的层次感，也使得能够检测出来的边缘线条更多；传统的对比度增强算法虽然对边缘区域增强很大，但是很多弱小的边缘也能够被检测出来，同时也把图像平滑区域粗糙化。与剩下的其他几种对比度增强算法相比，本节提出的算法在增强边缘与抑制非边缘的粗糙化方面达到了一定的平衡，取得了良好的效果。

从路面图像的处理效果来看，本节算法也具有一定的优越性。与以前的算法相比，图像的边缘在增强的同时也在一定程度上抑制了对平滑区域的粗糙化。

在图像的对比度增强算法中，对对比度增强函数的设定一直是一个比较热门的话题。

目前有很多学者提出了不同种类的函数形式，也取得了一定的效果。本节通过计算图像邻域窗口内几个重要方向的像素的灰熵值的差异，构造对比度增强函数的指数部分，使得图像的对比度能够得到自适应的增强。通过对实验图像和真实路面图像进行仿真分析，本节算法具有一定的优越性。以后可以根据不同的图像的实际情况以及实际的需要，灵活地设定强度控制参数 θ。由于灰熵应用到图像增强领域的时间还不长，要想进一步提高图像处理的质量，我们需要把函数性状与图像的几何特征结合起来，更加深入地利用好函数的性质与图像纹理特征的几何意义，发挥数形结合的优势，不断实践。

8.5　基于 GM(1,1) 幂指数动态判决的路面图像对比度增强算法

灰色预测模型是灰色系统理论中非常重要的一个模型。目前把灰色预测模型应用到图像的边缘检测方面已经有一些文献[235,236]，但是把灰色预测模型应用到图像的增强方面的还比较少见。与灰色关联分析理论相比，灰色预测模型在图像处理中的应用要远少于灰色关联度在图像处理中的应用。究其原因，主要是灰色预测模型对建模数据的要求比较严格，很多场合都不太适合灰色预测模型进行建模。因此，克服灰色预测模型对图像建模要求较高的弱点，努力寻找灰色预测模型与图像增强领域的契合点将是我们需要努力的方向。

在传统的图像对比度增强算法中，对局部对比度的增强是通过一个凸函数来实现，这个函数可以是一个多项式函数，也可以是一个幂函数。最常见的就是通过一个幂函数来实现。很多人对幂函数的设计是把幂函数的指数部分设计成一个固定的大于 0 小于 1 的小数或分数。前面对这个指数部分进行了改进，通过灰熵模型和纹理分析实现了这个幂函数的指数部分能够跟随图像局部纹理的变化而变化，并且利用了图像邻域四个主要方向的灰熵值的最大值与最小值之差来测度图像局部边缘的深刻程度。这种做法对图像局部主要的边缘部分进行增强没有问题，但是仍然不够全面，对一些特殊的边缘部分可能增强的还不够。我们说灰色预测模型对建模的数据要求比较高，也就是说数据稍微不符合要求就会导致模型的精度变差。就图像数据而言，如果图像

邻域内存在边缘，则会导致数据存在突变，这时模型精度会变差，如果是平滑区域，则模型的精度控制在可以接受的一定的范围之内。因为灰色预测模型可以敏感地捕捉到边缘信息，所以可以应用灰色预测模型来敏感地测度边缘的存在和程度，并自适应地增强当前区域的对比度，使得图像的边缘部分更加明显，非边缘部分更加平滑或保持不被粗糙化，这也是本节尝试要解决的问题[226]。

8.5.1　算法的思想

如果图像的当前区域存在边缘或有边缘经过，那么图像邻域的像素灰度值之间一定存在一定的程度的灰度突变，不管边缘的走向如何，这个突变一定会导致一定程度的图像的平滑性被打破，如果用图像邻域的 9 像素按照升序排列后灰色建模的精度没有平滑区域的精度高。从某种意义上来说，图像当前区域的边缘像素越是陡峭（即灰度突变越大），灰色预测建模的精度可能越低。我们需要增强的力度就要越大，这样才能使得边缘区域的对比度更明显，使得平滑区域变得更加柔和不刺眼。因此，可以通过图像邻域像素的灰色预测模型的误差精度来自动控制图像当前区域的对比度增强的程度，使得图像数据的灰度变化信息通过灰色预测模型自动传递到对比度增强运算中，提高图像的视觉效果和后期操作的便利性。

8.5.2　算法步骤

整个操作共分为两个阶段。

第一阶段是利用灰色预测模型生成图像局部灰色预测的平均残差值。

(1) 在 3×3 的图像邻域窗口中，选定当前邻域的所有像素作为原始序列，即

$$X^{(0)} = (x^{(0)}(1), x^{(0)}(2), x^{(0)}(3), x^{(0)}(4), x^{(0)}(5), x^{(0)}(6), x^{(0)}(7), x^{(0)}(8), x^{(0)}(9))$$
$$= \{f(i-1, j-1), f(i-1, j), f(i-1, j+1), f(i, j-1), f(i, j),$$
$$f(i, j+1), f(i+1, j-1), f(i+1, j), f(i+1, j+1)\} \tag{8.82}$$

(2) 图像邻域的数据基本都相距不远，彼此之间都存在一定的相关性，而在同一个图像平面内的数据之间并不存在时间的先后顺序，这里对原始序列进行递增排序灰生成，以提高灰色拟合的精度，即

$$X_s^{(0)} = \text{sort}(x^{(0)}(1), x^{(0)}(2), x^{(0)}(3), x^{(0)}(4), x^{(0)}(5), x^{(0)}(6), x^{(0)}(7), x^{(0)}(8), x^{(0)}(9))$$
$$= (x_s^{(0)}(1), x_s^{(0)}(2), x_s^{(0)}(3), x_s^{(0)}(4), x_s^{(0)}(5), x_s^{(0)}(6), x_s^{(0)}(7), x_s^{(0)}(8), x_s^{(0)}(9)) \tag{8.83}$$

其中，$x_s^{(0)}(1), x_s^{(0)}(2), \cdots, x_s^{(0)}(8), x_s^{(0)}(9)$ 是 $x^{(0)}(1), x^{(0)}(2), \cdots, x^{(0)}(8), x^{(0)}(9)$ 的升序排列，即 $x_s^{(0)}(1) \leqslant x_s^{(0)}(2) \leqslant x_s^{(0)}(3) \leqslant x_s^{(0)}(4) \leqslant x_s^{(0)}(5) \leqslant x_s^{(0)}(6) \leqslant x_s^{(0)}(7) \leqslant x_s^{(0)}(8) \leqslant x_s^{(0)}(9))$。

(3) 对上述数据进行一次累加生成运算，即

$$X_s^{(1)} = (x_s^{(1)}(1), x_s^{(1)}(2), x_s^{(1)}(3), x_s^{(1)}(4), x_s^{(1)}(5), x_s^{(1)}(6), x_s^{(1)}(7), x_s^{(1)}(8), x_s^{(1)}(9))$$

$$= \left(x_s^{(0)}(1), \sum_{l=1}^{2} x_s^{(0)}(l), \sum_{l=1}^{3} x_s^{(0)}(l), \sum_{l=1}^{4} x_s^{(0)}(l), \sum_{l=1}^{5} x_s^{(0)}(l), \sum_{l=1}^{6} x_s^{(0)}(l), \right.$$

$$\left. \sum_{l=1}^{7} x_s^{(0)}(l), \sum_{l=1}^{8} x_s^{(0)}(l), \sum_{l=1}^{9} x_s^{(0)}(l) \right) \tag{8.84}$$

(4) 对一次累加生成数据进行紧邻均值生成运算，得到

$$Z_s^{(1)} = (z_s^{(1)}(1), z_s^{(1)}(2), \cdots, z_s^{(1)}(8), z_s^{(1)}(9))$$

$$= (0.5 \cdot (x_s^{(1)}(1) + x_s^{(1)}(2)), 0.5 \cdot (x_s^{(1)}(2) + x_s^{(1)}(3)), \cdots,$$

$$0.5 \cdot (x_s^{(1)}(7) + x_s^{(1)}(8)), 0.5 \cdot (x_s^{(1)}(8) + x_s^{(1)}(9))) \tag{8.85}$$

(5) 计算 GM(1,1) 模型的参数序列。

若记

$$Y = \begin{bmatrix} x_s^{(0)}(2) \\ x_s^{(0)}(3) \\ \vdots \\ x_s^{(0)}(9) \end{bmatrix}, \quad B = \begin{bmatrix} -z_s^{(1)}(2) & 1 \\ -z_s^{(1)}(3) & 1 \\ \vdots & \vdots \\ -z_s^{(1)}(9) & 1 \end{bmatrix}$$

则

$$P = (B^{\mathrm{T}} B)^{-1} B^{\mathrm{T}} Y = \begin{bmatrix} a \\ b \end{bmatrix} \tag{8.86}$$

(6) GM(1,1) 灰微分方程 $x_s^{(0)}(k) + a z_s^{(1)}(k) = b$ 的时间响应序列为

$$\hat{x}_s^{(1)}(k+1) = \left(x_s^{(0)}(1) - \frac{b}{a} \right) \mathrm{e}^{-ak} + \frac{b}{a}, \quad k = 1, 2, \cdots, 8 \tag{8.87}$$

累减还原得

$$\hat{x}_s^{(0)}(k+1) = \hat{x}_s^{(1)}(k+1) - \hat{x}_s^{(1)}(k) = (1 - \mathrm{e}^{a}) \left(x_s^{(0)}(1) - \frac{b}{a} \right) \mathrm{e}^{-ak}, \quad k = 1, 2, \cdots, 8 \tag{8.88}$$

即还原序列为

$$\hat{X}_s^{(0)} = (\hat{x}_s^{(0)}(1), \hat{x}_s^{(0)}(2), \hat{x}_s^{(0)}(3), \hat{x}_s^{(0)}(4), \hat{x}_s^{(0)}(5), \hat{x}_s^{(0)}(6), \hat{x}_s^{(0)}(7), \hat{x}_s^{(0)}(8), \hat{x}_s^{(0)}(9)) \tag{8.89}$$

其中，$\hat{x}_s^{(0)}(1) = x_s^{(0)}(1)$。

(7) 计算图像在像素 (i, j) 处的 GM(1,1) 模型的平均残差为

$$E(i,j) = e^{(0)}(i,j) = \frac{1}{9}\sum_{l=1}^{9}|e^{(0)}(l)| = \frac{1}{9}\sum_{l=1}^{9}|x_s^{(0)}(l) - \hat{x}_s^{(0)}(l)| \tag{8.90}$$

这样就得到图像在每一点处的平均残差，以此作为图像当前点可能是边缘的程度。第二阶段主要是针对图像邻域当前点的对比度利用平均残差值进行对比度增强。

(8) 计算图像去心邻域的平均值，并构造当前点的对比度。

$$v(i,j) = \frac{1}{8}\left[\left(\sum_{h=i-1}^{i+1}\sum_{l=j-1}^{j+1}f(h,l)\right) - f(i,j)\right] \tag{8.91}$$

$$c(i,j) = \frac{|f(i,j) - v(i,j)|}{|f(i,j) + v(i,j)|} \tag{8.92}$$

显然，对比度的值域是[0,1]。

(9) 以平均残差的负数为指数部分、参数 $\theta(\theta > 1)$ 为底数部分，构建 $\theta^{-E(i,j)}$ 为对比度增强算子的指数部分，得到对比度增强算子为

$$C(i,j) = c(i,j)^{\theta^{-E(i,j)}}$$

在上述算子中，当 (i,j) 点有边缘出现时，GM(1,1) 的平均残差 $E(i,j)$ 变大，$\theta^{-E(i,j)}$ 变小(且处于 0～1)，$C(i,j)$ 变大，即会增大边缘区域的对比度；反之，当 (i,j) 点处于平滑区域时，当前区域没有边缘或者边缘很微弱，这时 GM(1,1) 的平均残差 $E(i,j)$ 变小，$\theta^{-E(i,j)}$ 变大(仍然处于 0～1)，$C(i,j)$ 变小，即适当抑制平滑区域的对比度被过度增大。传统的对比度增强算子一般以一个幂函数(如 $C = c^{0.5}(0 \leq c \leq 1)$)代替，由于幂函数的指数部分是一个固定的常数，这时无论平滑区域还是边缘区域，算子都是以一种相对固定的尺度对对比度进行增强，不利于适当扩大图像非边缘区域与边缘区域的对比度，往往在增大边缘区域的对比度时，非边缘区域的对比度也被动地变得过大，这是图像的对比度增强中需要努力克服的问题之一。

(10) 根据对比度公式，解出被增强处理后的当前邻域窗口的新像素值为

$$\hat{f}(i,j) = \begin{cases} \dfrac{1+C(i,j)}{1-C(i,j)}\cdot v(i,j), & f(i,j) > v(i,j) \\[3mm] \dfrac{1-C(i,j)}{1+C(i,j)}\cdot v(i,j), & f(i,j) \leq v(i,j) \end{cases} \tag{8.93}$$

这样就得到了图像邻域窗口当前像素点的被增强处理后的新像素值。当图像窗口在图像上从上到下、从左到右遍历完整个图像区域时，图像整体就完成了对比度增强运算。算法的框架结构与流程图如图 8.14 所示。

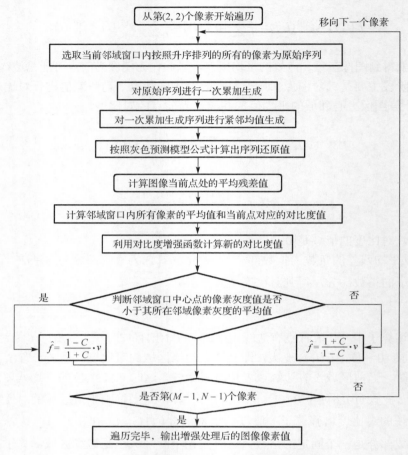

图 8.14　GM(1,1) 幂指数动态判决算法流程图

8.5.3　算法的仿真实验结果及其分析

利用 MATLAB 软件编程实验，并与传统的图像对比度增强算法相比，选取几组不同的阈值进行运算，得到结果如图 8.15 和图 8.16 所示。

(a) 原图像及其边缘检测图　　　　　　　　(b) 传统增强算法[220]及其边缘检测图

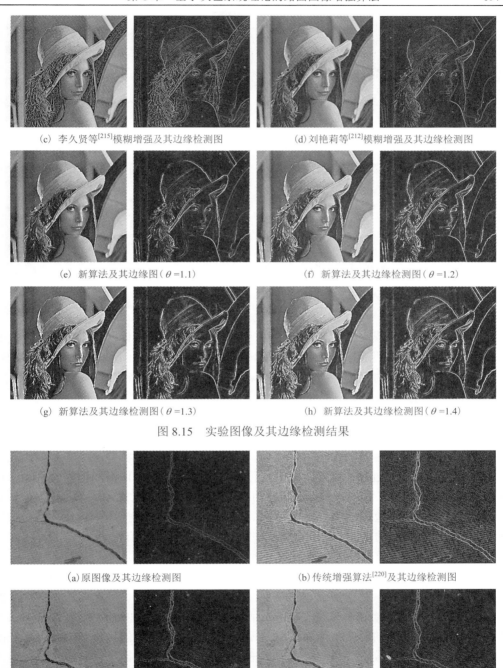

(c) 李久贤等[215]模糊增强及其边缘检测图　　　(d) 刘艳莉等[212]模糊增强及其边缘检测图

(e) 新算法及其边缘图($\theta=1.1$)　　　(f) 新算法及其边缘检测图($\theta=1.2$)

(g) 新算法及其边缘检测图($\theta=1.3$)　　　(h) 新算法及其边缘检测图($\theta=1.4$)

图 8.15　实验图像及其边缘检测结果

(a) 原图像及其边缘检测图　　　(b) 传统增强算法[220]及其边缘检测图

(c) 李久贤等[215]模糊增强及其边缘检测图　　　(d) 刘艳莉等[212]模糊增强及其边缘检测图

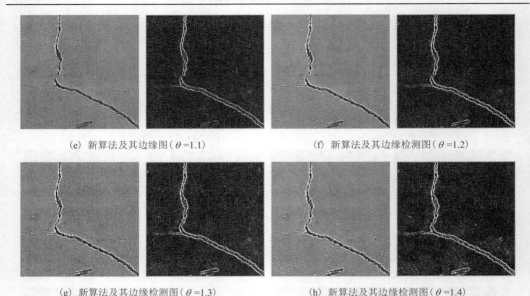

(e) 新算法及其边缘图($\theta = 1.1$)　　　　　　(f) 新算法及其边缘检测图($\theta = 1.2$)

(g) 新算法及其边缘检测图($\theta = 1.3$)　　　　　(h) 新算法及其边缘检测图($\theta = 1.4$)

图 8.16　路面图像及其边缘检测结果

　　从实验图像的结果来看，原图像的对比度不高，导致边缘检测的效果很差，几乎主要的边缘都不是很明显；传统的对比度增强算法提高了图像的质量，图像整体的对比度有所提高，其所对应的边缘检测的结果也好于没有经过对比度增强处理的图像，但是边缘区域仍然不是很明显。对比其他几种已有的算法，本节提出的一共选取 4 个不同参数值进行处理，图像的对比度增强的效果随着阈值的增大而增大，实验图像中女孩的细微的头发、帽檐、眼睛、鼻子、嘴唇等主要轮廓的对比度都被放大，而一些非边缘区域的像素灰度波动也被很好地抑制了。从路面图像的实验效果来看，原始未被增强的图像的裂缝边缘几乎看不出来，传统对比度增强算法使得图像的裂缝边缘得到一定程度上的增强，但依然是若隐若现的样子。本节提出的对比度增强算法很好地实现了裂缝边缘的明显增强，闪亮的裂缝边缘几乎达到了耀眼的地步，同时图像的非边缘区域仍然保持着平滑的状态，这就达到了理想的效果。同时，可以根据人眼视觉的感受和后续进一步处理的需求，适当地选取合适的参数值，得到相应程度上的增强效果。

　　本节从灰色预测模型在图像增强处理中的困难入手，意识到灰色预测模型对建模数据要求较高的现实，利用灰色预测模型在边缘处建模误差很大的弱点恰恰应用了灰色预测模型对边缘区域的边缘像素点敏感的信息，通过灰色预测模型的平均残差值来测度当前区域不平滑的程度，从而动态地调节图像局部对比度的增强尺度。与传统的对比度增强算子的指数部分是固定不变的情况相比，本节的对比度增强算子的指数部分可以及时吸收局部图像纹理的波动状况，较大程度地增大边缘区域的对比度，适度控制非边缘区域对比度增强的尺度，图像的边缘区域与非边缘区域在对比度增强的尺度上因地制宜，并有区别地对待，从而达到提高图像处理质量的效果，从其对应的边缘检测效果来看，本节的算法达到了图像对比度增强的要求，是一种行之有效的图像对比度增强处理方式。我们知道灰色预测模型有几种形式和模型结构，每种模型结构和形式都有不同的应用领域与应用优势，后续将根据不同的模式结构和形式讨论不同模型下的灰色预测模型在图像对比度增强中的应用的差别。

8.6　基于离散灰色预测模型多方向边缘判决的图像对比度增强算法

前面对灰色预测模型的建模过程中，我们使用的灰色模型是最经典的灰色预测模型，也是目前使用最广泛的灰色预测模型。已经有文献[209]指出，传统的灰色预测模型中，当原始序列的数据非常接近时，模型参数的计算中会出现近似病态的情况。在原始序列的构建过程中，我们对选取的图像邻域窗口中心像素周围的一圈像素按照升序排列的方式进行建模，这样可以在一定程度上提高模型的建模精度，但是不同的图像边缘进行排序后序列的精度差异水平可能会非常接近，这样就会导致模型对不同边缘或不同程度、形状的边缘的可区分度变差。因此，本节引入谢乃明提出的中点固定的离散灰色预测模型对图像数据进行建模，并且在图像局部根据图像纹理的走向选择 8 个不同方向的图像数据构成灰色预测模型的原始序列，从另外一个层面对图像局部的边缘信息进行对比度增强，并能相对有效地抑制图像局部平滑区域的粗糙化，为图像的局部对比度的增强算法提供新的视角。

8.6.1　算法的思想

在图像邻域窗口中，我们可以根据 8 条主要的图像纹理走向选择 3 像素组成一组，然后按照紧邻均值生成的方式把每组的 3 像素扩展到 5 像素，分别对这 8 组像素的每组 5 个灰度值建立中点已知(即把原始序列最中间的那个像素作为初始已知点)的离散灰色预测模型，接下来计算每组像素灰度值的模型拟合残差值，并用当前邻域窗口内的最大残差值减去最小残差值，把这个差值作为度量当前邻域的中心点是否是边缘的测度。如果当前邻域内有边缘通过，通常情况下，则从 8 个不同方向建模的灰色预测模型的拟合残差的误差会比较大；如果当前邻域内没有边缘通过，则图像处于平滑区域，建立灰色预测模型的原始序列不存在灰度突变，从 8 个方向拟合的模型残差值应当相差不大，这时对应这个模型的边缘的测度就相对会很小。最后把这个差值嵌入图像的对比度增强的函数中，实现图像当前区域的对比度自动增强，具体表现为图像的边缘区域的对比度会进一步增大，平滑区域的对比度会相对得到抑制，就可以实现图像局部区域的对比度自适应地动态增强。

8.6.2　算法的步骤与过程

（1）设一幅图像大小为 $M \times N$ ，当前像素为 $f(i,j)$ （ $i = 2,3,\cdots,M-1$; $j = 2,3,\cdots$, $N-1$ ）。过当前像素选取 8 个方向的像素作为灰色预测建模的原始序列，即

$$X_1^{(0)} = (x_1^{(0)}(1), x_1^{(0)}(2), x_1^{(0)}(3)) = (f(i-1, j-1), f(i, j), f(i+1, j+1)) \tag{8.94}$$

$$X_2^{(0)} = (x_2^{(0)}(1), x_2^{(0)}(2), x_2^{(0)}(3)) = (f(i-1, j), f(i, j), f(i+1, j)) \tag{8.95}$$

$$X_3^{(0)} = (x_3^{(0)}(1), x_3^{(0)}(2), x_3^{(0)}(3)) = (f(i-1, j+1), f(i, j), f(i+1, j-1)) \tag{8.96}$$

$$X_4^{(0)} = (x_4^{(0)}(1), x_4^{(0)}(2), x_4^{(0)}(3)) = (f(i, j+1), f(i, j), f(i, j-1)) \tag{8.97}$$

$$X_5^{(0)} = (x_5^{(0)}(1), x_5^{(0)}(2), x_5^{(0)}(3)) = (f(i+1, j+1), f(i, j), f(i-1, j-1)) \tag{8.98}$$

$$X_6^{(0)} = (x_6^{(0)}(1), x_6^{(0)}(2), x_6^{(0)}(3)) = (f(i+1, j), f(i, j), f(i-1, j)) \tag{8.99}$$

$$X_7^{(0)} = (x_7^{(0)}(1), x_7^{(0)}(2), x_7^{(0)}(3)) = (f(i+1, j-1), f(i, j), f(i-1, j+1)) \tag{8.100}$$

$$X_8^{(0)} = (x_8^{(0)}(1), x_8^{(0)}(2), x_8^{(0)}(3)) = (f(i, j-1), f(i, j), f(i, j+1)) \tag{8.101}$$

(2) 对上述序列利用紧邻均值生成的方式进行插值运算，把 3 个数据的序列扩充为 5 个数据的序列，即

$$X_t^{(0)'} = (x_t^{(0)'}(1), x_t^{(0)'}(2), x_t^{(0)'}(3), x_t^{(0)'}(4), x_t^{(0)'}(5))$$
$$= (x_t^{(0)}(1), 0.5 \cdot (x_t^{(0)}(1) + x_t^{(0)}(2)), x_t^{(0)}(2), 0.5 \cdot (x_t^{(0)}(2) + x_t^{(0)}(3)), x_t^{(0)}(3)), \quad t = 1, 2, \cdots, 8 \tag{8.102}$$

(3) 对扩充过的序列进行一次累加生成运算，即

$$X_t^{(1)} = (x_t^{(1)}(1), x_t^{(1)}(2), x_t^{(1)}(3), x_t^{(1)}(4), x_t^{(1)}(5))$$
$$= (x_t^{(0)'}(1), \sum_{h=1}^{2} x_t^{(0)'}(h), \sum_{h=1}^{3} x_t^{(0)'}(h), \sum_{h=1}^{4} x_t^{(0)'}(h), \sum_{h=1}^{5} x_t^{(0)'}(h)), \quad t = 1, 2, \cdots, 8 \tag{8.103}$$

(4) 对一次累加生成序列进行紧邻均值生成，可得

$$Z_t^{(1)} = (z_t^{(1)}(1), z_t^{(1)}(2), z_t^{(1)}(3), z_t^{(1)}(4), z_t^{(1)}(5))$$
$$= (0.5 \cdot (x_t^{(1)}(1) + x_t^{(1)}(2)), 0.5 \cdot (x_t^{(1)}(2) + x_t^{(1)}(3)), 0.5 \cdot (x_t^{(1)}(3) + x_t^{(1)}(4)),$$
$$0.5 \cdot (x_t^{(1)}(4) + x_t^{(1)}(5)), t = 1, 2, \cdots, 8 \tag{8.104}$$

(5) 按照离散灰色预测模型的公式，计算模型的参数值为

$$Y_t = \begin{bmatrix} x_t^{(1)}(2) \\ x_t^{(1)}(3) \\ x_t^{(1)}(4) \\ x_t^{(1)}(5) \end{bmatrix}, \quad B_t = \begin{bmatrix} x_t^{(1)}(1) & 1 \\ x_t^{(1)}(2) & 1 \\ x_t^{(1)}(3) & 1 \\ x_t^{(1)}(4) & 1 \end{bmatrix}, \quad \hat{\beta}_t = \begin{bmatrix} \beta_t(1) \\ \beta_t(2) \end{bmatrix} = (B_t^T B_t)^{-1} B_t^T Y_t \tag{8.105}$$

(6) 根据中间值固定的离散灰色预测模型 (MDGM) 的公式[8]，这里把扩充到 5 个数据点中的第 3 个数据点 (即图像邻域的中心点) 作为已知值，得到

$$\hat{x}_t^{(1)}(3) = x_t^{(1)}(3) = \sum_{h=1}^{3} x_t^{(0)}(h) \tag{8.106}$$

$$\hat{x}_t^{(1)}(4) = \beta_t(1) \hat{x}_t^{(1)}(3) + \beta_t(2) \tag{8.107}$$

$$\hat{x}_t^{(1)}(5) = \beta_t(1)\hat{x}_t^{(1)}(4) + \beta_t(2) \tag{8.108}$$

$$\hat{x}_t^{(0)'}(5) = \hat{x}_t^{(1)}(5) - \hat{x}_t^{(1)}(4) \tag{8.109}$$

$$\hat{x}_t^{(1)}(2) = \frac{1}{\beta_t(1)} \cdot \hat{x}_t^{(1)}(3) - \frac{\beta_t(2)}{\beta_t(1)} \tag{8.110}$$

$$\hat{x}_t^{(0)'}(1) = \hat{x}_t^{(1)}(1) = \frac{1}{\beta_t(1)} \cdot \hat{x}_t^{(1)}(2) - \frac{\beta_t(2)}{\beta_t(1)} \tag{8.111}$$

$$e_t(i,j) = 0.5(\mid x_t^{(0)'}(5) - \hat{x}_t^{(0)'}(5) \mid + \mid x_t^{(0)'}(1) - \hat{x}_t^{(0)'}(1) \mid), \quad t = 1,2,\cdots,8 \tag{8.112}$$

其中，$e_t(i,j)$ 为每组像素灰色预测建模的平均残差。平均残差值在一定程度上反映了原始序列的数据平滑度。

(7)计算图像邻域的 8 组像素的残差的最大值与最小值之差，并乘以强度控制系数 ξ，得到

$$s(i,j) = \xi \cdot (\max_{1 \leq t \leq 8} e_t(i,j) - \min_{1 \leq t \leq 8} e_t(i,j)) \tag{8.113}$$

其中，ξ 的值可以通过计算机搜索或多次尝试主观确定；$s(i,j)$ 即为该点处的图像局部可能成为边缘的程度，如果 $s(i,j)$ 的值越大，则说明该点处的图像纹理波动的幅度越大，该点越有可能是图像的边缘区域；如果 $s(i,j)$ 的值越小，则说明该点处可能是平滑区域，图像在该点的邻域可能不存在边缘。因此，可以用 $s(i,j)$ 的值来动态刻画图像局部区域像素纹理变化的测度。

(8)计算图像邻域窗口中像素的平均灰度值与中心点所对应的局部对比度，即

$$v(i,j) = \frac{1}{9} \sum_{k=i-1}^{i+1} \sum_{l=j-1}^{j+1} f(k,l) \tag{8.114}$$

$$c(i,j) = \frac{\mid f(i,j) - v(i,j) \mid}{\mid f(i,j) + v(i,j) \mid} \tag{8.115}$$

(9)利用对比度增强函数实施增强处理(这里采用文献[215]中提到的凸函数进行增强处理)。

$$D(i,j) = \frac{\ln(1 + s(i,j) \cdot c(i,j))}{\ln(1 + s(i,j))} \tag{8.116}$$

(10)在式(8.115)中，用增强处理过的对比度 $D(i,j)$ 代替 $C(i,j)$，解出经过增强处理后的当前像素值 $\hat{f}(i,j)$，即

$$\hat{f}(i,j) = \begin{cases} \dfrac{1+D(i,j)}{1-D(i,j)} \cdot v(i,j), & f(i,j) > v(i,j) \\ \dfrac{1-D(i,j)}{1+D(i,j)} \cdot v(i,j), & f(i,j) \leq v(i,j) \end{cases} \tag{8.117}$$

　　在算法的第(7)步中，有个强度控制参数需要根据情况来设定。这里还是采用机器搜索与人工辨识增强效果的方式来实现，也可以根据实际情况，选择不同的参数值来得到不同的处理效果。

　　整个算法的流程图如图 8.17 所示。

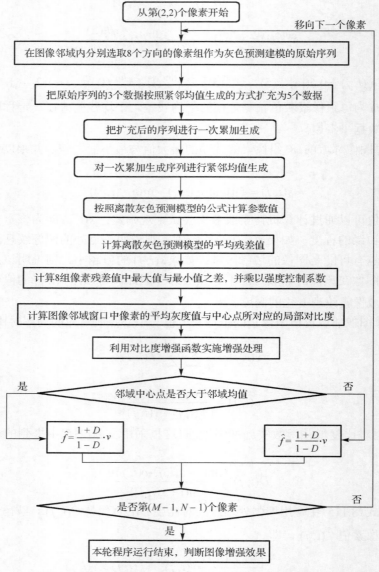

图 8.17　离散灰色预测模型多方向边缘判决的算法流程图

8.6.3　算法的结果及其分析

从实验图像(图 8.18)的结果来看,原始图像的对比度不高,导致边缘检测质量差,主要边缘不是很明显。由于传统的对比度增强算法提高了图像质量,所以整体图像对比度也得到了提高。相应的边缘检测结果优于没有对比度增强处理的边缘检测结果,但边缘区域仍然不是很明显。文献[215]中的算法对女孩头发等细边缘区域有很好的结果,同时也使得图像的平滑区域变得粗糙。在文献[212]中,将灰熵引入模糊对比增强算法中,在一定程度上提高了算法执行的效果。新算法由于引入了强度控制系数 ξ,这里分别从强度控制系数的不同取值分析图像增强的效果。从整体来看,随着强度控制系数的增加,图像对比度增强的效果越来越明显,实验图像中的女孩的帽檐、发丝、面部轮廓和肩膀等细节边缘都得到了很大程度的增强,同时图像的平滑区域也依然保持相对的平滑,图像整体的视觉效果得到了一定程度的提升,甚至可以根据后续对图像进一步处理的要求选择不同的参数值来有选择地控制图像对比度增大或抑制的区域。

(a) 原图像及其边缘检测图　　　　　　　　(b) 传统增强算法[220]及其边缘检测图

(c) 李久贤等[215]模糊增强及其边缘检测图　　(d) 刘艳莉等[212]模糊增强及其边缘检测图

(e) 新算法及其边缘图(ξ =0.001)　　　　　(f) 新算法及其边缘检测图(ξ =0.003)

(g) 新算法及其边缘检测图(ξ=0.005)   (h) 新算法及其边缘检测图(ξ=0.007)

图 8.18　实验图像及其边缘检测结果

　　从路面图像(图 8.19)的实验结果来看，原始未增强图像的裂纹边缘几乎看不到。传统的对比度增强算法使得图像的裂纹边缘在一定程度上得到提高，但效果仍然有限。文献[212]、[215]的方法在检测路面图像裂缝方面取得了长足的进步，裂缝边缘相对明显，但仍有很大的改进空间需要我们努力。本节提出的对比度增强算法是实现裂纹边缘明显增强的好方法。图像裂缝的边缘也得到了很大的增强，主要的裂痕都进一步被明显化，路面其他细节纹理信息依然保持相对抑制，这样就很好地得到了裂缝边缘检测的效果，也从侧面进一步说明图像局部对比度的增强达到了预期的效果，图像整体的质量上升。

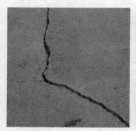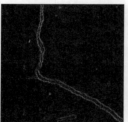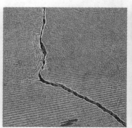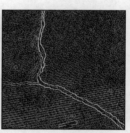

(a) 原图像及其边缘检测图   (b) 传统增强算法[220]及其边缘检测图

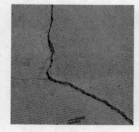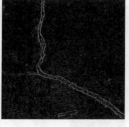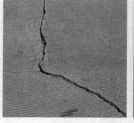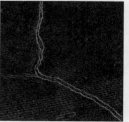

(c) 李久贤等[215]模糊增强及其边缘检测图   (d) 刘艳莉等[212]模糊增强及其边缘检测图

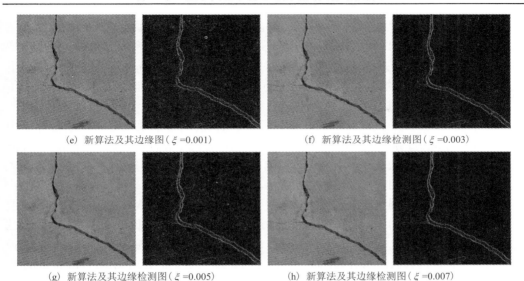

　　(e) 新算法及其边缘图(ξ =0.001)　　　　　　　　　(f) 新算法及其边缘检测图(ξ =0.003)

　　(g) 新算法及其边缘检测图(ξ =0.005)　　　　　　　(h) 新算法及其边缘检测图(ξ =0.007)

图 8.19　路面图像及其边缘检测结果

　　本节利用灰色预测模型顺着图像的纹理走向，模型的预测精度较高，垂直于图像纹理走向的方向选取图像像素灰度值作为原始序列模型的预测精度较低的特点，把离散灰色预测模型应用到图像的对比度增强中，克服了传统的灰色预测模型在图像部分区域可能出现病态的情况，并且把图像邻域模型残差的最大值与最小值之差的线性组合作为图像对比度增强强度控制的部分参数之一，最后的仿真实验结果也说明引入的这种自适应的图像对比度增强方法能够在提高图像边缘区域的对比度的同时，也能较好地控制图像其他非边缘区域的图像局部对比度被盲目地增强或扩大。本节的方法虽然取得了一定的效果，但是由于存在参数设定需要人工控制或计算机搜索的原因，本节方法的计算机处理速度、效率存在一定的滞后效果，后续建议探索参数的自动确定方式和更好的图像增强效果。

8.7　基于邻域向心预测的路面图像对比度增强算法

　　前面介绍了路面图像的几种基于灰熵或灰色预测模型的自动增强技术，利用图像自身的纹理起伏和灰度变化情况自适应地调节增强的强度。但是，前面的算法也不能算是完全自适应的，因为还涉及强度控制参数的自动取值问题。从真实图像的两次取值的实验结果来看，不同取值的结果得到的效果还是差异很大。在路面图像的自动检测和高速处理中，我们自然是希望能有一种算法完全根据客观的路面病害情况自动决定增强的范围和强度，而不过多地涉及人为的主观的参数选取。本节提出一种离散灰色预测模型不再利用参数对对比度增强函数进行控制和调整，而是利用灰色预测模型拟合过程中与生俱来的递增性实现图像局部区域的增强或调整，适当改善图像局部区域的视觉效果。

　　在图像的模糊对比度增强算法中，首先将图像应用隶属度函数映射到模糊域，然后在模糊域内应用对比度增强算子进行增强，接着将图像反变换回图像域。对比度增强可以直接调节图像的局部区域的像素的对比度，改善图像的局部视觉效果。本节引入离散灰色预测模型的概念，将离散灰色预测理论与对比度增强算法相结合，提出了一种新的图像增强算法。

　　本节提出的改进的基于终点固定的离散灰色预测模型在模糊对比度增强算法中的应用是一个较好的结合了灰色预测理论与模糊理论用于路面图像处理的算法。离散灰色预测模型的预测公式中没有分母，也就不会出现先前算法中分母为零的情况，增大了程序的稳定性；利用终点固定的初始条件，加大了预测像素与最近邻像素的相关性；与传统模糊对比度增强算法主要应用模糊增强算子作用于图像的隶属度不同，本章主要是利用灰色预测模型的原始序列递增性来自适应性地智能控制对比度增强的程度，而且无须引用待定的参数，增强了算法的客观性。同时我们对图像局部对比度的公式也去掉了分母等操作，这种做法在前期有过一定程度的探索[237]。同时在对图像进行预测的过程中，我们采用的是对对比度进行预测，而不是像素灰度值本身进行预测；此外，我们还对图像增强后的图像像素恢复值的公式也进行了改进，尽量在原始值的基础上进行增加或减少，而不是像以前那样在图像邻域的平均值的基础上进行一定程度的增加或减少。这些尝试得益于目前图像处理领域各种算法中类似的有益的做法的启发，与前面几种做法相比，还是有较大的不同，可以满足多样化的对图像对比度增强效果的要求。从本节对实验图像与路面图像的处理来看，新算法是一个较好的尝试，取得了不错的效果。

8.7.1　算法的思想

　　首先，在图像的 3×3 的邻域窗口内计算中心像素灰度值偏离邻域窗口像素灰度均值的程度，并将此作为一个特征参数记录在参数表中；然后在模糊域内，在 5×5 的邻域窗口中，从 8 个方向顺着可能的图像纹理指向中心像素选取 3 个相邻的像素所对应的对比度值作为一组原始序列，然后对原始序列利用紧邻均值生成算法进行插值，使得原始序列由 3 个数据变为 5 个数据；然后通过计算每组序列的灰色绝对关联度来选择序列内部各参数值关联最紧密的序列，也就是可以把邻域内各参数值最接近的一组作为最接近图像边缘纹理的参数组，然后对其进行一次累加生成与紧邻均值生成运算，计算建模序列的各项参数；接着利用谢乃明提出的终点固定的离散灰色预测模型 EDGM[8]进行预测；当图像邻域的中心像素的灰度值的隶属度值小于邻域均值时，中心像素的灰度值可以用原中心像素灰度值减去灰色预测值得到；当图像邻域的中心像素的灰度值大于邻域均值时，中心像素的灰度值可以用原中心像素加上灰色预测值得到；从而提高了图像的局部区域的对比度；最后将图像逆映射回空间域。本节主要利用离散灰色预测模型对边缘方向的纹理像素进行自适应的增强变换，灰色模型本身就能主动调节对比度增强的强度；从而实现图像边缘区域的对比度的智能增强，避免了人工选取对比度增强参数的主观性。

8.7.2　算法的具体步骤

(1) 设一幅大小为 $M \times N$　图像的邻域窗口的中心像素为 $f(i,j)(i=1,2,\cdots,M;$ $j=1,2,\cdots,N)$。在图像 3×3 的当前邻域窗口内，计算图像每个像素的邻域均值，即

$$v(i,j) = \frac{1}{9} \sum_{k=i-1}^{i+1} \sum_{l=j-1}^{j+1} f(k,l), \quad i=2,3,\cdots,M-1; j=2,3,\cdots,N-1 \tag{8.118}$$

$$v(M,j) = \frac{1}{3} \sum_{l=j-1}^{j+1} f(M,l), \quad j=2,3,\cdots,N-1 \tag{8.119}$$

$$v(1,j) = \frac{1}{3} \sum_{l=j-1}^{j+1} f(1,l), \quad j=2,3,\cdots,N-1 \tag{8.120}$$

$$v(i,1) = \frac{1}{3} \sum_{k=i-1}^{i+1} f(k,1), \quad i=2,3,\cdots,M-1 \tag{8.121}$$

$$v(i,N) = \frac{1}{3} \sum_{k=i-1}^{i+1} f(k,N), \quad i=2,3,\cdots,M-1 \tag{8.122}$$

$$v(1,1) = \frac{1}{4} \sum_{k=1}^{2} \sum_{l=1}^{2} f(k,l) \tag{8.123}$$

$$v(1,N) = \frac{1}{4} \sum_{k=1}^{2} \sum_{l=N-1}^{N} f(k,l) \tag{8.124}$$

$$v(M,N) = \frac{1}{4} \sum_{k=M-1}^{M} \sum_{l=N-1}^{N} f(k,l) \tag{8.125}$$

$$v(M,1) = \frac{1}{4} \sum_{k=M-1}^{M} \sum_{l=1}^{2} f(k,l) \tag{8.126}$$

(2) 在 3×3 的邻域窗口内，计算图像邻域中心像素的隶属度值偏离图像的邻域均值的程度，定义为图像像素灰度隶属度的波动幅值 T，即

$$T(i,j) = |f(i,j) - v(i,j)|, i=1,2,\cdots,M; j=1,2,\cdots,N \tag{8.127}$$

(3) 在图像的 5×5 邻域窗口内，对于中心像素 $f(i,j)$ $(i=3,4,\cdots,M-2;$ $j=3,4,\cdots,N-2)$ 分别选取周围 8 组邻域像素所对应的像素的波动幅度值构成一组，即

$$D_1 = (d_1(1), d_1(2), d_1(3)) = (T(i,j+2), T(i,j+1), T(i,j)) \tag{8.128}$$

$$D_2 = (d_2(1), d_2(2), d_2(3)) = (T(i+2,j+2), T(i+1,j+1), T(i,j)) \tag{8.129}$$

$$D_3 = (d_3(1), d_3(2), d_3(3)) = (T(i+2,j), T(i+1,j), T(i,j)) \tag{8.130}$$

$$D_4 = (d_4(1), d_4(2), d_4(3)) = (T(i+2,j-2), T(i+1,j-1), T(i,j)) \tag{8.131}$$

$$D_5 = (d_5(1), d_5(2), d_5(3)) = (T(i,j-2), T(i,j-1), T(i,j)) \tag{8.132}$$

$$D_6 = (d_6(1), d_6(2), d_6(3)) = (T(i-2,j-2), T(i-1,j-1), T(i,j)) \tag{8.133}$$

$$D_7 = (d_7(1), d_7(2), d_7(3)) = (T(i-2,j), T(i-1,j), T(i,j)) \tag{8.134}$$

$$D_8 = (d_8(1), d_8(2), d_8(3)) = (T(i-2,j+2), T(i-1,j+1), T(i,j)) \tag{8.135}$$

在灰色绝对关联度的定义公式[8]中，取上述各序列为比较序列，很显然，当参考序列各元素相等时，即 $x_0(k) = x_0(k+1)(k=1,2)$，由灰色绝对关联度与灰色绝对关联系数的概念，有

$$\gamma(X_0, X_1) = \frac{1}{2} \sum_{k=2}^{3} \gamma(k) \tag{8.136}$$

其中

$$
\begin{aligned}
\gamma(k+1) &= \frac{1}{1+|\alpha^{(1)}(y_0(k+1)) - \alpha^{(1)}(y_t(k+1))|} \\
&= \frac{1}{1+|(y_0(k+1) - y_0(k)) - (y_t(k+1) - y_t(k))|} \\
&= \frac{1}{1+\left|\left(\dfrac{x_0(k+1)}{x_0(1)} - \dfrac{x_0(k)}{x_0(1)}\right) - \left(\dfrac{x_t(k+1)}{x_t(1)} - \dfrac{x_t(k)}{x_t(1)}\right)\right|} \\
&= \frac{1}{1+\left|\dfrac{x_t(k+1)}{x_t(1)} - \dfrac{x_t(k)}{x_t(1)}\right|}
\end{aligned}
\tag{8.137}
$$

图像数据的取值范围都是在 0～255，序列各数据的值域都为[0，255]，量纲相差不大，这里不需要对序列实行标准化运算，直接计算灰色绝对关联度，可得

$$C_t = \frac{1}{2}\left(\frac{1}{1+|d_t(1) - d_t(2)|} + \frac{1}{1+|d_t(2) - d_t(3)|}\right), t = 1, 2, \cdots, 8 \tag{8.138}$$

(4)选取图像关联系数最大的那一组序列，按照紧邻均值生成对它进行插点，有

$$s = \text{Arg}_{t \in \{1,2,\cdots,8\}} \max C_t \tag{8.139}$$

$$X^{(0)} = (x^{(0)}(1), x^{(0)}(2), x^{(0)}(3), x^{(0)}(4), x^{(0)}(5))$$
$$= (d_s(1), 0.5 \cdot (d_s(1) + d_s(2)), d_s(2), 0.5 \cdot (d_s(2) + d_s(3)), d_s(3)) \tag{8.140}$$

(5) 对原始序列进行一次累加生成，可得

$$X^{(1)} = (x^{(1)}(1), x^{(1)}(2), x^{(1)}(3), x^{(1)}(4), x^{(1)}(5))$$
$$= \left(x^{(0)}(1), \sum_{h=1}^{2} x^{(0)}(h), \sum_{h=1}^{3} x^{(0)}(h), \sum_{h=1}^{4} x^{(0)}(h), \sum_{h=1}^{5} x^{(0)}(h) \right) \tag{8.141}$$

(6) 计算离散灰色预测模型的各参数系列为

$$\text{若 } Y = \begin{bmatrix} x^{(1)}(2) \\ x^{(1)}(3) \\ x^{(1)}(4) \\ x^{(1)}(5) \end{bmatrix}, \quad B = \begin{bmatrix} x^{(1)}(1) & 1 \\ x^{(1)}(2) & 1 \\ x^{(1)}(3) & 1 \\ x^{(1)}(4) & 1 \end{bmatrix}$$

则

$$\hat{\beta} = \begin{bmatrix} \beta_1 \\ \beta_1 \end{bmatrix} = (B^{\mathrm{T}} B)^{-1} B^{\mathrm{T}} Y \tag{8.142}$$

(7) 由终点固定的离散灰色预测模型

$$\begin{cases} \hat{x}^{(1)}(k+1) = \beta_1 \hat{x}^{(1)}(k) + \beta_2 \\ \hat{x}^{(1)}(n) = x^{(1)}(n) = \sum_{h=1}^{n} x^{(0)}(h) \end{cases} \tag{8.143}$$

的预测公式，可得

$$x^{(1)}(6) = \beta_1 \hat{x}^{(1)}(5) + \beta_2 \tag{8.144}$$

$$\hat{x}^{(0)}(6) = \hat{x}^{(1)}(6) - \hat{x}^{(1)}(5) \tag{8.145}$$

其中，$\hat{x}^{(0)}(6)$ 相当于是对中心像素的灰度值偏离其所在的邻域均值的程度的预测值。

(8) 按照以下灰色预测增强算子对图像局部区域进行对比度增强。即

$$\hat{f}(i,j) = \begin{cases} f(i,j) - \hat{x}^{(0)}(6), & f(i,j) < v(i,j) \\ f(i,j) + \hat{x}^{(0)}(6), & f(i,j) \geqslant v(i,j) \end{cases} \tag{8.146}$$

上述是算法的主要实现步骤。在上面的步骤中，第(8)步与以前的做法有很大的不同，主要体现在计算图像增强后的还原值时，一般是从对比度的式(8.127)直接解出对应的增强处理后的值，即按照以前的做法，由式(8.127)可得
$\hat{f}(i,j) = \begin{cases} v(i,j) - \hat{x}^{(0)}(6), & f(i,j) < v(i,j) \\ v(i,j) + \hat{x}^{(0)}(6), & f(i,j) \geqslant v(i,j) \end{cases}$ 。$\hat{x}^{(0)}(6)$ 即为增强处理后的 $T(i,j)$，而在式(8.146)

中，我们尝试性地应用图像邻域窗口的中心像素值 $f(i,j)$ 代替邻域平均值 $v(i,j)$。后面的仿真实验也证实这种改进提高了图像局部的对比度。

下面给出本节算法的框架结构与流程图，如图 8.20 所示。

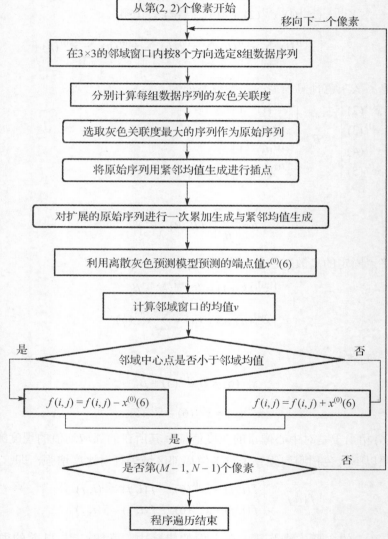

图 8.20 邻域向心预测的新算法流程图

8.7.3 算法的仿真实验结果及其分析

下面给出本节算法的实现结果，如图 8.21 和图 8.22 所示。

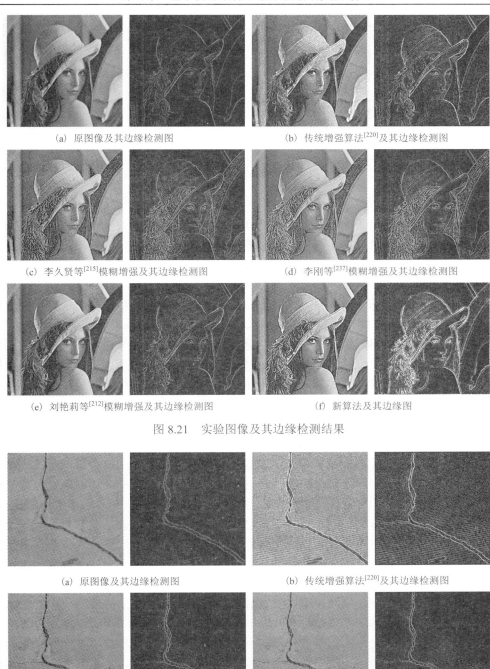

(a) 原图像及其边缘检测图　　　　　　　(b) 传统增强算法[220]及其边缘检测图

(c) 李久贤等[215]模糊增强及其边缘检测图　　　(d) 李刚等[237]模糊增强及其边缘检测图

(e) 刘艳莉等[212]模糊增强及其边缘检测图　　　(f) 新算法及其边缘图

图 8.21　实验图像及其边缘检测结果

(a) 原图像及其边缘检测图　　　　　　　(b) 传统增强算法[220]及其边缘检测图

(c) 李久贤等[215]模糊增强及其边缘检测图　　　(d) 李刚等[237]模糊增强及其边缘检测图

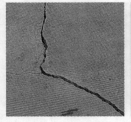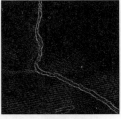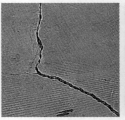

(e) 刘艳莉等[212]模糊增强及其边缘检测图　　　　　　　(f) 新算法及其边缘图

图 8.22　路面图像及其边缘检测结果

算法结果分析如下。

从实验图像处理结果来看，原图像的质量一般，边缘检测效果不好，主要是因为边缘区域的对比度不够大；传统的对比度增强算法能够取得较好的效果，图像的层次比较清晰，但是存在灰度过调的状况，主要是平滑区域也有被进一步粗糙化；对比其他几种已有的算法，本节提出的基于离散灰色预测模型的图像增强算法，能取得优于前面模糊对比度增强算法的质量，而且图像的边缘区域有进一步增强的效果，图像的灰度层次更加清晰，也能检测到更多的图像纹理边缘，图像上的目标也变得更加醒目，特别是对弱边缘的检测效果更加突出；从路面图像的增强及边缘检测效果来看，图像的裂缝部分更加清晰，裂缝所在的局部区域的对比度变大，线条也被加粗，而裂缝周围的路面正常的细微纹理依然保持相对平滑状态，所以图像的整体质量比较好，有利于下一步对裂缝部分的自动测量和检验。但是，总体来看，图像增强的质量效果还有进一步提高的空间，本节主要给出了一种结合图像纹理信息和灰色预测模型的路面图像自适应增强的方向和理念，具体的算法改进与完善还有待于进一步的研究。

本节分析了传统算法的主要特点，吸收了经典算法的思想，结合离散灰色预测模型的主要理念，考虑到越是临近中心像素的像素点，越能反映中心像素的发展和变化情况，这里采用序列的终点作为离散灰色预测模型的初始条件(充分利用了新信息)；根据中心点周围 8 个方向的纹理序列中灰色关联度最大的序列就是图像最可能的纹理方向，选定邻域窗口中中心像素偏离邻域均值情况最相似的一组特征参数值作为灰色预测的原始序列，并且借鉴前人的思想应用紧邻均值生成的方法将 3 个数据的原始序列扩展到 5 个数据的情况；考虑对比度增强的思想就是增强中心像素与邻域像素均值的差异，直接应用灰色预测模型，根据纹理的自然走向来自适应地增大中心像素与邻域均值的差。本节算法实现结果表明，基于灰色预测模型的图像对比度增强算法至少能取得不弱于传统对比度增强的效果，并且不需要人工设置参数，是一种真正的自动增强技术，而且主要是拓展了离散灰色预测模型的使用范围，使用离散灰色预测模型还可以防止传统灰色预测模型建模时遇到发展系数为零而使预测公式中出现分母为零的糟糕情况，同时，新算法对图像对比度公式中的像素还原公式也做了一定程度的改进(这个还原公式并不是按照对比度公式解出来的，而是做了一定程度的修改，但是算法执行的效果也发生很大的变化。这种思路为我们以后继续寻找图像对比度增强效果持续提升的突破给出了一个方向和途径)，并使得图像增强的效果满足后续图像处理的要求。总体来说，新算法为路面图像的对比度增强提供了一个新路径、新视角，也为我们进一步推广灰色预测模型的使用范围奠定了基础，为使灰色系统理论与模糊理论相结合提供了新的契机，为路面图像的裂缝智能检测与分析提供了新的手段。

8.8　小　　结

本章针对常规方法对路面图像中的细微裂缝信息检测不灵敏的状况，设计了一种基于图像的四个纹理走向分区的灰关联对比度增强算法，不同于传统的对比度增强算法中依靠增加邻域中心像素值与邻域的"平均边缘程度值"之间的差异的做法，本章指出，只是扩大中心像素值和邻域中与其不同属性区域像素均值的差异，就可以获得更加满意的效果。该方法中对比度函数的增强算法中的阈值是为了控制在图像中对比度增强的区域范围，也就是通过它来设定当图像中邻域窗口的中心像素值与不同属性区域像素均值的对比度达到一个什么样的程度时就需要对该区域实施对比度增强操作，否则作为平滑区域予以保持；基于灰熵的方法摆脱了前面方法需要人工设定阈值的局限，它通过自动计算邻域像素的灰熵值来测度该区域的边缘程度，并将该灰熵值作为指数参与对比度增强算子中，该方法中依然存在一个参数。如果前述的基于灰色关联分析的增强方法中的阈值是为了控制对比度增强的范围，则参数无疑是为了调节对比度增强的"强度"或者是"剧烈程度"，也就是在不同区域自适应地增强时也添加了一定的人为控制的因素。相比于灰熵调节的"半自动"方法，基于灰色预测的方法就是一种完全结合图像的纹理走向的特征和灰色预测的要求，自动实现对比度增强的一种方法。三种对比度增强方法各具特色，但是目前还处于探索的初级阶段，如何能进一步深层次结合灰色预测理论和图像对比度增强的特征实现路面图像的高效优质的增强，仍然需要我们继续努力去探讨。

第 9 章　若干值得进一步探讨的问题

　　路面图像裂缝检测技术是公路路面自动检测装置与算法中一个非常关键的环节。本书将灰色系统理论应用到路面图像的预处理与分割算法中，为路面图像裂缝检测技术的发展打开了一扇新的窗口，也为路面图像裂缝检测技术实现方式的多元化、多层次化和交叉化、综合化提供了契机，注入了新鲜的血液。同时，灰色系统理论与路面图像裂缝检测技术相融合，拓宽了灰色系统理论，特别是灰关联、灰熵、灰预测的应用范围，为灰色系统理论自身的成长与完善添加了活力，搭建了一座理论与实践的桥梁，激励我们去为灰色系统理论的实用化和丰富灰色系统理论的内涵而不懈努力。

　　本书从多个方面、多个层次研究了路面图像的灰色特性，阐明了灰色系统理论在路面图像裂缝检测中应用的合理性和优越性；综述了本研究领域的国内外的发展现状；阐述了路面自动检测装置的产生与发展状况，并对路面的去噪或滤波、增强、边缘检测等预处理与分割算法的概念、原理进行了说明；对灰色系统理论的发展概况进行了简介，特别介绍了本书所要用到的灰色关联、灰熵、灰色预测等理论知识。本书的主体是充分利用灰色关联分析、灰熵理论、灰色预测模型的基本原理分别对路面图像实施预处理与分割操作，分别提出了十几种路面图像的去噪或滤波、增强与边缘检测算法。

　　总体来说，本书从以下几个方面进行了重点探讨。

　　(1)对路面图像的预处理技术进行了研究。结合目前所提出的几种序列算子对图像的数据修补技术、数据值域的整体平移技术进行了探讨。从某种意义上来看，传统的图像均值滤波器、中值滤波器也可以看成一种灰色生成技术，因为经过均值滤波或中值滤波之后，图像的平滑度增加，这样有利于灰色建模。同时，在模糊对比度增强算法中，把整个图像值域整体直接映射到[0,1]的空间或向右平移一个单位后间接映射到(0,1]空间，以防止后面的灰色模型的计算中出现值域外溢或分母为零等病态情况，这也与灰色建模过程中数据预处理技术如出一辙。由此可见，图像系统本身也是灰色系统，对图像数据的预处理技术在很多方面与灰色建模的预处理技术是有一致性的。虽然目前只是对图像滤波或值域平移更换了灰生成算子(序列算子)的提法，但是这种观点一旦扩展开来，图像处理中的很多技术或技巧都可以是灰生成的一部分，同时灰色理论的很多概念、模型都可以应用到图像处理中，这样必将加快灰色理论与图像工程的融合，促进灰色理论与图像工程的发展。

　　(2)对图像灰色模型进行了研究。在分析和总结现有的灰色关联系数或灰色关联度的形式与用法的基础上，对模型进行了简化，提出了更适合图像数据建模的灰色图像关联系数和灰色图像关联度，以及以此为基础的灰色图像关联熵等概念，并且对图像灰色预测模型的概念进行了一定深度的挖掘和探索(目前尚没有建立明确的专门适用于图像处理的灰色预测模型概念)。

(3)建立了一系列以灰色关联度、灰熵、灰色预测模型为数学工具的图像滤波、对比度增强、边缘检测等算法。在这些算法中，提出了一些需要注意的问题：一是原始序列的选取数量与方式的问题。在图像邻域中可以围绕当前中心点以一定的顺序选取全部或部分像素点建立原始序列，也可以按照某种可能的纹理走向建立原始序列(对灰色关联分析而言，就是参考序列或比较序列)。这种序列的选取在灰色建模中非常关键，不同选取的方式直接影响灰色建模的可信度与可行性。二是灰色模型本身的种类的选取问题。目前已知的灰色关联分析模型有二十几种，本书所提到的灰色图像关联系数(或灰色图像关联度)都还只是浅层次的探索，相信后续随着灰色理论与图像工程的融合会有更多的适合图像数据建模的模型提出。目前灰色关联熵、灰色图像熵的形式或种类也还非常单一，图像灰色预测模型还有待于进一步探索。总之，灰色模型的具体形式也直接影响算法执行的效果或效率，也是图像处理中非常关键的一环，灰色图像模型的具体化、特殊化的程度也在一定的层面上反映了灰色理论与图像处理融合的深度与结合的紧密度，这也是图像灰色模型最本质的内容。三是灰色模型与其他数学工具或图像处理算法相结合的问题。目前已有把灰色理论与模糊数学、人工神经网络(本书未涉及，但是相关文献中已有此类做法的探讨)等方法进行二元或多元结合的复合算法。当前这些算法的结合也还处于浅层次的表面操作，也就是各种不同的方法在算法流程中相对独立地担任一个功能模块的结构，并不是一种深度融合的有机并行的处理方式。

灰色系统理论是 20 世纪 80 年代初由邓聚龙首创并在广大学者的长期不懈努力下发展起来的。迄今为止，也只不过二三十年的时间。在灰色系统理论中，从理论基础到应用实践都还处于探索和发展阶段，很多分支体系有待进一步完善。将灰色系统理论应用到图像处理中的时间也不长，本书将灰色系统理论应用到路面图像处理和裂缝检测中是一个大胆的尝试。它为路面图像的处理和进一步的裂缝检测指明了一个新方法、新途径。随着我国交通运输与道路养护事业的现代化发展，以及灰色系统理论在横向与纵向领域的深入发展与日趋成熟，基于灰色系统理论的路面图像裂缝检测等技术将会赢得一个更为广阔的发展前景。由于灰色系统理论诞生于中国并在中国蓬勃发展，众多优秀和勤奋的学者通过不懈的努力，奠定了中国在世界灰色系统理论研究领域的优势地位与强劲势头，将它应用到在中国发展相对落后的公路路面裂缝检测体系与算法中，对追赶与超越世界路面自动检测装置和技术的先进水平、推动我国交通道路维护现代化事业的发展，有着很大的意义。

由于作者的时间、知识、能力、视野有限，本书还有一些问题没有很好解决，有待广大同行与专家进一步的研究和探索。

(1)本书在研究基于灰色系统理论的路面图像裂缝检测算法中，只是研究了灰色关联分析、灰熵理论、灰色预测模型在路面图像的滤波、去噪、增强、边缘检测等方面的应用，而这些应用也只是路面图像获取后的一个初步预处理与分割操作，在整个路面图像裂缝检测技术流程中只是一个很小的环节(尽管是很重要的一个环节)。在路面图像处理的后期，如路面图像的裂缝种类的自动分类、裂缝尺度的自动测算、公路等级的自动评价等方面，本书并未涉及，这也是后续工作中值得研究的问题。

(2) 本书在算法设计部分很多都需要选取阈值。而阈值的设定对图像处理的效果来说是一个非常关键的环节。如果用计算机搜索的办法，则需要耗费不少程序运行时间，或者靠人工主观多次尝试手动选取又导致了算法执行的不稳定性和随意性，这两种方法都不是最明智的做法；在对公路路面的实时检测中，只有对获取的图像信息及时处理并做出自动判断才能满足实时控制的要求；在路面检测系统越来越高速和自动化的今天，靠计算机完整地搜索合适的阈值需要耗费大量的程序运行时间，降低程序运行效率，靠人工进行阈值判断更是缺乏现实基础。因此，结合灰色系统理论开辟一种新的自适应的快速阈值选取方法，实现机器的自动判断将是后续工作中需要攻克的难题。

(3) 模糊信息理论与灰色系统理论同属不确定性理论的范畴。本书将两个理论在算法的实现上进行了有益的结合，但是，这还只是两者浅层次的、表面的合作；如果能从理论上、从深层次上、从内涵上有机融合模糊信息理论的"模糊性"和灰色系统理论的"灰色性"，开辟出真正博采众长的"模糊灰色信息理论"，并指导于图像信息处理和路面裂缝检测，将在系统工程领域和图像信息处理领域有着重要的意义。

(4) 对灰色关联分析的探索，学术界从来就没有停止过。近年来，不断有各种不同的新的灰色关联模型被提出；对灰色关联模型建模的理论基础的争论也一直是热点问题。本书结合图像像素灰度特点，简化几何关联度，提出了灰色图像关联度；但是还没有从理论上给模型予以验证；如何结合路面图像的特征提出更有效的灰色关联分析模型用于度量路面图像像素纹理的相似性，将是一个很有意义的理论与实践相结合的综合问题；与香农熵、模糊熵存在多种应用形式一样，开辟出灰熵的多种实现形式也并不是一个不可企及的问题；在图像的预测处理中，本书应用了中间点作为初始条件的 $GM(1,1,C)$ 模型形式、终点固定的离散灰色预测模型形式。如果能结合路面图像特点，则从理论上给出其他有利于图像数据拟合和预测的特殊形式的灰色模型，将会对灰色预测理论在图像处理、裂缝检测中的应用产生深远的影响。

(5) 本书将灰色系统理论中的关联分析、灰熵和预测理论应用到路面图像处理中，只是抛砖引玉。灰色系统理论中的灰色聚类评估、灰色组合模型、灰色决策模型、灰色规划、灰色控制、灰色预测理论中的幂模型等，都有可能在路面图像信息处理或裂缝检测技术中大放异彩。如何挖掘它们的应用价值，实现与路面裂缝检测的"无缝连接"，将会是一件值得期待的事情。

(6) 微分方程是一个非常活跃的学科，在很多领域具有十分重要的应用[238-242]。基于偏微分方程的图像处理是图像处理领域中的一个重要分支。近年来，有关的内容日益成为相关领域研究人员关注的一个热点[243]。这方面最早的研究工作可以追溯到 Nagao 等[244]、Rudin[245]关于图像光滑和图像增强的研究以及 Koenderink 对于图像结构[246]的探索、图像处理和数学的其他分支，如数学形态学、图像水平线、图像形状等也为这个学科的形成注入了一定的内容。目前，基于偏微分方程的图像处理还衍生出许多分支，如动态边界、基于水平集(线)的图像处理、图像变型、图像模型的研究等。其中有些分支所采用的数学工具已经不完全局限于偏微分方程，有的研究甚至借用了视觉哲学的一些结论。但是，尽管如此，总体来说，基于偏微分方程的图像处理属于底层图像处理的范畴，其处理结果通常被当作中间结果供其他图像处理方法进一步使用[247]，因此将偏微分方程、灰色系统理论与图像处理技术结合起来，深刻地挖掘图像和图像处理的本质，并尝试将其理论结果应用到路面图像信息处理或裂缝检测技术中，这对于以实用为主的传统图像处理方法将是一种挑战。

参 考 文 献

[1] 邓聚龙. 灰理论基础[M]. 武汉: 华中科技大学出版社, 2002.

[2] 刘思峰, 杨英杰, 吴利丰. 灰色系统理论及其应用. 7版[M]. 北京: 科学出版社, 2014.

[3] 肖新平. 灰技术基础及其应用[M]. 北京: 科学出版社, 2005.

[4] 肖新平, 毛树华. 灰预测与决策方法[M]. 北京: 科学出版社, 2013.

[5] 谢乃明. 序列算子与灰色预测模型研究[D]. 南京: 南京航空航天大学, 2005.

[6] 关叶青. 基于序列算子的灰色预测模型研究与应用[D]. 南京: 南京航空航天大学, 2009.

[7] Ma M, Tian H, Hao C. Image denoising using grey relational analysis in spatial domain[C]. Proceedings of SPIE-the International Society for Optical Engineering, San Diego, 2005.

[8] 谢乃明. 灰色系统建模技术研究[D]. 南京: 南京航空航天大学, 2008.

[9] 张岐山, 李锡纯, 邓聚龙. 不确定型决策的灰熵方法[J]. 管理科学, 1995(6): 37-39.

[10] 张岐山, 邓聚龙. 灰关联熵分析方法[J]. 系统工程理论与实践, 1996, 16(8): 7-11.

[11] 王保平. 基于模糊技术的图像处理方法研究[D]. 西安: 西安电子科技大学, 2004.

[12] 陈利利. 基于多尺度图像分析的路面病害检测方法研究与分析[D]. 南京: 南京理工大学, 2009.

[13] Li L, Chan P, Rao A, et al. Flexible pavement distress evaluation using image analysis[C]// Applications of Advanced Technologies in Transportation Engineering, 1991: 473-477.

[14] Liu F, Xu G, Yang Y, et al. Novel approach to pavement cracking automatic detection based on segment extending[C]// International Symposium on Knowledge Acquisition and Modeling, 2008: 610-614.

[15] Grivas D A, Bhagvati C, Skolnick M M, et al. Feasibility of automating pavement distress assessment using mathematical morphology[J]. Transportation Research Record, 1994(1435): 52-58.

[16] Li L, Chan P, Lytton R L. Images detection of thin cracks on noisy pavement[J]. Transportation Research Record, 1991, 1311: 131-135.

[17] Huang Y, Xu B. Automatic inspection of pavement cracking distress[J]. Journal of Electronic Imaging, 2006, 15(1): 185-188.

[18] Ying L, Salari E. Beamlet transform based technique for pavement image processing and classification[C]//IEEE International Conference on Electro/Information Technology, 2009: 141-145.

[19] Sun Y, Salari E, Chou E. Automated pavement distress detection using advanced image processing techniques[C]// IEEE International Conference on Electro/Information Technology, 2009: 373-377.

[20]   王刚, 王娟, 王德华, 等. 基于 Contourlet 变换域统计模型的路面图像去噪算法[J]. 光电子·激光, 2009(10): 124-128.

[21]   李刚, 贺昱曜, 赵妍. 基于大津法和互信息量的路面破损图像自动识别算法[J]. 微电子学与计算机, 2009, 26(7): 241-243.

[22]   朱其刚, 刘明, 杨峰. 基于区域特征的路面裂缝图像滤噪算法[J]. 可编程控制器与工厂自动化, 2005(11): 118-120.

[23]   张宏, 英红. 沥青路面裂缝图像识别技术研究进展[J]. 华东公路, 2009(4): 81-84.

[24]   Jitprasithsiri S. Development of a New Digital Pavement Image Processing Algorithm for Unified Crack Index Computation[M]. Utah: The University of Utah, 1997.

[25]   谢昌荣, 张郭晶. 路面裂缝检测图像处理算法的研究[J]. 中外公路, 2009, 29(6): 112-115.

[26]   孙波成, 邱延峻. 路面裂缝图像处理算法研究[J]. 公路交通科技, 2008, 25(2): 64-68.

[27]   Meignen D, Bernadet M, Briand H. One application of neural networks for detection of defects using video data bases: identification of road distresses[C]//Proceedings of the Eighth International Workshop on Database and Expert Systems Applications, 1997: 459-464.

[28]   Cheng H D, Shi X J, Glazier C. Real-time image thresholding based on sample space reduction and interpolation approach[J]. Journal of Computing in Civil Engineering, 2003, 17(4): 264-272.

[29]   初秀民, 严新平, 陈先桥. 路面破损图像二值化方法研究[J]. 计算机工程与应用, 2008, 44(28): 161-165.

[30]   Teomete E, Amin V R, Ceylan H, et al. Digital image processing for pavement distress analyses[C]//Proceedings of the 2005 Mid-Continent Transportation Research Symposium, 2005: 13.

[31]   Koutsopoulos H N, Downey A B. Primitive-based classification of pavement cracking images[J]. Journal of Transportation Engineering, 1993, 119(3): 402-418.

[32]   赵明宇, 孙立军. 一种路面损坏状况的数字图像识别方法[J]. 交通信息与安全, 2007, 25(6): 13-15.

[33]   Georgopoulos A, Loizos A, Flouda A. Digital image processing as a tool for pavement distress evaluation[J]. ISPRS Journal of Photogrammetry and Remote Sensing, 1995, 50(1): 23-33.

[34]   李晋惠. 用图像处理的方法检测公路路面裂缝类病害[J]. 长安大学学报自然科学版, 2004, 24(3): 24-29.

[35]   陈先桥, 严新平, 初秀民. 用于带阴影路面图像增强的处理方法[J]. 计算机工程与应用, 2008, 44(33): 188-190.

[36]   Wang J, Wan Q, Huang A. A pavement distress survey algorithm with novel models and line points detection[C]//2009 2nd International Conference on Power Electronics and Intelligent Transportation System (PEITS), 2009, 2: 140-143.

[37]   Wei W, Liu B, Bai P. Automatic road crack image preprocessing for detection and identification[C]//The Second International Conference on Intelligent Networks and Intelligent Systems, 2009: 319-322.

[38] Zou Q, Cao Y, Li Q Q, et al. Crack tree: Automatic crack detection from pavement images. Pattern Recognition Letters, 2012, 33（3）: 227-238.

[39] Sorncharean S, Phiphobmongkol S. Crack detection on asphalt surface image using enhanced grid cell analysis[C]// The 4th IEEE International Symposium on Electronic Design, Test and Applications, 2008: 49-54.

[40] Ma C X, Zhao C X, Hou Y. Pavement distress detection based on nonsubsampled contourlet transform[C]//International Conference on Computer Science and Software Engineering, 2008, 1: 28-31.

[41] Li Q, Liu X. Novel approach to pavement image segmentation based on neighboring difference histogram method[C]//Image and Signal Processing, 2008, 2: 792-796.

[42] Ma B, Lakshmanan S, Hero A O. Pavement boundary detection via circular shape models[C]//Proceedings of the IEEE Intelligent Vehicles Symposium, 2000: 644-649.

[43] Ma B, Lakshmanan S, Hero A O. Simultaneous detection of lane and pavement boundaries using model-based multisensor fusion[J]. IEEE Transactions on Intelligent Transportation Systems, 2000, 1（3）: 135-147.

[44] Hou X D, Dong Y F, Guo H J, et al. The method of pavement image splicing based on SIFT algorithm[C]//WRI Global Congress on Intelligent Systems, 2009: 538-542.

[45] Pal S K, King R A. Image enhancement using fuzzy set[J]. Electronics Letters, 1980, 16（10）: 376-378.

[46] Pal S K, King R. Image enhancement using smoothing with fuzzy sets[J]. IEEE Transactions on Systems, Man and Cybernetics, 1981, 11（7）: 494-500.

[47] 李弼程, 郭志刚, 文超. 图像的多层次模糊增强与边缘提取[J]. 模糊系统与数学, 2000, 14（4）: 77-83.

[48] 闫茂德, 伯绍波, 李雪, 等. 一种自适应模糊的局部区域图像增强算法[C]//第 26 届中国控制会议论文集, 2007: 308-311.

[49] 付忠良. 图像阈值选取方法——Otsu 方法的推广[J]. 计算机应用, 2000, 20（5）: 37-39.

[50] 王保平, 刘升虎, 范九伦, 等. 基于模糊熵的自适应图像多层次模糊增强算法[J]. 电子学报, 2005, 33（4）: 730-734.

[51] 宋洁, 孙荣艳, 张永杰, 等. 基于金字塔和模糊聚类的路面图像拼接方法[J]. 河北工业大学学报, 2008, 37(5): 13-19.

[52] 杜文靖, 朱少辉, 刘玉臣. 高等级沥青公路路面裂缝图像处理技术[J]. 建设机械技术与管理, 2006, 19（3）: 65-68.

[53] 孙波成. 基于数字图像处理的沥青路面裂缝识别技术研究[D]. 成都: 西南交通大学, 2014.

[54] Cheng H D, Chen J R, Glazier C, et al. Novel approach to pavement cracking detection based on fuzzy set theory[J]. Journal of Computing in Civil Engineering, 1999, 13（4）: 270-280.

[55] Subirats P, Dumoulin J, Legeay V, et al. Automation of pavement surface crack detection using the

continuous wavelet transform[C]//2006 IEEE International Conference on Image Processing, 2006: 3037-3040.

[56] 左永霞. 高速公路路面破损图像识别技术研究[D]. 长春: 吉林大学, 2008.

[57] Zuo Y, Wang G, Zuo C. Wavelet packet denoising for pavement surface cracks detection[C]// International Conference on Computational Intelligence and Security, DBLP, 2008: 481-484.

[58] 初秀民, 王荣本, 储江伟, 等. 基于不变矩特征的沥青路面破损图像识别[J]. 吉林大学学报（工学版）, 2003, 33(1): 1-7.

[59] 王珣. 图像分割技术及其在路面开裂损坏识别中的应用[J]. 计算机工程, 2003, 29(17): 117-119.

[60] Kaseko M S, Ritchie S G. Pavement image processing using neural networks[C]//Applications of Advanced Technologies in Transportation Engineering, ASCE, 1991: 238-242.

[61] Chou J C, O'Neill W A, Cheng H D. Pavement distress classification using neural networks[C]//IEEE Transactions on Systems, Man, and Cybernetics, 1994, 1: 397-401.

[62] Xu G, Ma J, Liu F, et al. Automatic recognition of pavement surface crack based on BP neural network[C]//International Conference on Computer and Electrical Engineering, 2008: 19-22.

[63] 张雷, 肖梅, 马建, 等. 基于视觉模型的路面裂缝检测算法[J]. 长安大学学报（自然科学版）, 2009(5): 21-24.

[64] 闫茂德, 伯绍波, 贺昱曜. 一种基于形态学的路面裂缝图像检测与分析方法[J]. 图学学报, 2008, 29(2): 142-147

[65] 伯绍波, 闫茂德, 孙国军, 等. 沥青路面裂缝检测图像处理算法研究[J]. 微计算机信息, 2007, 23(15): 280-282.

[66] Perona P, Malik J. Scale-space and edge detection using anisotropic diffusion[J]. IEEE Transactions on Pattern Analysis and Machine Intelligence, 1990, 12(7): 629-639.

[67] Weickert J. Coherence-enhancing diffusion filtering[J]. International Journal of Computer Vision, 1999, 31(2): 111-127.

[68] Zuo Y, Wang G, Zuo C. A novel image segmentation method of pavement surface cracks based on fractal theory[C]//International Conference on Computational Intelligence and Security, 2008, 2: 485-488.

[69] Delagnes P, Barba D. A Markov random field for rectilinear structure extraction in pavement distress image analysis[C]//Proceedings International Conference on Image Processing, 1995, 1: 446-449.

[70] Li N, Hou X, Yang X, et al. Automation recognition of pavement surface distress based on support vector machine[C]//Intelligent Networks and Intelligent Systems, 2009: 346-349.

[71] 唐磊. 基于图像分析的路面病害自动检测[D]. 南京: 南京理工大学, 2007.

[72] 马常霞, 赵春霞, 胡勇, 等. 结合 NSCT 和图像形态学的路面裂缝检测[J]. 计算机辅助设计与图形学学报, 2009, 21(12): 1761-1767.

[73] 王士清, 韩力群. 用于公路路面状况自动检测的图像处理技术[J]. 科技情报开发与经济, 2003, 13(8): 167-169.

[74] 孙国栋, 赵大兴. 机器视觉检测理论与算法[M]. 北京: 科学出版社, 2015.

[75] 章毓晋. 清华大学电子与信息技术系列教材, 图象工程(上册)——图象处理和分析[M]. 北京: 清华大学出版社, 1999.

[76] 王耀南. 计算机图像处理与识别技术[M]. 北京: 高等教育出版社, 2001.

[77] 胡隽, 何辅云, 贺静. 灰色系统理论在图像处理中的应用[J]. 电视技术, 2003(7): 19-22.

[78] 马苗, 田红鹏, 张艳宁. 灰色理论在图像工程中的应用研究进展[J]. 中国图象图形学报, 2007, 12(11): 1943-1951.

[79] 路瑶, 王晶, 胡蕾. 灰色系统理论在图像处理中的应用综述[J]. 自动化技术与应用, 2007, 26(6): 49-52.

[80] 鲁胜强. 基于灰色系统理论的图像去噪算法研究[D]. 武汉: 武汉理工大学, 2007.

[81] 李雪莲. 灰色系统理论及其在医学图像处理中的应用[D]. 哈尔滨: 哈尔滨工程大学, 2005.

[82] 马苗, 张艳宁, 赵健. 灰色理论及其在图像工程中的应用[M]. 北京: 清华大学出版社, 2011.

[83] 魏丽, 陈丽宇. 关于一类新的广义灰色关联度[J]. 宁夏大学学报(自然科学版), 2007, 28(1): 22-24.

[84] 曹明霞, 党耀国, 张蓉, 等. 对灰色关联度计算方法的改进[J]. 统计与决策, 2007(7): 29-30.

[85] 东亚斌, 段志善. 灰色关联度分辨系数的一种新的确定方法[J]. 西安建筑科技大学学报(自然科学版), 2008, 40(4): 589-592.

[86] 田民, 刘思峰, 卜志坤. 灰色关联度算法模型的研究综述[J]. 统计与决策, 2008(1): 24-27.

[87] 田红鹏, 马苗. 灰色关联分析在工程图纸除噪预处理中的应用研究[J]. 计算机应用研究, 2007, 24(4): 198-200.

[88] 马苗, 樊养余, 谢松云, 等. 基于灰色系统理论的图象边缘检测新算法[J]. 中国图象图形学报, 2003, 8(10): 1136-1139.

[89] 郑子华, 陈家祯, 陈利永. 基于灰色绝对关联度的边缘检测算法[J]. 福建师范大学学报(自然科学版), 2004, 20(4): 20-23.

[90] 胡鹏, 傅仲良, 陈楠. 利用灰色理论进行图像边缘检测[J]. 武汉大学学报(信息科学版), 2006, 31(5): 411-414.

[91] 李俊峰, 杨瑷萍, 戴文战, 等. 基于灰色绝对关联度和LOG算子的图像边缘检测算法研究[C]// 中国控制会议论文集, 2007.

[92] 韩学平, 芮筱亭, 赵革. 多决策目标排序的层次分析与灰色关联法[J]. 火力与指挥控制, 2009, 34(9): 80-83.

[93] 陶剑锋. 基于灰色系统理论的数字图像处理算法研究[D]. 武汉: 武汉理工大学, 2004.

[94] 褚乃强. 基于灰色理论的图像边缘检测算法研究[D]. 武汉: 武汉理工大学, 2009.

[95] 冯冬竹, 阎杰. 一种基于灰关联分析的红外图像滤波算法[J]. 西北工业大学学报, 2006, 24(6): 709-712.

[96] 冯冬竹, 阎杰. 基于灰关联分析的红外图像边缘检测算法[J]. 红外技术, 2006, 28(3): 161-164.

[97] Ma M, Zhang Y, Sun L, et al. SAR image despeckling using grey system theory[C]// IEEE International Conference on Grey Systems and Intelligent Services, 2007: 458-462.

[98] Feng D, Yan J, Huang P. A novel de-noise method based on the grey relational analysis[C]// IEEE International Conference on Information Acquisition, 2006: 1385-1389.

[99] Feng D, Wang X, Liu Y. An edge detection method for Infrared image based on grey relational analysis[J]. Systems & Control in Aerospace & Astronautics, 2008: 1-5.

[100] Zhen Z, Gu Z, Liu Y. A novel fuzzy entropy image segmentation approach based on grey relational analysis[C]//IEEE International Conference on Grey Systems and Intelligent Services, 2007: 1019-1022.

[101] Liang L G, Qiang F U, Yong S, et al. Grey relational analysis model based on weighted entropy and its Application[J]. Journal of Water Resources & Water Engineering, 2006, 17(6): 5500-5503.

[102] 王博. 熵理论在证券投资中的模型及应用研究[D]. 合肥: 合肥工业大学, 2008.

[103] 程亮. 最大熵原理与最小熵方法在测量数据处理中的应用[D]. 成都: 电子科技大学, 2008.

[104] 周桂萍. 基于熵 AHP 法的经济发展评价[D]. 大连: 大连理工大学, 2007.

[105] 孙淑绒. 基于熵的深海资源图像处理算法研究与应用[D]. 长沙: 中南大学, 2008.

[106] 赵凤. 基于模糊熵理论的若干图象分割方法研究[D]. 西安: 西安邮电学院, 2007.

[107] 吴成茂. 模糊熵的修改及其在图像分割中的应用[J]. 微电子学与计算机, 2008, 25(1): 25-28.

[108] Zhang Q S, Han W Y, Deng J L. Information entropy of discrete grey number[J]. The Journal of Grey System, 1994, 6(4): 303-314.

[109] 王正新, 党耀国, 曹明霞. 基于灰熵优化的加权灰色关联度[J]. 系统工程与电子技术, 2010, 32(4): 774-776.

[110] 杨玉中, 吴立云, 张强. 基于灰熵的不确定型决策方法及其应用[J]. 工业工程与管理, 2006, 11(2): 92-94.

[111] 骆文辉, 杨建军. 基于灰熵方法的综合评估[J]. 指挥控制与仿真, 2008, 30(2): 74-77.

[112] 李朝霞, 牛文娟. 系统多层次灰色熵优选理论及其应用[J]. 系统工程理论与实践, 2007, 27(8): 49-55.

[113] Ma M, Zhang Y, Tian H, et al. A fast SAR image segmentation algorithm based on particle swarm optimization and grey entropy[C]// International Conference on Electronics, Communications and Control, 2012: 1376-1379.

[114] Ma L H, Yan H Z. Study on gray entropy comprehensive evaluation model of the economic benefit in mining enterprises[C]//The 2nd IEEE International Conference on Computer Science and Information Technology, 2009: 317-320.

[115] Yang Y, Wu L. Grey entropy method for green supplier selection[C]//Wireless Communications, Networking and Mobile Computing, 2007: 4682-4685.

[116] Guan Y, Liu S F. An approach of the grey modeling based on cotangent function transformation[C]//The 4th International Conference on Wireless Communications, Networking and Mobile Computing, 2008: 1-4.

[117] Boston N, Dabrowski W, Foguel T, et al. GM (1, 1) model and its application based on transformation function sinx[C]// Intelligent Control and Automation, 2006: 4682-4685.

[118] Xiao X P, Tong S K, Mao S H. Research on ill-conditioned problem in grey prediction control model[C]//Proceedings of 2004 International Conference on Machine Learning and Cybernetics, 2004, 4: 2010-2013.

[119] 毛树华. 灰色预测控制模型的病态性研究[D]. 武汉: 武汉理工大学, 2004.

[120] Yu D, Wei Y. New algorithms of initial development coefficients and optimization of grey model[C]// IEEE International Conference on Grey Systems and Intelligent Services, 2007: 602-606.

[121] Ji P, Luo X, Zou H. A study on properties of GM(1, 1) model and direct GM(1, 1) model[C]// IEEE International Conference on Grey Systems and Intelligent Services, 2007: 399-403.

[122] Li M L, Yong W, Dong Y Q. A new method to estimate parameter of grey model[C]// IEEE International Conference on Grey Systems and Intelligent Services, 2007: 619-623.

[123] Ping X L, Zhou R R, Liu S L. Two-dimensional data sequence and its grey generation[C]//IEEE International Conference on Systems, Man and Cybernetics, 2004, 3: 2425-2430.

[124] Li J, Yang A, Dai W, et al. New approach of building GM(1, 1) background value and its application[C]// IEEE International Conference on Automation and Logistics, 2007: 16-19.

[125] Zhang C, Dai W. Improvement of background value and its application in non-equidistance GM (1, 1) modeling[C]//Intelligent Control and Automation, 2008: 209-212.

[126] Xie S, Wang P, Xie Y. New image denoising algorithm based on improved grey prediction model[C]// Image and Signal Processing, 2008: 367-371.

[127] Li J F, Dai W Z. Research of image edge detection and application based on grey prediction model[C]// International Conference on Wavelet Analysis and Pattern Recognition, 2007: 286-291.

[128] Feng D, Wang X, Zhang B. A novel filter based on the grey modeling[C]// International Conference on Anti-Counterfeiting, Security and Identification, 2008: 249-253.

[129] Zhou Z, Zhang J. Object detection and tracking based on adaptive canny operator and GM(1, 1) model[C]// IEEE International Conference on Grey Systems and Intelligent Services, 2007: 434-439.

[130] 谢松云, 谢玉斌, 杨威, 等. 基于 GM(1, 1)图像边缘检测改进算法研究[J]. 西北工业大学学报, 2009, 27(6): 76-80.

[131] 谢松云, 张坤, 张海军. 基于灰预测的图象去噪新方法[J]. 微电子学与计算机, 2006, 23(12): 151-153.

[132] Wang Q, Wang T, Zhang K. Image edge detection based on the grey prediction model and discrete wavelet transform[J]. Kybernetes, 2012, 41(5/6): 643-654.

[133] Zhou Z, Zheng L, Xia J, et al. Image edge detection based on improved grey prediction model[J]. Journal of Computational Information Systems, 2010, 6(5): 1501-1507.

[134] 何靓俊. 基于图像处理的沥青路面裂缝检测系统研究[D]. 西安: 长安大学, 2008.

[135] 田恩杰. 高等级公路路面病害自动检测方法研究[D]. 长春: 吉林大学, 2007.

[136] 楼竞. 基于图像分析的路面病害检测方法与系统开发[D]. 南京: 南京理工大学, 2008.

[137] 张娟, 沙爱民, 孙朝云, 等. 路面裂缝自动识别的图像增强技术[J]. 中外公路, 2009, 29(4): 301-305.

[138] 王季方, 卢正鼎. 模糊控制中隶属度函数的确定方法[J]. 河南科学, 2000, 18(4): 348-351.

[139] 李刚. 基于灰色系统理论的路面图像裂缝检测算法研究[D]. 武汉: 武汉理工大学, 2010.

[140] 沈秀娥. 高等级公路沥青混凝土路面裂缝原因分析与防治措施[J]. 四川建材, 2009, 35(4): 47-48.

[141] 高建贞. 基于图像分析的道路病害自动检测研究[D]. 南京: 南京理工大学, 2003.

[142] 啜二勇. 国外路面自动检测系统发展综述[J]. 交通标准化, 2009(17): 96-99.

[143] 王弘宇, 马放, 杨开, 等. 灰色新陈代谢 GM(1, 1)模型在中长期城市需水量预测中的应用研究[J]. 武汉大学学报(工学版), 2004, 37(6): 32-35.

[144] 李宗营, 刘翔. 递归极大中值滤波器的图像处理[J]. 泰山学院学报, 2006, 28(6): 47-49.

[145] 薛寺中. 基于递归滤波的边缘检测算法[J]. 计算机应用, 2011, 31(11): 3018-3021.

[146] 唐磊, 赵春霞, 王鸿南, 等. 一种自适应路面图像模糊增强算法[J]. 光子学报, 2007, 36(10): 1943-1948.

[147] 刘开第, 庞彦军, 吴和琴, 等. 模糊隶属度定义中隐含的问题[J]. 系统工程理论与实践, 2000, 20(1): 110-112.

[148] 项翔, 陈鹏宇. 基于熵值法赋权的新灰色关联度量化模型[J]. 系统科学学报, 2014, 1: 66-70.

[149] 魏勇, 曾柯方. 关联度公理的简化与特殊关联的公理化定义[J]. 系统工程理论与实践, 2015(6): 1528-1534.

[150] 谢乃明, 刘思峰. 灰色几何关联度模型及其性质研究[A]. 中国高等科学技术中心, 2008: 7.

[151] 何仁贵, 黄登山, 陈金兵. 基于灰色预测模型的图像边缘检测[J]. 西北工业大学学报, 2005, 1: 15-18.

[152] 谢松云, 王鹏伟, 谢玉斌. 基于灰预测模型的图像边缘检测新方法研究[J]. 西北工业大学学报, 2008, 5: 603-606.

[153] Li G, Liu Z, Zheng L. Image edge detection algorithm based on GM (1, 1, C)[J]. Revista Tecnica de la Facultad de Ingenieria Universidad del Zulia, 2016, 39(8): 208-215

[154] 吴志川, 彭国华. 基于UGM灰预测模型的图像边缘提取算法[J]. 计算机工程与应用, 2012, 28: 214-217.

[155] 林涛, 吴镝, 灰色数列模型在图像边缘趋势预测中的应用[J]. 电子设计工程, 2012, 20(3): 134-136.

[156] 曾友伟, 杨恢先, 唐飞, 等. 基于灰色关联度改进的 Contourlet 变换图像去噪算法[J]. 计算机应用, 2013, 33(4): 1103-1107.

[157] 杨芳芳, 张有会, 王志巍, 等. 基于灰色绝对关联度的图像中值滤波算法[J]. 计算机应用, 2011, 31(12): 3357-3359.

[158] 黄春艳, 张云鹏, 黄红艳. 基于灰色关联度的图像混合噪声的自适应滤波算法[J]. 微电子学与计算机, 2010 (2): 126-128.

[159] 陶剑锋, 陈伏虎, 李方菊, 等. 基于灰色关联度的图像自适应加权均值滤波[J]. 声学与电子工程, 2006, 2: 15-17.

[160] 李艳玲, 黄春艳, 赵娟. 基于灰色关联度的图像自适应中值滤波算法[J]. 计算机仿真, 2010, 27(1): 238-240.

[161] Li G, Xiao X, Gui Y. A novel algorithm of image denoising based on the grey absolute relational analysis[C]//IEEE International Conference on Grey Systems and Intelligent Services (GSIS 2009), 2009: 181-185.

[162] 吴建华, 李迟生, 周卫星. 中值滤波与均值滤波的去噪性能比较[J]. 南昌大学学报(工科版), 1998(1): 32-35.

[163] 杨芳芳, 朱东升, 王志巍, 等. 利用灰色绝对关联分析的中值滤波方法研究[J]. 计算机工程与应用, 2013, 49(13): 160-164.

[164] 张素文, 褚乃强. 一种基于灰色关联度的椒盐噪声滤波算法[J]. 红外技术, 2008, 30(11): 651-654.

[165] 梅振国. 灰色绝对关联度及其计算方法[J]. 系统工程, 1992(5): 43-44.

[166] 赵敏, 龚声蓉, 高祝静. 基于灰色关联系数的混合噪声滤波算法[J]. 计算机工程与设计, 2014, 35(5): 1713-1716.

[167] Li G, Xiao X, Chen R. An Improved Image Denoising Algorithm Based on Grey Relational Analysis[C]// 分布式计算及其应用国际学术研讨会, 武汉, 2009.

[168] Li G. New weighted mean filtering algorithm for surface image based on grey entropy[J]. Sensors & Transducers, 2013, 161(12): 21-26.

[169] 马苗, 鹿艳晶, 张艳宁, 等. SAR 图像的二维灰熵模型快速分割方法[J]. 西安电子科技大学学报, 2009, 36(6): 1114-1119.

[170] Li G, Zheng L. An improved algorithm for image switch median filtering based on grey entropy and noise discrimination[J]. International Journal of Simulation: Systems, Science and Technology, 2016, 17(31): 38. 1-38. 7

[171] Zhang S, Karim M A. A new impulse detector for switching median filters[J]. IEEE Signal Processing Letters, 2002, 9(11): 360-363.

[172] 何仁贵. 灰色预测模型在数字图像处理中的应用[D]. 西安: 西北工业大学, 2005.

[173] 孟西西, 熊和金, 胡众义. 基于 GM(1, 1)-灰色 Verhulst 模型的图像去噪组合算法研究[J]. 华中师范大学学报(自然科学版), 2015, 49(1): 29-33.

[174] 彭文菁, 王洪涛. 一种基于 GM(1,1)模型的数字图像滤波算法[J]. 长江大学学报(自然科学版), 2010, 07(4): 87-89.

[175] 谢乃明, 刘思峰. 离散灰色模型的仿射特性研究[J]. 控制与决策, 2008, 23(2): 200-203.

[176] 王康泰, 戴文战. 一种基于 Sobel 算子和灰色关联度的图像边缘检测方法[J]. 计算机应用, 2006(5): 1035-1036, 1047.

[177] 石俊涛, 朱英, 楚晓丽, 等. 基于灰色关联度和 Prewitt 算子的边缘检测新方法[J]. 微计算机信息, 2010 (29): 214-216.

[178] 徐腊梅, 易春菊. 灰色系统理论在图像边缘检测中的应用研究[J]. 武汉大学学报(信息科学版), 2012, 37(8): 929-931.

[179] 桂预风, 吴建平. 基于 Laplacian 算子和灰色关联度的图像边缘检测方法[J]. 汕头大学学报(自然科学版), 2011, 26(2): 69-73.

[180] Gui Y, Su P, Chen X. Image segmentation based on genetic algorithms and grey relational analysis[J]. Journal of Grey System, 2016, 28(1): 45-51.

[181] 文永革, 何红洲, 李海洋. 一种改进的 Roberts 和灰色关联分析的边缘检测算法[J]. 图学学报, 2014(4): 637-642.

[182] 爨莹, 赵洋. 基于灰色关联分析和 Zernike 矩的图像亚像素边缘检测方法[J]. 科技创新与应用, 2015(4): 24.

[183] 薛文格, 邝天福. 基于 Krisch 算子和绝对关联度的图像边缘检测[J]. 计算机与数字工程, 2015, 43(10): 1880-1883.

[184] 周礼刚, 陈华友, 韩冰,等. 基于对数灰关联度的 IOWGA 算子最优组合预测模型[J]. 运筹与管理, 2010, 19(6):33-38.

[185] 钟都都, 闫杰. 基于灰色关联分析和 Canny 算子的图像边缘提取算法[J]. 计算机工程与应用, 2006(28): 68-71.

[186] 刘媛媛, 刘文波, 甄子洋, 等. 灰色关联度和模糊熵相结合的图像分割算法[J]. 光电子·激光, 2008, 19(9): 1250-1253.

[187] 梁娟, 李艳. 基于灰色关联分析和模糊推理的图像边缘检测[J]. 计算机与信息技术, 2010(4): 55-59.

[188] 齐英剑, 李青, 吴正朋. 基于灰色相对关联度的图像边缘检测算法[J]. 中国传媒大学学报(自然科学版), 2010(3): 46-49.

[189] 花兴艳, 吴宗佳. 基于绝对关联度的图像目标边缘提取方法[J]. 现代电子技术, 2014(12): 70-72.

[190] 高永丽, 薛文格. 基于灰色系统理论的绝对关联度图像边缘检测方法研究[J]. 楚雄师范学院学报, 2009, 24(6): 13-16.

[191] 周志刚, 桑农, 万立, 等. 利用灰色理论构造统计量进行图像边缘检测[J]. 系统工程与电子技术, 2013, 35(5): 1110-1114.

[192] 郑子华, 陈家桢, 钟跃康. 基于灰色加权绝对关联度的边缘检测算法[J]. 电脑知识与技术: 学术交流, 2006(7): 189-190.

[193] 高永丽, 薛文格. 一种基于邓氏关联度的图像边缘检测新方法[J]. 计算机系统应用, 2010, 19(2): 50-52, 151

[194] 李会鸽, 韩跃平, 郭静. 基于灰色简化 B 型关联度的图像边缘检测[J]. 红外技术, 2017(2): 163-167.

[195] 郭克冰. 基于灰色关联度的图像边缘检测的理论研究[D]. 开封: 河南大学, 2016.

[196] 薛文格. 基于灰色关联分析的图像边缘检测研究[D]. 昆明: 云南师范大学, 2008.

[197]　Li G, Fang Y, Tong Y L. Surface image edge detection algorithm based on grey relational analysis[C]//Advanced Materials Research Trans Tech Publications, 2012, 461: 343-346.

[198]　Li G. Surface image edge detection algorithm based on threshold selection via grey entropy[J]. International Journal of Applied Mathematics & Statistics, 2013, 50(20): 431-439.

[199]　Li G, Tong Y, Xiao X. New image edge detection approach by using grey entropy[C]// International Symposium on Knowledge Acquisition and Modeling, 2009: 209-212.

[200]　郭玉堂, 吕皖丽, 罗斌. 基于模糊熵和结构特征的边缘检测方法[J]. 华南理工大学学报（自然科学版）, 2008, 36(5): 89-94.

[201]　王铁鹏. 基于灰色系统理论的图像边缘检测应用研究[D]. 西安: 西安理工大学, 2012.

[202]　崔赫琳, 党正. 一种基于空域灰预测的边缘检测改进方法[J]. 电子设计工程, 2011, 19(17): 156-158.

[203]　Zhang J, Wu L. An improved method for image edge detection based on GM(1, 1) model[C]// International Conference on Artificial Intelligence and Computational Intelligence, 2009: 133-136.

[204]　张军. 灰色预测模型的改进及其应用[D]. 西安：西安理工大学, 2008.

[205]　陈戈珩, 潘晓旭, 杨林, 等. 基于改进灰色模型的前车检测与跟踪算法[J]. 长春工业大学学报, 2017, 38(1): 38-42.

[206]　周建. 公路隧道裂缝检测系统的研究与设计[D]. 西安: 西安建筑科技大学, 2016.

[207]　唐松云, 陈绵云. 插入值方法的灰色建模[J]. 武汉理工大学学报, 2005, 27(2): 87-89.

[208]　胡鹏, 付仲良, 李炳生. 基于灰预测模型的边缘检测新方法[J]. 计算机工程, 2006, 32(22): 175-177.

[209]　黄晨华, 谢存禧, 张铁. 基于灰模型白化响应的边缘检测算法[J]. 华南理工大学学报（自然科学版）, 2008, 36(8): 33-36.

[210]　刘思峰, 曾波, 刘解放, 等. GM(1, 1)模型的几种基本形式及其适用范围研究[J]. 系统工程与电子技术, 2014, 36(3): 501-508.

[211]　崔立志, 刘思峰. 基于数据变换技术的灰色预测模型[J]. 系统工程, 2010(5): 104-107.

[212]　刘艳莉, 陈燕, 桂志国. 基于灰阶熵的模糊对比度自适应图像增强算法[J]. 测试技术学报, 2012(5): 441-445.

[213]　张明慧, 张尧禹. 基于像素灰阶熵的自适应增强算法在乳腺 CR 图像中的应用[J]. 光学技术, 2010(1): 48-50.

[214]　Boudraa A O, Diop E H S. Image contrast enhancement based on 2D teager-kaiser operator[C]//The 15th IEEE International Conference on Image Processing, 2008: 3180-3183.

[215]　李久贤, 孙伟, 夏良正. 一种新的模糊对比增强算法[J]. 东南大学学报（自然科学版）, 2004, 34(5): 675-677.

[216]　王睿凯, 桂志国, 张权, 等. 基于模糊熵边缘信息同质性测度的对比度增强[J]. 中北大学学报（自然科学版）, 2014, 35(1): 76-82.

[217]　王睿凯. 基于模糊理论的图像对比度增强算法研究[D]. 太原: 中北大学, 2014.

[218] Gupta B, Tiwari M. A tool supported approach for brightness preserving contrast enhancement and mass segmentation of mammogram images using histogram modified grey relational analysis[J]. Multidimensional Systems and Signal Processing, 2016: 1-19.

[219] 高岚. 基于模糊边缘判决的自适应图像增强算法[D]. 武汉: 武汉科技大学, 2004.

[220] Beghdadi A, Le Negrate A. Contrast enhancement technique based on local detection of edges[J]. Computer Vision, Graphics, and Image Processing, 1989, 46(2): 162-174.

[221] 李刚. 数字图像的模糊增强方法[D]. 武汉: 武汉理工大学, 2005.

[222] Li G, Xiao X P, Tong Y L. Surface image local contrast enhancement based on texture discrimination via grey relational analysis[J]. Applied Mechanics & Materials, 2011: 1-4.

[223] Nakagawa Y, Rosenfeld A. A note on the use of local min and max operations in digital picture processing[R]. Maryland University College Park, Computer Science Center, 1977.

[224] 王晖, 张基宏. 图像边界检测的区域对比度模糊增强算法[J]. 电子学报, 2000, 28(1): 45-47.

[225] 马志峰, 史彩成. 自适应图像对比度模糊增强算法[J]. 激光与红外, 2006, 36(3): 231-233.

[226] Li G. Image contrast enhancement algorithm based on GM(1,1) and power exponential dynamic decision[J]. International Journal of Pattern Recognition & Artificial Intelligence, 2017, 32(2).

[227] Li G, Tong Y, Xiao X. Adaptive fuzzy enhancement algorithm of surface image based on local discrimination via grey entropy[J]. Procedia Engineering, 2011, 15: 1590-1594.

[228] Dash L, Chatterji B N. Adaptive contrast enhancement and de-enhancement[J]. Pattern Recognition, 1991, 24(4): 289-302.

[229] Dhawan A P, Buelloni G, Gordon R. Enhancement of mammographic features by optimal adaptive neighborhood image processing[J]. IEEE Transactions on Medical Imaging, 1986, 5(1): 8-15.

[230] Panda S P. Image contrast enhancement in spatial domain using fuzzy logic based interpolation method[C]//IEEE Students' Conference on Electrical, Electronics and Computer Science (SCEECS), 2016: 1-4.

[231] Kaur A, Girdhar A, Kanwal N. Region of interest based contrast enhancement techniques for CT images[C]//2016 Second International Conference on Computational Intelligence & Communication Technology (CICT), 2016: 60-63.

[232] Gazi P M, Aminololama-Shakeri S, Yang K, et al. Temporal subtraction contrast-enhanced dedicated breast CT[J]. Physics in Medicine and Biology, 2016, 61(17): 6322.

[233] Meena Prakash R, Shantha Selva Kumari R. Fuzzy C means integrated with spatial information and contrast enhancement for segmentation of MR brain images[J]. International Journal of Imaging Systems and Technology, 2016, 26(2): 116-123.

[234] Li G, Ren X W. Image local contrast enhancement algorithm based on grey entropy[J]. Revista Tecnica de la Facultad de Ingenieria Universidad del Zulia, 2016, 39(7): 175-182.

[235] 贾姗姗. 基于灰色系统理论的边缘检测算法的研究及应用[D]. 上海: 东华大学, 2014.

[236] 张玮琳. 灰色系统理论在图像去噪和边缘检测中的应用[D]. 西安: 西安理工大学, 2013.

[237] 李刚, 桂预风, 肖新平. 一种改进的基于模糊对比度的图像增强方法[J]. 湖北工业大学学报, 2008, 23(1): 76-78.

[238] 郑列. 一类粒子反应系统数学模型解的研究[J]. 应用数学与计算数学学报, 2004, 18(2): 24-36.

[239] 郑列. 离散的非线性爆炸方程的密度守恒解[J]. 应用数学, 2005, 18(1): 104-111.

[240] 郑列. 一类带有非线性爆炸的粒子增长的数学模型[J]. 数学的实践与认识, 2005, 35(4): 16-26.

[241] 郑列. 一类离散的非线性爆炸方程解的 ω 极限集[J]. 纯粹数学与应用数学, 2004, 20(4): 308-316.

[242] Zheng L. Asymptotic behavior of solutions to the nonlinear breakage equations[J]. Communications on Pure & Applied Analysis, 2005, 4(2): 463-473.

[243] 郑列, 朱永松. 数学模型[M]. 北京: 科学出版社, 2013.

[244] Nagao M, Matsuyama T. Edge preserving smoothing[J]. Computer Graphics & Image Processing, 1979, 9(4): 394-407.

[245] Rudin L I. Images, Numerical Analysis of Singularities and Shock Filters[D]. California: California Institute of Technology, 1987.

[246] Koenderink J J. The structure of images[J]. Biological Cybernetics, 1984, 50(5): 363-370.

[247] 张宣, 陈刚. 基于偏微分方程的图像处理[M]. 北京: 高等教育出版社, 2004.

附录 主要章节算法实现的 MATLAB 源程序核心代码

%6.1 基于灰色图像关联度的路面图像加权均值滤波算法

```
clear;clc;
close all;
I1=imread('cameraman.tif');
I0=double(I1);
figure(1);
imshow(I1);
str0='D:\matlab\专著算法源程序2017\6.1\A\实验图像\';
str1='1 原图像';
strext='.bmp';
g1=sprintf('%s%s%s',str0,str1,strext);
imwrite(I1,g1);
%加入噪声
z=0.40;
I2=imnoise(I1,'salt & pepper',z);
figure(2);
imshow(I2);
str2='2 噪声图像';
zaosheng=num2str(z);
g2=sprintf('%s%s%s%s',str0,str2,zaosheng,strext);
imwrite(I2,g2);
[m,n]=size(I2);
f=double(I2);
f3=f;
%均值滤波
for i=2:m-1
    for j=2:n-1
        f3(i,j)=mean([f(i-1,j-1) f(i-1,j) f(i-1,j+1) f(i,j-1) f(i,j)
 f(i,j+1) f(i+1,j-1) f(i+1,j) f(i+1,j+1)]);
    end
end
figure(3);
y3=uint8(round(f3));
```

```
imshow(y3)
str3='3 均值滤波';
g3=sprintf('%s%s%s%s',str0,str3,zaosheng,strext);
imwrite(y3,g3);
%峰值信噪比 PSNR
PSNR3=10*log10( (255*255*m*n)/ sum(sum((I0-f3).^2)) );
  %陶剑锋等邓氏关联度滤波算法
f4=f;
for i=2:m-1
   for j=2:n-1
   d=[f(i-1,j-1) f(i-1,j) f(i-1,j+1) f(i,j-1) f(i,j) f(i,j+1)
f(i+1,j-1) f(i+1,j) f(i+1,j+1)];
     v=mean(d);
     q1=d/v;
     q0=ones([1 9]);
     del=abs(q0-q1);
     M1=max(del);
     m1=min(del);
     p=0.5;
     if M1>0
     e=(m1+p*M1)./(del+p*M1);
     f4(i,j)=(d*e')/sum(e);
     end
       end
end
figure(4);
y4=uint8(round(f4));
imshow(y4)
str2='4 陶剑锋等灰关联滤波';
g4=sprintf('%s%s%s%s',str0,str2,zaosheng,strext);
imwrite(y4,g4);
PSNR4=10*log10( (255*255*m*n)/ sum(sum((I0-f4).^2)) );
  %李艳玲等邓氏关联度滤波算法
f5=f;
for i=2:m-1
   for j=2:n-1
   d=[f(i-1,j-1) f(i-1,j) f(i-1,j+1) f(i,j-1) f(i,j) f(i,j+1)
f(i+1,j-1) f(i+1,j) f(i+1,j+1)];
     v=median(d);
```

```
        q1=d;
        q0=v*ones([1 9]);
        del=abs(q0-q1);
        M1=max(del);
        m1=min(del);
        p=0.5;
        if M1>0
        e=(m1+p*M1)./(del+p*M1);
        f5(i,j)=(d*e')/sum(e);
        end
            end
end
figure(5);
y5=uint8(round(f5));
imshow(y5)
str2='5 李艳玲等灰关联滤波';
g5=sprintf('%s%s%s%s',str0,str2,zaosheng,strext);
imwrite(y5,g5);
PSNR5=10*log10( (255*255*m*n)/ sum(sum((I0-f5).^2)) );
 % 灰色图像关联度滤波算法
f6=f;
for i=2:m-1
    for j=2:n-1
    %采用滤波窗口左上角的已经滤波的新数据
  d=[f6(i-1,j-1) f6(i-1,j) f6(i-1,j+1) f6(i,j-1) f(i,j) f(i,j+1)
f(i+1,j-1) f(i+1,j) f(i+1,j+1)];
        %不采用滤波窗口左上角的已经滤波的新数据
%    d=[f(i-1,j-1) f(i-1,j) f(i-1,j+1) f(i,j-1) f(i,j) f(i,j+1)
f(i+1,j-1) f(i+1,j) f(i+1,j+1)];
                v=median(d);
            de=abs(v-d);
                del=1./(1+de);
        [p1,p2]=sort(del);
        k1=[del(p2(7)) del(p2(8)) del(p2(9))];
        k2=[d(p2(7)) d(p2(8)) d(p2(9))];
        f6(i,j)=(k1*k2')/sum(k1);
    end
end
figure(6);
```

```
y6=uint8(round(f6));
imshow(y6)
str2='6 新算法';
g6=sprintf('%s%s%s%s',str0,str2,zaosheng,strext);
imwrite(y6,g6);
PSNR6=10*log10( (255*255*m*n)/ sum(sum((I0-f6).^2)) );
PSNR=[PSNR3 PSNR4 PSNR5 PSNR6]
```

%6.2 基于灰关联噪声自适应判别的路面图像去噪算法

```
clear;clc;close all;
%I1=imread('cameraman.tif');
I1=imread('D:\matlab\专著算法源程序 2017\6.2\原路面图像.bmp');
I0=double(I1);
%I1=imread('liewen3.jpg');
figure(1);
imshow(I1);
str0='D:\matlab\专著算法源程序 2017\6.2\B\路面图像\';
str1='1 原图像';
strext='.bmp';
g1=sprintf('%s%s%s',str0,str1,strext);
imwrite(I1,g1);
%加入噪声
z=0.20;
I2=imnoise(I1,'salt & pepper',z);
%I2=I1;
figure(2);
imshow(I2);
str2='2 噪声图像';
zaosheng=num2str(z);
g2=sprintf('%s%s%s%s',str0,str2,zaosheng,strext);
imwrite(I2,g2);
[m,n]=size(I2);
f=double(I1);
Tab=ones([m n]);
f3=f;
%均值滤波
for i=2:m-1
    for j=2:n-1
        f3(i,j)=mean( [f(i-1,j-1) f(i-1,j) f(i-1,j+1) f(i,j-1) f(i,j)
```

```
    f(i,j+1)  f(i+1,j-1)  f(i+1,j)  f(i+1,j+1)]);
    end
end
figure(3);
y3=uint8(round(f3));
imshow(y3)
str3='3 均值滤波';
g3=sprintf('%s%s%s%s',str0,str3,zaosheng,strext);
imwrite(y3,g3);
PSNR3=10*log10( (255*255*m*n)/ sum(sum((I0-f3).^2)) );
%陶剑锋等邓氏关联度滤波算法
f4=f;
for i=2:m-1
    for j=2:n-1
    d=[f(i-1,j-1)  f(i-1,j)  f(i-1,j+1)  f(i,j-1)  f(i,j)  f(i,j+1)
f(i+1,j-1)  f(i+1,j)  f(i+1,j+1)];
    v=mean(d);
    q1=d/v;
    q0=ones([1 9]);
    del=abs(q0-q1);
    M1=max(del);
    m1=min(del);
    p=0.5;
    if M1>0
    e=(m1+p*M1)./(del+p*M1);
    f4(i,j)=(d*e')/sum(e);
    end
        end
end
figure(4);
y4=uint8(round(f4));
imshow(y4)
str2='4 陶剑锋等灰关联滤波';
g4=sprintf('%s%s%s%s',str0,str2,zaosheng,strext);
imwrite(y4,g4);
PSNR4=10*log10( (255*255*m*n)/ sum(sum((I0-f4).^2)) );
%冯冬竹等提出的灰色绝对关联度滤波算法
T=zeros([256 256]);
for i=2:m-1
```

```
    for j=2:n-1
      x1=[f(i,j-1) f(i,j) f(i,j+1)];
      x2=[f(i-1,j) f(i,j) f(i+1,j)];
      x3=[f(i-1,j-1) f(i,j) f(i+1,j+1)];
      x4=[f(i-1,j+1) f(i,j) f(i+1,j-1)];
    r1=0.5*(1/(1+abs(x1(2)-x1(1)))+1/(1+abs(x1(3)-x1(2))));
    r2=0.5*(1/(1+abs(x2(2)-x2(1)))+1/(1+abs(x2(3)-x2(2))));
    r3=0.5*(1/(1+abs(x3(2)-x3(1)))+1/(1+abs(x3(3)-x3(2))));
    r4=0.5*(1/(1+abs(x4(2)-x4(1)))+1/(1+abs(x4(3)-x4(2))));
    T(i,j)=min([r1 r2 r3 r4]);
    end
end
Tmin=min(min(T(2:m-1,2:n-1)));
Tmax=max(max(T(2:m-1,2:n-1)));
t=0;
for Th=Tmin:0.006:Tmax
f5=f;
t=t+1;
 for i=2:m-1
    for j=2:n-1
    if Th>T(i,j)
      d=[f(i-1,j-1) f(i-1,j) f(i-1,j+1) f(i,j-1) f(i,j) f(i,j+1)
f(i+1,j-1) f(i+1,j) f(i+1,j+1)];
      f5(i,j)=mean(d);
    end
    end
 end
P(t)=10*log10( (255*255*m*n)/ sum(sum((I0-f5).^2)));
end
[PSNR5,k]=max(P);
Th=Tmin+0.006*(k-1);
f5=f;
for i=2:m-1
    for j=2:n-1
        if Th>T(i,j)
            d=[f(i-1,j-1) f(i-1,j) f(i-1,j+1) f(i,j-1) f(i,j)
f(i,j+1) f(i+1,j-1) f(i+1,j) f(i+1,j+1)];
            f5(i,j)=mean(d);
        end
```

```
        end
    end
figure(5);
y5=uint8(round(f5));
imshow(y5)
str2='5 冯冬竹等灰色绝对关联滤波算法';
g5=sprintf('%s%s%s%s',str0,str2,zaosheng,strext);
imwrite(y5,g5);
PSNR5=10*log10( (255*255*m*n)/ sum(sum((I0-f5).^2)) );
%灰关联噪声判决的自适应图像滤波算法
f6=f;
Tab=ones([256 256]);
for i=2:m-1
    for j=2:n-1
        d=[f(i-1,j-1) f(i-1,j) f(i-1,j+1) f(i,j-1) f(i,j) f(i,j+1)
f(i+1,j-1) f(i+1,j) f(i+1,j+1)];
        v=median(d);
        q=ones([1 9]);
        q1=v*q;
        de=abs(d-q1);
        del=1./(1+de);
        [p1,p2]=sort(del);
        if (p1(1)==del(5))|(p1(2)==del(5))|(p1(3)==del(5))
            Tab(i,j)=0;
        end
    end
end
for i=2:m-1
    for j=2:n-1
        if Tab(i,j)==0
            r=[Tab(i-1,j-1) Tab(i-1,j) Tab(i-1,j+1) Tab(i,j-1)
Tab(i,j) Tab(i,j+1) Tab(i+1,j-1) Tab(i+1,j) Tab(i+1,j+1)];
            u=find(r==1);
            if length(u)>=1
            d=[f(i-1,j-1) f(i-1,j) f(i-1,j+1) f(i,j-1) f(i,j) f(i,j+1)
f(i+1,j-1) f(i+1,j) f(i+1,j+1)];
        v=median(d);
        q=ones([1 9]);
        q1=v*q;
```

```
            de=abs(d-q1);
            del=1./(1+de);
            f6(i,j)=(del.*r)*d'/sum(del.*r);
                elseif (length(u)==0)&(i~=1)&(i~=2)&(i~=m)&(i~=m-1)
    &(j~=1) &(j~=2)&(j~=n)&(j~=n-1)
                h=[   f(i-2,j-2) f(i-2,j-1) f(i-2,j) f(i-2,j+1)
    f(i-2,j+2)...
                    f(i-1,j-2) f(i-1,j-1) f(i-1,j) f(i-1,j+1)
    f(i-1,j+2)...
                    f(i,j-2) f(i,j-1) f(i,j) f(i,j+1) f(i,j+2)...
                    f(i+1,j-2) f(i+1,j-1) f(i+1,j) f(i+1,j+1)
    f(i+1,j+2)...
                    f(i+2,j-2) f(i+2,j-1) f(i+2,j) f(i+2,j+1)
    f(i+2,j+2) ];
            f6(i,j)=median(h);
                end
            end
        end
end
figure(6);
y6=uint8(round(f6));
imshow(y6)
str2='6 新算法';
g6=sprintf('%s%s%s%s',str0,str2,zaosheng,strext);
imwrite(y6,g6);
PSNR6=10*log10( (255*255*m*n)/ sum(sum((I0-f6).^2)) );
PSNR=[PSNR3 PSNR4 PSNR5 PSNR6]
```

%6.3 基于灰熵的路面图像加权均值滤波算法

```
clear;clc;close all;
I1=imread('cameraman.tif');
I0=double(I1);
figure(1);
imshow(I1);
str0='D:\matlab\专著算法源程序 2017\6.3\A\';
str1='1 原图像';
strext='.bmp';
g1=sprintf('%s%s%s',str0,str1,strext);
imwrite(I1,g1);
```

```
z=0.05;
I2=imnoise(I1,'salt & pepper',z);
%I2=imnoise(I1,'gaussian',0,z);
figure(2);
imshow(I2);
str2='2 噪声图像';
zaosheng=num2str(z);
g2=sprintf('%s%s%s%s',str0,str2,zaosheng,strext);
imwrite(I2,g2);
[m,n]=size(I2);
f=double(I2);
 f3=f;
for i=2:m-1
   for j=2:n-1
    f3(i,j)=mean([f(i-1,j-1) f(i-1,j) f(i-1,j+1) f(i,j-1) f(i,j)
f(i,j+1) f(i+1,j-1) f(i+1,j) f(i+1,j+1)]);
   end
end
y3=uint8(round(f3));
figure(3);
imshow(y3);
str3='3 传统均值滤波';
g3=sprintf('%s%s%s%s',str0,str3,zaosheng,strext);
imwrite(y3,g3);
PSNR3=10*log10( (255*255*m*n)/ sum(sum((I0-f3).^2)) );
f4=f;
for i=2:m-1
   for j=2:n-1
    d=[f(i-1,j-1) f(i-1,j) f(i-1,j+1) f(i,j-1) f(i,j) f(i,j+1)
f(i+1,j-1) f(i+1,j) f(i+1,j+1)];
    v=mean(d);
    d0=d/v;
    q1=ones([1 9]);
    del=abs(d0-q1);
    M1=max(del);
    m1=min(del);
    p=0.5;
    if M1~=0
    e=(m1+p*M1)./(del+p*M1);
```

```
            f4(i,j)=(d*e')/sum(e);
        end
        end
end
figure(4);
y4=uint8(round(f4));
imshow(y4)
str4='4 传统灰关联滤波';
g4=sprintf('%s%s%s',str0,str4,zaosheng,strext);
imwrite(y4,g4);
PSNR4=10*log10( (255*255*m*n)/ sum(sum((I0-f4).^2)) );
 f5=f;
g=f+1;
for i=2:m-1
    for j=2:n-1
        d=[g(i-1,j-1) g(i-1,j) g(i-1,j+1) g(i,j-1) g(i,j) g(i,j+1)
g(i+1,j-1) g(i+1,j) g(i+1,j+1)];
    v=median(d);
    a1=[d(1)  v];b1=a1/sum(a1);
    a2=[d(2)  v];b2=a2/sum(a2);
    a3=[d(3)  v];b3=a3/sum(a3);
    a4=[d(4)  v];b4=a4/sum(a4);
    a5=[d(5)  v];b5=a5/sum(a5);
    a6=[d(6)  v];b6=a6/sum(a6);
    a7=[d(7)  v];b7=a7/sum(a7);
    a8=[d(8)  v];b8=a8/sum(a8);
    a9=[d(9)  v];b9=a9/sum(a9);
    c1=-log(b1)*b1';
     c2=-log(b2)*b2';
      c3=-log(b3)*b3';
       c4=-log(b4)*b4';
        c5=-log(b5)*b5';
         c6=-log(b6)*b6';
          c7=-log(b7)*b7';
           c8=-log(b8)*b8';
            c9=-log(b9)*b9';
    s=[c1 c2 c3 c4 c5 c6 c7 c8 c9];
    d1=[f(i-1,j-1) f(i-1,j) f(i-1,j+1) f(i,j-1) f(i,j) f(i,j+1)
f(i+1,j-1) f(i+1,j) f(i+1,j+1)];
```

```
      f5(i,j)=d1*s'/sum(s);
   end
end
 figure(5);
y5=uint8(round(f5));
imshow(y5)
str5='5 灰熵滤波（不含递归）';
g5=sprintf('%s%s%s',str0,str5,zaosheng,strext);
imwrite(y5,g5);
PSNR5=10*log10( (255*255*m*n)/ sum(sum((I0-f5).^2)) ) ;
 f6=f;
g=f+1;
for i=2:m-1
   for j=2:n-1
       d=[g(i-1,j-1) g(i-1,j) g(i-1,j+1) g(i,j-1) g(i,j) g(i,j+1)
g(i+1,j-1) g(i+1,j) g(i+1,j+1)];
      v=median(d);
      a1=[d(1) v];b1=a1/sum(a1);
      a2=[d(2) v];b2=a2/sum(a2);
      a3=[d(3) v];b3=a3/sum(a3);
      a4=[d(4) v];b4=a4/sum(a4);
      a5=[d(5) v];b5=a5/sum(a5);
      a6=[d(6) v];b6=a6/sum(a6);
      a7=[d(7) v];b7=a7/sum(a7);
      a8=[d(8) v];b8=a8/sum(a8);
      a9=[d(9) v];b9=a9/sum(a9);
      c1=-log(b1)*b1';
       c2=-log(b2)*b2';
        c3=-log(b3)*b3';
         c4=-log(b4)*b4';
          c5=-log(b5)*b5';
           c6=-log(b6)*b6';
            c7=-log(b7)*b7';
             c8=-log(b8)*b8';
              c9=-log(b9)*b9';
      s=[c1 c2 c3 c4 c5 c6 c7 c8 c9];
      %嵌入递归算法
      d1=[f6(i-1,j-1) f6(i-1,j) f6(i-1,j+1) f6(i,j-1) f(i,j) f(i,j+1)
f(i+1,j-1) f(i+1,j) f(i+1,j+1)];
```

```
    f6(i,j)=d1*s'/sum(s);
    end
end
 figure(6);
y6=uint8(round(f6));
imshow(y6)
str6='6 灰熵滤波（含递归）';
g6=sprintf('%s%s%s',str0,str6,zaosheng,strext);
imwrite(y6,g6);
PSNR6=10*log10( (255*255*m*n)/ sum(sum((I0-f6).^2)) ) ;
PSNR=[PSNR3 PSNR4 PSNR5 PSNR6]
```

%6.4 基于灰熵噪声判别的路面图像开关中值滤波算法

```
clear;clc;close all;
%I1=imread('cameraman.tif');
I1=imread('D:\matlab\专著算法源程序 2017\6.4\原路面图像.bmp');
I0=double(I1);
figure(1);
imshow(I1);
str0='D:\matlab\专著算法源程序 2017\6.4\A\';
str1='1 原图像';
strext='.bmp';
g1=sprintf('%s%s%s',str0,str1,strext);
imwrite(I1,g1);
 %加入噪声
z=0.2;
I2=imnoise(I1,'salt & pepper',z);
%I2=imnoise(I1,'gaussian',0,z);
figure(2);
imshow(I2);
str2='2 噪声图像';
zaosheng=num2str(z);
g2=sprintf('%s%s%s%s',str0,str2,zaosheng,strext);
imwrite(I2,g2);
[m,n]=size(I2);
f=double(I1);
 %均值滤波
f3=f;
for i=2:m-1
```

```
    for j=2:n-1
     f3(i,j)=mean([f(i-1,j-1) f(i-1,j) f(i-1,j+1) f(i,j-1) f(i,j)
f(i,j+1) f(i+1,j-1) f(i+1,j) f(i+1,j+1)]);
    end
end
y3=uint8(round(f3));
figure(3);
imshow(y3);
str3='3 传统均值滤波';
g3=sprintf('%s%s%s%s',str0,str3,zaosheng,strext);
imwrite(y3,g3);
PSNR3=10*log10( (255*255*m*n)/ sum(sum((I0-f3).^2)) );
 %传统灰关联加权均值滤波
f4=f;
for i=2:m-1
    for j=2:n-1
     d=[f(i-1,j-1) f(i-1,j) f(i-1,j+1) f(i,j-1) f(i,j) f(i,j+1)
f(i+1,j-1) f(i+1,j) f(i+1,j+1)];
     v=mean(d);
     d0=d/v;
     q1=ones([1 9]);
     del=abs(d0-q1);
     M1=max(del);
     m1=min(del);
     p=0.5;
    if  M1~=0
    e=(m1+p*M1)./(del+p*M1);
     f4(i,j)=(d*e')/sum(e);
    end
    end
end
figure(4);
y4=uint8(round(f4));
imshow(y4)
str4='4 传统灰关联滤波';
g4=sprintf('%s%s%s%s',str0,str4,zaosheng,strext);
imwrite(y4,g4);
PSNR4=10*log10( (255*255*m*n)/ sum(sum((I0-f4).^2)) );
%中值滤波
```

```
f5=f;
for i=2:m-1
    for j=2:n-1
    d=[f(i-1,j-1) f(i-1,j) f(i-1,j+1) f(i,j-1) f(i,j) f(i,j+1)
f(i+1,j-1) f(i+1,j) f(i+1,j+1)];
        f5(i,j)=median(d);
    end
end
figure(5);
y5=uint8(round(f5));
imshow(y5)
str5='5 传统中值滤波';
g5=sprintf('%s%s%s%s',str0,str5,zaosheng,strext);
imwrite(y5,g5);
PSNR5=10*log10( (255*255*m*n)/ sum(sum((I0-f5).^2)) );
%基于灰熵噪声判别的开关中值滤波
g=f/255;
H=zeros([m n]);
for i=2:m-1
    for j=2:n-1
        d=[g(i-1,j-1) g(i-1,j) g(i-1,j+1) g(i,j-1) g(i,j) g(i,j+1)
g(i+1,j-1) g(i+1,j) g(i+1,j+1)];
        v=median(d);
        x0=[v v v];
        x1=[g(i,j-1) g(i,j) g(i,j+1)];
        x2=[g(i-1,j) g(i,j) g(i+1,j)];
        x3=[g(i-1,j-1) g(i,j) g(i+1,j+1)];
        x4=[g(i+1,j-1) g(i,j) g(i-1,j+1)];
        x5=[g(i,j+1) g(i,j) g(i-1,j-1)];
        x6=[g(i,j+1) g(i,j) g(i+1,j-1)];
        x7=[g(i,j-1) g(i,j) g(i-1,j+1)];
        x8=[g(i,j-1) g(i,j) g(i+1,j+1)];
        x9=[g(i+1,j) g(i,j) g(i-1,j-1)];
        x10=[g(i+1,j) g(i,j) g(i-1,j+1)];
        x11=[g(i-1,j) g(i,j) g(i+1,j-1)];
        x12=[g(i-1,j) g(i,j) g(i+1,j+1)];
        x13=[g(i-1,j) g(i,j) g(i,j+1)];
        x14=[g(i+1,j) g(i,j) g(i,j+1)];
        x15=[g(i,j-1) g(i,j) g(i+1,j)];
```

```
x16=[g(i,j-1) g(i,j) g(i-1,j)];
del1=abs(x0-x1);
del2=abs(x0-x2);
del3=abs(x0-x3);
del4=abs(x0-x4);
del5=abs(x0-x5);
del6=abs(x0-x6);
del7=abs(x0-x7);
del8=abs(x0-x8);
del9=abs(x0-x9);
del10=abs(x0-x10);
del11=abs(x0-x11);
del12=abs(x0-x12);
del13=abs(x0-x13);
del14=abs(x0-x14);
del15=abs(x0-x15) ;
del16=abs(x0-x16);
k1=1./(1+del1);
k2=1./(1+del2);
k3=1./(1+del3);
k4=1./(1+del4);
k5=1./(1+del5);
k6=1./(1+del6);
k7=1./(1+del7);
k8=1./(1+del8);
k9=1./(1+del9);
k10=1./(1+del10);
k11=1./(1+del11);
k12=1./(1+del12);
k13=1./(1+del13);
k14=1./(1+del14);
k15=1./(1+del15);
k16=1./(1+del16);
 e1=k1./sum(k1);
 e2=k2./sum(k2);
 e3=k3./sum(k3);
 e4=k4./sum(k4);
 e5=k5./sum(k5);
 e6=k6./sum(k6);
```

```
        e7=k7./sum(k7);
        e8=k8./sum(k8);
        e9=k9./sum(k9);
        e10=k10./sum(k10);
        e11=k11./sum(k11);
        e12=k12./sum(k12);
        e13=k13./sum(k13);
        e14=k14./sum(k14);
        e15=k15./sum(k15);
        e16=k16./sum(k16);
        h1=-e1*(log(e1))';
        h2=-e2*(log(e2))';
        h3=-e3*(log(e3))';
        h4=-e4*(log(e4))';
        h5=-e5*(log(e5))';
        h6=-e6*(log(e6))';
        h7=-e7*(log(e7))';
        h8=-e8*(log(e8))';
        h9=-e9*(log(e9))';
        h10=-e10*(log(e10))';
        h11=-e11*(log(e11))';
        h12=-e12*(log(e12))';
        h13=-e13*(log(e13))';
        h14=-e14*(log(e14))';
        h15=-e15*(log(e15))';
        h16=-e16*(log(e16))';
%当噪声密度很低时，这里可以采用最大值滤波
 % H(i,j)=max([h1 h2 h3 h4 h5 h6 h7 h8 h9 h10 h11 h12 h13 h14 h15 h16]);
%当噪声密度升高时，这里可以采用中值函数
        H(i,j)=median([h1 h2 h3 h4 h5 h6 h7 h8 h9 h10 h11 h12 h13 h14
h15 h16]);
        end
end
 Tmin=min(min(H(2:m-1,2:n-1)));
Tmax=max(max(H(2:m-1,2:n-1)));
t=0;
for Th=Tmin:0.0003:Tmax
t=t+1;
f6=f;
```

```
for i=2:m-1
    for j=2:n-1
    d6=[f(i-1,j-1) f(i-1,j) f(i-1,j+1) f(i,j-1) f(i,j) f(i,j+1)
f(i+1,j-1) f(i+1,j) f(i+1,j+1)];
    if (Th>=H(i,j))&((Th<H(i-1,j-1))|(Th<H(i-1,j))|(Th<H(i-1,
j+1))|(Th<H(i,j-1))|(Th<H(i,j+1))|(Th<H(i+1,j-1))|(Th<H(i+1,j))|
(Th<H(i+1,j+1)))
        f6(i,j)=median(d6);
            elseif (Th>=H(i,j))&((Th>=H(i-1,j-1))&(Th>=H(i-1,j))
&(Th>=H(i-1,j+1))&(Th>=H(i,j-1))&(Th>=H(i,j+1)) &(Th>=H(i+1,j-1))
&(Th>=H(i+1,j))&(Th>=H(i+1,j+1)))&(i~=2)&(i~=m-1)&(j~=2)&(j~=n-1)
                f6(i,j)=median([f(i-2,j-2) f(i-2,j-1) f(i-2,j) f(i-2,j+1)
f(i-2,j+2)...
                f(i-1,j-2) f(i-1,j-1)  f(i-1,j) f(i-1,j+1) f(i-1,j+2)...
                f(i,j-2) f(i,j-1) f(i,j)  f(i,j+1) f(i,j+2)...
                f(i+1,j-2)  f(i+1,j-1)  f(i+1,j) f(i+1,j+1)  f(i+1,j+2)...
                f(i+2,j-2)  f(i+2,j-1) f(i+2,j) f(i+2,j+1) f(i+2,j+2)]);
            end
    end
end
P(t)=10*log10( (255*255*m*n)/ sum(sum((I0-f6).^2)));
end
[PSNR6,k]=max(P)
Th=Tmin+0.0003*(k-1)
f6=f;

for i=2:m-1
    for j=2:n-1
        d6=[f(i-1,j-1) f(i-1,j) f(i-1,j+1) f(i,j-1) f(i,j) f(i,j+1)
f(i+1,j-1) f(i+1,j) f(i+1,j+1)];
        if (Th>=H(i,j))&((Th<H(i-1,j-1))|(Th<H(i-1,j))|(Th<H(i-1,
j+1))|(Th<H(i,j-1))|(Th<H(i,j+1))|(Th<H(i+1,j-1))|(Th<H(i+1,j))|
(Th<H(i+1,j+1)))
    f6(i,j)=median(d6);
            elseif (Th>=H(i,j))&(Th>=H(i-1,j-1))&(Th>=H(i-1,j))
&(Th>=H(i-1,j+1))&(Th>=H(i,j-1))&(Th>=H(i,j+1))&(Th>=H(i+1,j-1))
&(Th>=H(i+1,j))&(Th>=H(i+1,j+1))&(i~=2)&(i~=m-1)&(j~=2)&(j~=n-1)
                f6(i,j)=median([f(i-2,j-2)  f(i-2,j-1) f(i-2,j)
f(i-2,j+1) f(i-2,j+2)...
```

```
                    f(i-1,j-2) f(i-1,j-1)  f(i-1,j) f(i-1,j+1) f(i-1,j+2)...
                 f(i,j-2) f(i,j-1) f(i,j)  f(i,j+1) f(i,j+2)...
                 f(i+1,j-2)  f(i+1,j-1)  f(i+1,j) f(i+1,j+1)
     f(i+1,j+2)...
                 f(i+2,j-2)  f(i+2,j-1)  f(i+2,j) f(i+2,j+1)
     f(i+2,j+2)]);
         end
      end
end
figure(6);
y6=uint8(round(f6));
imshow(y6)
str6='6 灰熵噪声判别的滤波算法';
g6=sprintf('%s%s%s%s',str0,str6,zaosheng,strext);
imwrite(y6,g6);
PSNR6=10*log10( (255*255*m*n)/ sum(sum((I0-f6).^2)) );
PSNR=[PSNR3 PSNR4 PSNR5 PSNR6]
```

%6.5 基于灰色预测模型的路面图像复合滤波算法

```
clear;clc;close all;
I1=imread('cameraman.tif');
I0=double(I1);
figure(1);
imshow(I1);
str0='D:\matlab\专著算法源程序 2017\6.5\A\';
str1='1 原图像';
strext='.bmp';
g1=sprintf('%s%s%s',str0,str1,strext);
imwrite(I1,g1);
%加入噪声
z=0.40;
I2=imnoise(I1, 'salt & pepper',z);
figure(2);
imshow(I2);
str2='2 噪声图像';
zaosheng=num2str(z);
strext='.bmp';
g2=sprintf('%s%s%s%s',str0,str2,zaosheng,strext);
imwrite(I2,g2);
```

```matlab
[m,n]=size(I2);
f=double(I2);
 f3=f;
%均值滤波
for i=2:m-1
    for j=2:n-1
        f3(i,j)=mean([f(i-1,j-1) f(i-1,j) f(i-1,j+1) f(i,j-1) f(i,j)
f(i,j+1) f(i+1,j-1) f(i+1,j) f(i+1,j+1)]);
    end
end
figure(3);
y3=uint8(round(f3));
imshow(y3)
str3='3 均值滤波';
g3=sprintf('%s%s%s%s',str0,str3,zaosheng,strext);
imwrite(y3,g3);
PSNR3=10*log10( (255*255*m*n)/ sum(sum((I0-f3).^2)) );
f4=f;
%中值滤波
for i=2:m-1
    for j=2:n-1
        f4(i,j)=median( [f(i-1,j-1) f(i-1,j) f(i-1,j+1) f(i,j-1)
f(i,j) f(i,j+1) f(i+1,j-1) f(i+1,j) f(i+1,j+1)]);
    end
end
figure(4);
y4=uint8(round(f4));
imshow(y4)
str4='4 中值滤波';
g4=sprintf('%s%s%s%s',str0,str4,zaosheng,strext);
imwrite(y4,g4);
PSNR4=10*log10( (255*255*m*n)/ sum(sum((I0-f4).^2)) );
 f5=f;
%何仁贵的图像滤波算法
for i=2:m-1
    for j=2:n-1
        if (f5(i,j)==0)|(f5(i,j)==255)
        A=[f5(i-1,j-1);
            f5(i-1,j-1)+f5(i-1,j);
```

```
          f5(i-1,j-1)+f5(i-1,j)+f5(i-1,j+1);
          f5(i-1,j-1)+f5(i-1,j)+f5(i-1,j+1)+f5(i,j+1);
          f5(i-1,j-1)+f5(i-1,j)+f5(i-1,j+1)+f5(i,j+1)+f5(i+1,j+1);
          f5(i-1,j-1)+f5(i-1,j)+f5(i-1,j+1)+f5(i,j+1)+f5(i+1,
    j+1)+f5(i+1,j);
          f5(i-1,j-1)+f5(i-1,j)+f5(i-1,j+1)+f5(i,j+1)+f5(i+1,
    j+1)+f5(i+1,j)+f5(i+1,j-1);
          f5(i-1,j-1)+f5(i-1,j)+f5(i-1,j+1)+f5(i,j+1)+f5(i+1,
    j+1)+f5(i+1,j)+f5(i+1,j-1)+f5(i,j-1)];
        B=[-0.5*(A(1)+A(2)),1;
        -0.5*(A(2)+A(3)),1;
        -0.5*(A(3)+A(4)),1;
        -0.5*(A(4)+A(5)),1;
        -0.5*(A(5)+A(6)),1;
        -0.5*(A(6)+A(7)),1;
        -0.5*(A(7)+A(8)),1];
        F=[f5(i-1,j);f5(i-1,j+1);f5(i,j+1);f5(i+1,j+1);f5(i+1,j);
    f5(i+1,j-1);f5(i,j-1)];
        C=B'*B;
        D=pinv(C);
        E=D*B'*F;
        if E(1)~=0
        G=(A(1)-E(2)/E(1))*exp(-8*E(1))+E(2)/E(1);
        T=(A(1)-E(2)/E(1))*exp(-7*E(1))+E(2)/E(1);
        f5(i,j)=G-T;
        end
      end;
  end;
end
y5=uint8(round(f5));
figure(5);
imshow(y5);
str5='5 何仁贵灰色预测滤波';
strext='.bmp';
g5=sprintf('%s%s%s%s',str0,str5,zaosheng,strext);
imwrite(y5,g5);
PSNR5=10*log10( (255*255*m*n)/ sum(sum((I0-f5).^2)) );
  %基于灰色预测模型的复合滤波算法
f6=f;
```

```matlab
for i=2:m-1
for j=2:n-1
    xx=[f6(i-1,j-1) f6(i-1,j) f6(i-1,j+1) f6(i,j+1) f6(i+1,j+1)
f6(i+1,j) f6(i+1,j-1) f6(i,j-1) f6(i,j)];
    s=sort(xx);
    if ((f6(i,j)==s(4))|(f6(i,j)==s(5))|(f6(i,j)==s(6)))&(f6(i,j)~=
s(1))&(f6(i,j)~=s(9))
            f6(i,j)=f6(i,j);
    elseif ((f6(i,j)==s(4))|(f6(i,j)==s(5))|(f6(i,j)==s(6)))
&((f6(i,j)==s(1))|(f6(i,j)==s(9)))&(i~=2)&(i~=m-1)&(j~=2)
&(j~=n-1)
            f6(i,j)=median([f6(i-2,j-2) f6(i-2,j-1) f6(i-2,j)
f6(i-2,j+1) f6(i-2,j+2)...
                f6(i-1,j-2) f6(i-1,j-1) f6(i-1,j) f6(i-1,j+1)
f6(i-1,j+2)...
                f6(i,j-2) f6(i,j-1) f6(i,j) f6(i,j+1) f6(i,j+2)...
                f6(i+1,j-2) f6(i+1,j-1) f6(i+1,j) f6(i+1,j+1)
f6(i+1,j+2)...
                f6(i+2,j-2) f6(i+2,j-1) f6(i+2,j) f6(i+2,j+1)
f6(i+2,j+2)]);
    elseif ((f6(i,j)~=s(4))&(f6(i,j)~=s(5))&(f6(i,j)~=s(6)))
&((f6(i,j)==s(1))|(f6(i,j)==s(2))|(f6(i,j)==s(8))|(f6(i,j)==s(9)))
            x0=s(3:7);
 x1=[x0(1);
   x0(1)+x0(2);
   x0(1)+x0(2)+x0(3);
   x0(1)+x0(2)+x0(3)+x0(4);
   x0(1)+x0(2)+x0(3)+x0(4)+x0(5)];
z=0.5*[x1(1)+x1(2) x1(2)+x1(3) x1(3)+x1(4) x1(4)+x1(5)];
P=sum([x1(1)+x1(2) x1(2)+x1(3) x1(3)+x1(4) x1(4)+x1(5) ]);
M=-0.5*P/4;
rou=sqrt(4/sum([(z(1)+M).^2 (z(2)+M).^2 (z(3)+M).^2 (z(4)+M).^2 ]));
y1=rou*(x1+M);
zy=rou*z+rou*M;
Y=[x0(2);x0(3);x0(4); x0(5)];
YN=Y*rou;
B=[-zy(1),1;
   -zy(2),1;
   -zy(3),1;
```

```
        -zy(4),1];
C=B'*B;
D=pinv(C);
E=D*(B')*YN;
f6(i,j)=(((1-0.5*E(1))/(1+0.5*E(1))).^2)*x0(1);
p=1;
if E(1)==0
    f6(i,j)=mean(xx);
else
    t3=(y1(1)-E(2)/E(1))*exp(-E(1)*2/p)+E(2)/E(1);tt3=t3/rou-M;
    t2=(y1(1)-E(2)/E(1))*exp(-E(1)*1/p)+E(2)/E(1);tt2=t2/rou-M;
      f6(i,j)=tt3-tt2;
      end
    end
end
end
y6=uint8(round(f6));
figure(6);
imshow(y6);
str6='6 改进的灰色预测滤波';
strext='.bmp';
g6=sprintf('%s%s%s%s',str0,str6,zaosheng,strext);
imwrite(y6,g6);
PSNR6=10*log10( (255*255*m*n)/ sum(sum((I0-f6).^2)) );
PSNR=[PSNR3 PSNR4 PSNR5 PSNR6]
```

%7.1 基于灰色系统理论的路面图像边缘检测算法

```
clear;clc;close all;
I1=imread('cameraman.tif');
%I1=imread('D:\matlab\专著算法源程序 2017\7.1\1 原路面图像.bmp');
figure(1);
imshow(I1);
str0='D:\matlab\专著算法源程序 2017\7.1\A\';
str1='1 原图像';
strext='.bmp';
g1=sprintf('%s%s%s',str0,str1,strext);
imwrite(I1,g1);
 %四大传统边缘检测算子
B2=edge(I1,'prewitt');
```

```
B3=edge(I1,'roberts');
B4=edge(I1,'canny');
B5=edge(I1,'log');
 figure(2);
imshow(B2);
str2='2Prewitt';
g2=sprintf('%s%s%s',str0,str2,strext);
imwrite(B2,g2);
figure(3);
imshow(B3);
str3='3Roberts';
g3=sprintf('%s%s%s',str0,str3,strext);
imwrite(B3,g3);
 figure(4);
imshow(B4);
str4='4Canny';
g4=sprintf('%s%s%s',str0,str4,strext);
imwrite(B4,g4);
figure(5);
imshow(B5);
str5='5Log';
g5=sprintf('%s%s%s',str0,str5,strext);
imwrite(B5,g5);
 [m,n]=size(I1);
f=double(I1);
sh=ones([m,n]);
for i=2:m-1
    for j=2:n-1
    d=[f(i-1,j-1) f(i-1,j) f(i-1,j+1) f(i,j-1) f(i,j) f(i,j+1)
f(i+1,j-1) f(i+1,j) f(i+1,j+1)];
    v=mean(d);
    del=abs(d-v);
     e0=1./(1+del);
    sh(i,j)=mean(e0);
    end
end

p1=min(min(sh(2:m-1,2:n-1)));
p2=max(max(sh(2:m-1,2:n-1)));
```

```
z=5;
for k=p1:0.02:p2;
    Tag=(sh<k);
    z=z+1
    %  figure(z);
    Y1=uint8(Tag*255);
 % imshow(Y1)
  B=num2str(z);
  strB=B;
g5=sprintf('%s%s%s',str0,strB,strext);
imwrite(Y1,g5);
end
```

%7.2 基于灰关联熵阈值选取的路面图像边缘检测算法

```
 clear;clc;close all;
I1=imread('cameraman.tif');
figure(1);
imshow(I1);
str0='D:\matlab\专著算法源程序2017\7.2\A\';
str1='1 原图像';
strext='.bmp';
g1=sprintf('%s%s%s',str0,str1,strext);
imwrite(I1,g1);
B2=edge(I1,'prewitt');
B3=edge(I1,'roberts');
B4=edge(I1,'canny');
B5=edge(I1,'log');
 figure(2);
imshow(B2);
str2='2Prewitt';
g2=sprintf('%s%s%s',str0,str2,strext);
imwrite(B2,g2);
 figure(3);
imshow(B3);
str3='3Roberts';
g3=sprintf('%s%s%s',str0,str3,strext);
imwrite(B3,g3);
 figure(4);
imshow(B4);
```

```
str4='4Canny';
g4=sprintf('%s%s%s',str0,str4,strext);
imwrite(B4,g4);
figure(5);
imshow(B5);
str5='5Log';
g5=sprintf('%s%s%s',str0,str5,strext);
imwrite(B5,g5);
 [m,n]=size(I1);
f=double(I1);
sh=ones([m,n]);
 for i=2:m-1
    for j=2:n-1
     d=[f(i-1,j-1) f(i-1,j) f(i-1,j+1) f(i,j-1) f(i,j+1) f(i+1,j-1)
f(i+1,j)  f(i+1,j+1)];
     v=f(i,j);
     del=abs(d-v)/255;
     e=1./(1+del);
     e1=e/sum(e);
     sh(i,j)=-e1*(log(e1))';
     end
end
p1=min(min(sh(2:m-1,2:n-1)));
p2=max(max(sh(2:m-1,2:n-1)));
z=5;
for k=p1:0.0005:p2;
    Tag=(sh<k);
    z=z+1;
  % figure(z);
    Y1=uint8(Tag*255);
  %imshow(Y1)
  B=num2str(z);
   strB=B;
g5=sprintf('%s%s%s',str0,strB,strext);
imwrite(Y1,g5);
End
```

%7.3 基于局部纹理分析与灰熵判别的路面图像边缘检测算法
```
clear;clc;close all;
```

```matlab
I1=imread('cameraman.tif');
 str0='D:\matlab\专著算法源程序 2017\7.3\A\';
str1='1 原图像';
strext='.bmp';
g1=sprintf('%s%s%s',str0,str1,strext);
imwrite(I1,g1);
B2=edge(I1,'prewitt');
B3=edge(I1,'roberts');
B4=edge(I1,'canny');
B5=edge(I1,'log');
 figure(2);
imshow(B2);
str2='2Prewitt';
g2=sprintf('%s%s%s',str0,str2,strext);
imwrite(B2,g2);
figure(3);
imshow(B3);
str3='3Roberts';
g3=sprintf('%s%s%s',str0,str3,strext);
imwrite(B3,g3);
figure(4);
imshow(B4);
str4='4Canny';
g4=sprintf('%s%s%s',str0,str4,strext);
imwrite(B4,g4);
figure(5);
imshow(B5);
str5='5Log';
g5=sprintf('%s%s%s',str0,str5,strext);
imwrite(B5,g5);
[m,n]=size(I1);
f=double(I1);
sh=ones([m,n]);
 for i=2:m-1
    for j=2:n-1
       q1=ones([16 3]);
      x0=f(i,j)*q1;
       x1=[f(i,j-1) f(i,j) f(i,j+1)%1
        f(i-1,j) f(i,j) f(i+1,j)  %2
```

```
            f(i-1,j-1)  f(i,j)  f(i+1,j+1)%3
            f(i+1,j-1)  f(i,j)  f(i-1,j+1)%4
            f(i,j-1)  f(i,j)  f(i-1,j+1)%5
            f(i,j-1)  f(i,j)  f(i+1,j+1)%6
            f(i-1,j)  f(i,j)  f(i+1,j-1)%7
            f(i-1,j)  f(i,j)  f(i+1,j+1)%8
            f(i-1,j-1)  f(i,j)  f(i,j+1)%9
            f(i+1,j-1)  f(i,j)  f(i,j+1)%10
            f(i-1,j-1)  f(i,j)  f(i+1,j)%11
            f(i-1,j+1)  f(i,j)  f(i+1,j)%12
            f(i,j-1)  f(i,j)  f(i-1,j)%13
            f(i-1,j)  f(i,j)  f(i,j+1)%14
            f(i+1,j)  f(i,j)  f(i,j+1)%15
            f(i,j-1)  f(i,j)  f(i+1,j)];%16
del=abs(x1-x0);
e=1./(1+del/255);
e1=e(1,:)/sum(e(1,:));
e2=e(2,:)/sum(e(2,:));
e3=e(3,:)/sum(e(3,:));
e4=e(4,:)/sum(e(4,:));
    e5=e(5,:)/sum(e(5,:));
e6=e(6,:)/sum(e(6,:));
e7=e(7,:)/sum(e(7,:));
e8=e(8,:)/sum(e(8,:));
    e9=e(9,:)/sum(e(9,:));
e10=e(10,:)/sum(e(10,:));
e11=e(11,:)/sum(e(11,:));
e12=e(12,:)/sum(e(12,:));
  e13=e(13,:)/sum(e(13,:));
e14=e(14,:)/sum(e(14,:));
e15=e(15,:)/sum(e(15,:));
e16=e(16,:)/sum(e(16,:));
  h1=-log(e1)*e1';
  h2=-log(e2)*e2';
    h3=-log(e3)*e3';
      h4=-log(e4)*e4';
  h5=-log(e5)*e5';
  h6=-log(e6)*e6';
    h7=-log(e7)*e7';
```

```
            h8=-log(e8)*e8';
         h9=-log(e9)*e9';
          h10=-log(e10)*e10';
           h11=-log(e11)*e11';
            h12=-log(e12)*e12';
            h13=-log(e13)*e13';
          h14=-log(e14)*e14';
           h15=-log(e15)*e15';
           h16=-log(e16)*e16';
           h=[h1 h2 h3 h4 h5 h6 h7 h8 h9 h10 h11 h12 h13 h14 h15 h16];
           [w1,w2]=max(h);
           [w3,w4]=min(h);
           sh(i,j)=w1-w3;
       end
end
 p1=min(min(sh(2:m-1,2:n-1)));
p2=max(max(sh(2:m-1,2:n-1)));
z=5;
for k=p1:0.001:p2
    Tag=(sh>k);
    z=z+1
    k
  % figure(z);
   Y6=uint8(Tag*255);
  %imshow(Y1)
  B=num2str(z);
  strB=B;
g6=sprintf('%s%s%s',str0,strB,strext);
imwrite(Y6,g6);
end


%7.4 基于GM(1,1,C)的路面图像边缘检测算法
clear;clc;close all;
I1=imread('cameraman.tif');
figure(1);
imshow(I1);
 str0='D:\matlab\专著算法源程序 2017\7.4\A\';
str1='1 原图像';
strext='.bmp';
```

```
g1=sprintf('%s%s%s',str0,str1,strext);
imwrite(I1,g1);
B2=edge(I1,'prewitt');
B3=edge(I1,'roberts');
B4=edge(I1,'canny');
B5=edge(I1,'log');
figure(2);
imshow(B2);
str2='2Prewitt';
g2=sprintf('%s%s%s',str0,str2,strext);
imwrite(B2,g2);
 figure(3);
imshow(B3);
str3='3Roberts';
g3=sprintf('%s%s%s',str0,str3,strext);
imwrite(B3,g3);
 figure(4);
imshow(B4);
str4='4Canny';
g4=sprintf('%s%s%s',str0,str4,strext);
imwrite(B4,g4);
 figure(5);
imshow(B5);
str5='5Log';
g5=sprintf('%s%s%s',str0,str5,strext);
imwrite(B5,g5);
[m,n]=size(I1);
f=double(I1);
T=ones([m,n]);
 for i=2:m-1
    for j=2:n-1
        %s0=[I1(i,j) I1(i,j) I1(i,j)];
        s1=[f(i,j-1) 0.5*(f(i,j-1)+f(i,j)) f(i,j) 0.5*(f(i,j)
+f(i,j+1)) f(i,j+1)];
        s2=[f(i-1,j) 0.5*(f(i-1,j)+f(i,j)) f(i,j) 0.5*(f(i,j)
+f(i+1,j)) f(i+1,j)];
        s3=[f(i-1,j-1) 0.5*(f(i-1,j-1)+f(i,j)) f(i,j) 0.5*(f(i,j)
+f(i+1,j+1)) f(i+1,j+1)];
        s4=[f(i-1,j+1) 0.5*(f(i-1,j+1)+f(i,j)) f(i,j) 0.5*(f(i,j)
```

```
+f(i+1,j-1))  f(i+1,j-1)];

     t1=[s1(1)  s1(1)+s1(2)  s1(1)+s1(2)+s1(3)  s1(1)+s1(2)+s1(3)
+s1(4)  s1(1)+s1(2)+s1(3)+s1(4)+s1(5)];
     t2=[s2(1)  s2(1)+s2(2)  s2(1)+s2(2)+s2(3)  s2(1)+s2(2)+s2(3)
+s2(4)  s2(1)+s2(2)+s2(3)+s2(4)+s2(5)];
     t3=[s3(1)  s3(1)+s3(2)  s3(1)+s3(2)+s3(3)  s3(1)+s3(2)+s3(3)
+s3(4)  s3(1)+s3(2)+s3(3)+s3(4)+s3(5)];
     t4=[s4(1)  s4(1)+s4(2)  s4(1)+s4(2)+s4(3)  s4(1)+s4(2)+s4(3)
+s4(4)  s4(1)+s4(2)+s4(3)+s4(4)+s4(5)];

     T1=0.5*[t1(1)+t1(2)  t1(2)+t1(3)  t1(3)+t1(4)  t1(4)+t1(5)];
     T2=0.5*[t2(1)+t2(2)  t2(2)+t2(3)  t2(3)+t2(4)  t2(4)+t2(5)];
     T3=0.5*[t3(1)+t3(2)  t3(2)+t3(3)  t3(3)+t3(4)  t3(4)+t3(5)];
     T4=0.5*[t4(1)+t4(2)  t4(2)+t4(3)  t4(3)+t4(4)  t4(4)+t4(5)];

     yn1=[s1(2)  s1(3)  s1(4)  s1(5)]';
     yn2=[s2(2)  s2(3)  s2(4)  s2(5)]';
     yn3=[s3(2)  s3(3)  s3(4)  s3(5)]';
     yn4=[s4(2)  s4(3)  s4(4)  s4(5)]';
     b1=[-T1(1) 1;
         -T1(2) 1;
         -T1(3) 1;
         -T1(4) 1];
     b2=[-T2(1) 1;
         -T2(2) 1;
         -T2(3) 1;
         -T2(4) 1];
     b3=[-T3(1) 1;
         -T3(2) 1;
         -T3(3) 1;
         -T3(4) 1];
     b4=[-T4(1) 1;
         -T4(2) 1;
         -T4(3) 1;
         -T4(4) 1];
     c1= inv(b1'*b1);
     c2= inv(b2'*b2);
     c3= inv(b3'*b3);
```

```
       c4= inv(b4'*b4);
      p1=c1*b1'*yn1;
      p2=c2*b2'*yn2;
      p3=c3*b3'*yn3;
      p4=c4*b4'*yn4;

      xx1(1)=(( (1+0.5*p1(1))/(1-0.5*p1(1)) ).^2)*s1(3); xx1(5)=
(( (1-0.5*p1(1))/(1+0.5*p1(1)) ).^2)*s1(3);
      xx2(1)=(( (1+0.5*p2(1))/(1-0.5*p2(1)) ).^2)*s2(3); xx2(5)=
(( (1-0.5*p2(1))/(1+0.5*p2(1)) ).^2)*s2(3);
      xx3(1)=(( (1+0.5*p2(1))/(1-0.5*p2(1)) ).^2)*s2(3); xx3(5)=
(( (1-0.5*p2(1))/(1+0.5*p2(1)) ).^2)*s2(3);
      xx4(1)=(( (1+0.5*p2(1))/(1-0.5*p2(1)) ).^2)*s2(3); xx4(5)=
(( (1-0.5*p2(1))/(1+0.5*p2(1)) ).^2)*s2(3);
      e1=xx1(1)+xx1(5)-s1(1)-s1(5);
      e2=xx2(1)+xx2(5)-s2(1)-s2(5);
      e3=xx3(1)+xx3(5)-s3(1)-s3(5);
      e4=xx4(1)+xx4(5)-s4(1)-s4(5);
       v=[e1 e2 e3 e4];
      T(i,j)=max(v)-min(v);
   end
end
p1=min(min(T(2:m-1,2:n-1)));
p2=max(max(T(2:m-1,2:n-1)));
z=5;
for k=p1:10:p2;
   Tag=(T>k);
   z=z+1;
    figure(z);
   Y6=uint8(Tag*255);
  imshow(Y6)
  B=num2str(z);
  K=num2str(k);
g6=sprintf('%s%s%s%s%s%s',str0,B,'th=',K,strext);
imwrite(Y6,g6);
end
```

%7.5 不同灰色预测模型在路面图像边缘检测中的应用与比较分析

```
clear;clc;close all;
```

```
I1=imread('cameraman.tif');
figure(1);
imshow(I1);
str0='D:\matlab\专著算法源程序2017\7.5\A\';
str1='1原图像';
strext='.bmp';
g1=sprintf('%s%s%s',str0,str1,strext);
imwrite(I1,g1);
B2=edge(I1,'prewitt');
B3=edge(I1,'roberts');
B4=edge(I1,'canny');
B5=edge(I1,'log');
figure(2);
imshow(B2);
str2='2Prewitt';
g2=sprintf('%s%s%s',str0,str2,strext);
imwrite(B2,g2);
figure(3);
imshow(B3);
str3='3Roberts';
g3=sprintf('%s%s%s',str0,str3,strext);
imwrite(B3,g3);
figure(4);
imshow(B4);
str4='4Canny';
g4=sprintf('%s%s%s',str0,str4,strext);
imwrite(B4,g4);
figure(5);
imshow(B5);
str5='5Log';
g5=sprintf('%s%s%s',str0,str5,strext);
imwrite(B5,g5);
[m,n]=size(I1);
f=double(I1);
T=ones([m,n]);
%(6) GM(1,1)定义型边缘检测
T6=zeros(m,n);
for i=2:m-1
    for j=2:n-1
```

```
            x0=[f(i-1,j-1) f(i-1,j) f(i-1,j+1) f(i,j+1) f(i+1,j+1)
f(i+1,j) f(i+1,j-1) f(i,j-1)];
            x1=[x0(1);
                x0(1)+x0(2);
                x0(1)+x0(2)+x0(3);
                x0(1)+x0(2)+x0(3)+x0(4);
                x0(1)+x0(2)+x0(3)+x0(4)+x0(5);
                x0(1)+x0(2)+x0(3)+x0(4)+x0(5)+x0(6);
                x0(1)+x0(2)+x0(3)+x0(4)+x0(5)+x0(6)+x0(7);
                x0(1)+x0(2)+x0(3)+x0(4)+x0(5)+x0(6)+x0(7)+x0(8)];
            z1=0.5*[x1(1)+x1(2) x1(2)+x1(3) x1(3)+x1(4) x1(4)
+x1(5) x1(5)+x1(6) x1(6)+x1(7) x1(7)+x1(8)];
            B=[-z1(1) 1;
                -z1(2) 1;
                -z1(3) 1;
                -z1(4) 1;
                -z1(5) 1;
                -z1(6) 1;
                -z1(7) 1];
            Y=[x0(2);x0(3);x0(4);x0(5);x0(6);x0(7);x0(8)];
            a=(pinv(B'*B))*B'*Y;
            k=1:7;
            xx1=(x0(1)-a(2)/a(1))*exp(-a(1)*k)+a(2)/a(1);
            xx0=[x1(1) xx1(1)-x1(1) xx1(2)-xx1(1) xx1(3)-xx1(2)
xx1(4)-xx1(3) xx1(5)-xx1(4) xx1(6)-xx1(5) xx1(7)-xx1(6)];
            T6(i,j)=mean(abs(x0-xx0));
        end
    end
end
p1=min(min(T6(2:m-1,2:n-1)));
p2=max(max(T6(2:m-1,2:n-1)));
disp('定义型');
z=5;
for k=p1:2:30;
    Tag=(T6>k);
    z=z+1;
    % figure(z);
    Y6=uint8(Tag*255);
    %imshow(Y6)
    strB=num2str(z);
```

```
        K=num2str(k);
        g6=sprintf('%s%s%s%s%s',str0,strB,'定义型',K,strext);
        imwrite(Y6,g6);
end
%(7) GM(1,1)内涵型边缘检测
T7=zeros(m,n);
for i=2:m-1
    for j=2:n-1
        x0=[f(i-1,j-1) f(i-1,j) f(i-1,j+1) f(i,j+1) f(i+1,j+1)
f(i+1,j) f(i+1,j-1) f(i,j-1)];
        x1=[x0(1);
            x0(1)+x0(2);
            x0(1)+x0(2)+x0(3);
            x0(1)+x0(2)+x0(3)+x0(4);
            x0(1)+x0(2)+x0(3)+x0(4)+x0(5);
            x0(1)+x0(2)+x0(3)+x0(4)+x0(5)+x0(6);
            x0(1)+x0(2)+x0(3)+x0(4)+x0(5)+x0(6)+x0(7);
            x0(1)+x0(2)+x0(3)+x0(4)+x0(5)+x0(6)+x0(7)+x0(8)];
        z1=0.5*[x1(1)+x1(2) x1(2)+x1(3) x1(3)+x1(4) x1(4)
+x1(5) x1(5)+x1(6) x1(6)+x1(7) x1(7)+x1(8)];
        B=[-z1(1) 1;
            -z1(2) 1;
            -z1(3) 1;
            -z1(4) 1;
            -z1(5) 1;
            -z1(6) 1;
            -z1(7) 1];
        Y=[x0(2);x0(3);x0(4);x0(5);x0(6);x0(7);x0(8)];
        a=(pinv(B'*B))*B'*Y;
        k=2:8;
        xx0(k)=(((1-0.5*a(1))/(1+0.5*a(1))).^(k-2))*(a(2)-a(1)
*x0(1))/(1+0.5*a(1));
        xx0=[x0(1) xx0(1) xx0(2) xx0(3) xx0(4) xx0(5) xx0(6)
xx0(7)];
        T7(i,j)=mean(abs(x0-xx0));
    end
end
p1=min(min(T7(2:m-1,2:n-1)));
p2=max(max(T7(2:m-1,2:n-1)));
```

```
disp('内涵型');
for k=p1:2:30;
    Tag=(T7>k);
    z=z+1;
    % figure(z);
    Y7=uint8(Tag*255);
  %imshow(Y7)
  strB=num2str(z);
 K=num2str(k);
g7=sprintf('%s%s%s%s%s',str0,strB,'内涵型',K,strext);
imwrite(Y7,g7);
end
%(8) GM(1,1)离散型边缘检测
T8=zeros(m,n);
for i=2:m-1
    for j=2:n-1
        x0=[f(i-1,j-1) f(i-1,j) f(i-1,j+1) f(i,j+1) f(i+1,j+1)
f(i+1,j) f(i+1,j-1) f(i,j-1)];
        x1=[x0(1);
            x0(1)+x0(2);
            x0(1)+x0(2)+x0(3);
            x0(1)+x0(2)+x0(3)+x0(4);
            x0(1)+x0(2)+x0(3)+x0(4)+x0(5);
            x0(1)+x0(2)+x0(3)+x0(4)+x0(5)+x0(6);
            x0(1)+x0(2)+x0(3)+x0(4)+x0(5)+x0(6)+x0(7);
            x0(1)+x0(2)+x0(3)+x0(4)+x0(5)+x0(6)+x0(7)+x0(8)];
        %谢乃明灰色预测模型参数构造方法
        B=[x1(1) 1;
            x1(2) 1;
            x1(3) 1;
            x1(4) 1;
            x1(5) 1;
            x1(6) 1;
            x1(7) 1];
        Y=[x1(2);x1(3);x1(4);x1(5);x1(6);x1(7);x1(8)];
        %邓聚龙灰色预测参数构造方法
        % z1=0.5*[x1(1)+x1(2) x1(2)+x1(3) x1(3)+x1(4) x1(4)
+x1(5) x1(5)+x1(6) x1(6)+x1(7) x1(7)+x1(8)];
        % B=[-z1(1) 1;
```

```
      %  z1(2)  1;
       %z1(3)  1;
        %-z1(4)  1;
         %-z1(5)  1;
         %-z1(6)  1;
         %-z1(7)  1];
    %  Y=[x0(2);x0(3);x0(4);x0(5);x0(6);x0(7);x0(8)];
     a=(pinv(B'*B))*B'*Y;
    %  k=1:7;
    xx1(1)=x1(1);
    b1=(1-0.5*a(1))/(1+0.5*a(1));
    b2=a(2)/(1+0.5*a(1));
    for  k=1:1:7
    xx1(k+1)=b1*xx1(k)+b2;
    end
    xx0=[xx1(1)  xx1(2)-xx1(1)  xx1(3)-xx1(2)  xx1(4)-xx1(3)
xx1(5)-xx1(4)  xx1(6)-xx1(5)  xx1(7)-xx1(6)  xx1(8)-xx1(7)];
    T8(i,j)=mean(abs(x0-xx0));
    end
end
p1=min(min(T8(2:m-1,2:n-1)));
p2=max(max(T8(2:m-1,2:n-1)));
%z=5;
disp('离散型');
for  k=p1:2:30;
    Tag=(T8>k);
    z=z+1;
  %  figure(z);
    Y8=uint8(Tag*255);
  %imshow(Y8)
  strB=num2str(z);
K=num2str(k);
g8=sprintf('%s%s%s%s%s%s',str0,strB,'离散型',K,strext);
imwrite(Y8,g8);
end
%(9)  Verhulst 模型边缘检测
T9=zeros(m,n);
for  i=2:m-1
    for  j=2:n-1
```

```
            x0=[f(i-1,j-1) f(i-1,j) f(i-1,j+1) f(i,j+1) f(i+1,j+1)
f(i+1,j) f(i+1,j-1) f(i,j-1)];
            x1=[x0(1);
                x0(1)+x0(2);
                x0(1)+x0(2)+x0(3);
                x0(1)+x0(2)+x0(3)+x0(4);
                x0(1)+x0(2)+x0(3)+x0(4)+x0(5);
                x0(1)+x0(2)+x0(3)+x0(4)+x0(5)+x0(6);
                x0(1)+x0(2)+x0(3)+x0(4)+x0(5)+x0(6)+x0(7);
                x0(1)+x0(2)+x0(3)+x0(4)+x0(5)+x0(6)+x0(7)+x0(8)];
            z1=0.5*[x1(1)+x1(2) x1(2)+x1(3) x1(3)+x1(4) x1(4)
+x1(5) x1(5)+x1(6) x1(6)+x1(7) x1(7)+x1(8)];
            B=[-z1(1) z1(1)^2;
                -z1(2) z1(2)^2;
                -z1(3) z1(3)^2;
                -z1(4) z1(4)^2;
                -z1(5) z1(5)^2;
                -z1(6) z1(6)^2;
                -z1(7) z1(7)^2;
            Y=[x0(2);x0(3);x0(4);x0(5);x0(6);x0(7);x0(8)];
            a=(pinv(B'*B))*B'*Y;
            k=1:7;
            xx1=a(1)*x0(1)./(a(2)*x0(1)+(a(1)-a(2)*x0(1))
*exp(a(1).*k));
            xx0=[x1(1) xx1(1)-x1(1) xx1(2)-xx1(1) xx1(3)-xx1(2)
xx1(4)-xx1(3) xx1(5)-xx1(4) xx1(6)-xx1(5) xx1(7)-xx1(6)];
            T9(i,j)=mean(abs(x0-xx0));
        end
end
p1=min(min(T9(2:m-1,2:n-1)));
p2=max(max(T9(2:m-1,2:n-1)));
%z=5;
disp('Verhulst');
for k=p1:2:30;
    Tag=(T9>k);
    z=z+1;
    % figure(z);
    Y9=uint8(Tag*255);
    %imshow(Y1)
```

```
    strB=num2str(z);
K=num2str(k);
g9=sprintf('%s%s%s%s%s',str0,strB,'Verhulst',K,strext);
imwrite(Y9,g9);
end
```

%8.1 基于灰色关联分析的路面图像局部对比度增强算法

```
clear;clc;close all;
I1=imread('D:\matlab\专著算法源程序 2017\8.1\lena256.bmp');
%I1=imread('D:\matlab\专著算法源程序 2017\8.1\1 原路面图像.bmp');
figure(1);
imshow(I1);
%原图像
str0='D:\matlab\专著算法源程序 2017\8.1\A\';
str1='1 原图像';
strext='.bmp';
g1=sprintf('%s%s%s',str0,str1,strext);
imwrite(I1,g1);
[m,n]=size(I1);
f=double(I1);
f2=zeros([m n]);
for i=2:m-1
    for j=2:n-1
        b=min([f(i-1,j-1) f(i-1,j) f(i-1,j+1) f(i,j-1) f(i,j)
f(i,j+1) f(i+1,j-1) f(i+1,j) f(i+1,j+1)]);
        f2(i,j)=abs(f(i,j)-b);
    end
end
y2=uint8(round(f2));
figure(2);
imshow(y2)
str2='2 原图像边缘检测图';
g2=sprintf('%s%s%s',str0,str2,strext);
imwrite(y2,g2);

%传统对比度增强算法
f3=f;
for i=3:m-2
    for j=3:n-2
```

```
            d1=[f(i-2,j-1) f(i,j-1) f(i-1,j-2) f(i-1,j)];
            d2=[f(i-2,j) f(i,j) f(i-1,j-1) f(i-1,j+1)];
            d3=[f(i-2,j+1) f(i,j+1) f(i-1,j) f(i-1,j+2)];
            d4=[f(i-1,j-1) f(i+1,j-1) f(i,j-2) f(i,j)];
            d5=[f(i-1,j) f(i+1,j) f(i,j-1) f(i,j+1)];
            d6=[f(i-1,j+1) f(i+1,j+1) f(i,j) f(i,j+2)];
            d7=[f(i,j-1) f(i+2,j-1) f(i+1,j-2) f(i+1,j)];
            d8=[f(i,j) f(i+2,j) f(i+1,j-1) f(i+1,j+1)];
            d9=[f(i,j+1) f(i+2,j+1) f(i+1,j) f(i+1,j+2)];
            d=[d1' d2' d3' d4' d5' d6' d7' d8' d9'];
            D=mean(d);
            Q=[f(i-1,j-1) f(i-1,j) f(i-1,j+1) f(i,j-1) f(i,j)
f(i,j+1) f(i+1,j-1) f(i+1,j) f(i+1,j+1)];
            W=abs(D-Q);
            E=W*Q'/sum(W);
             c=abs((f(i,j)-E)/(f(i,j)+E));
             C=c.^0.5;
            if f(i,j)<=E
            f3(i,j)=E*(1-C)/(1+C);
            else
            f3(i,j)=E*(1+C)/(1-C);
            end
        end
end
y3=uint8(round(f3));
figure(3);
imshow(y3)
str3='3 传统对比度增强算法';
g3=sprintf('%s%s%s',str0,str3,strext);
imwrite(y3,g3);
f4=zeros([m n]);
for i=2:m-1
    for j=2:n-1
        b=min([f3(i-1,j-1) f3(i-1,j) f3(i-1,j+1) f3(i,j-1)
f3(i,j) f3(i,j+1) f3(i+1,j-1) f3(i+1,j) f3(i+1,j+1)]);
        f4(i,j)=abs(f3(i,j)-b);
    end
end
y4=uint8(round(f4));
```

```
figure(4);
imshow(y4)
str4='4 传统对比度增强后的边缘检测图';
g4=sprintf('%s%s%s',str0,str4,strext);
imwrite(y4,g4);

%李久贤等的模糊对比度增强算法
f5=f;
fmax=max(max(f5));
fmin=min(min(f5));
u=(f5-fmin)./(fmax-fmin);
u1=u;
for i=2:m-1
    for j=2:n-1
        v=mean([u(i-1,j-1) u(i-1,j) u(i-1,j+1) u(i,j-1) u(i,j)
u(i,j+1) u(i+1,j-1) u(i+1,j) u(i+1,j+1)]);
        c=abs(v-u(i,j))/(v+u(i,j));
        C=4*c-6*(c^2)+4*(c^3)-(c^4);
        if u(i,j)<=v
            u1(i,j)=v*(1-C)/(1+C);
        else
            u1(i,j)=1-(1-v)*(1-C)/(1+C);
            % u1(i,j)=v*(1+C)/(1-C);
        end
    end
end
 f5=u1*(fmax-fmin)+fmin;
y5=uint8(round(f5));
figure(5);
imshow(y5)
str5='5 李久贤等模糊增强算法';
g5=sprintf('%s%s%s',str0,str5,strext);
imwrite(y5,g5);
f6=zeros([m n]);
for i=2:m-1
    for j=2:n-1
    b=min([f5(i-1,j-1) f5(i-1,j) f5(i-1,j+1) f5(i,j-1)
f5(i,j) f5(i,j+1) f5(i+1,j-1) f5(i+1,j) f5(i+1,j+1)]);
    f6(i,j)=abs(f5(i,j)-b);
```

```
        end
end
y6=uint8(round(f6));
figure(6);
imshow(y6)
str6='6 李久贤等模糊增强后边缘检测图';
g6=sprintf('%s%s%s',str0,str6,strext);
imwrite(y6,g6);

%李刚等的模糊对比度增强算法
f7=f;
fmax=max(max(f7));
fmin=min(min(f7));
u=(f7-fmin)./(fmax-fmin);
u1=u;
for i=2:m-1
    for j=2:n-1
        v=mean([u(i-1,j-1) u(i-1,j) u(i-1,j+1) u(i,j-1)
u(i,j+1) u(i+1,j-1) u(i+1,j) u(i+1,j+1)]);
        c=abs(v-u(i,j))/v;
        C=4*c-6*(c^2)+4*(c^3)-(c^4);
        if u(i,j)<=v
            u1(i,j)=v*(1-C);
        else
            u1(i,j)=1-(1-v)*(1-C);
            % u1(i,j)=v*(1+C)/(1-C);
        end
    end
end
 f7=u1*(fmax-fmin)+fmin;
y7=uint8(round(f7));
figure(7);
imshow(y7)
str7='7 李刚等模糊增强算法';
g7=sprintf('%s%s%s',str0,str7,strext);
imwrite(y7,g7);
f8=zeros([m n]);
for i=2:m-1
    for j=2:n-1
```

```
        b=min([f7(i-1,j-1) f7(i-1,j) f7(i-1,j+1) f7(i,j-1)
f7(i,j) f7(i,j+1) f7(i+1,j-1) f7(i+1,j) f7(i+1,j+1)]);
        f8(i,j)=abs(f7(i,j)-b);
    end
end
y8=uint8(round(f8));
figure(8);
imshow(y8)
str8='8 李刚等模糊增强后边缘检测图';
g8=sprintf('%s%s%s',str0,str8,strext);
imwrite(y8,g8);


%基于灰色关联分析的图像对比度增强算法
f9=f;
q=9;
for t=0.06:0.02:0.12
  for i=2:m-1
    for j=2:n-1
      x0=[f(i,j) f(i,j)];
      x1=[f(i,j-1) f(i,j+1)];
      x2=[f(i-1,j) f(i+1,j)];
      x3=[f(i+1,j-1) f(i-1,j+1)];
      x4=[f(i-1,j-1) f(i+1,j+1)];
      e1=0.5*(1/(1+abs(x0(1)-x1(1))/255)+1/(1+abs(x0(2)
-x1(2))/255));
      e2=0.5*(1/(1+abs(x0(1)-x2(1))/255)+1/(1+abs(x0(2)
-x2(2))/255));
      e3=0.5*(1/(1+abs(x0(1)-x3(1))/255)+1/(1+abs(x0(2)
-x3(2))/255));
      e4=0.5*(1/(1+abs(x0(1)-x4(1))/255)+1/(1+abs(x0(2)
-x4(2))/255));
      [q1,q2]=max([e1 e2 e3 e4]);
      r1=[f(i-1,j-1) f(i-1,j) f(i-1,j+1);f(i+1,j-1) f(i+1,j)
f(i+1,j+1)];
      r2=[f(i-1,j-1) f(i,j-1) f(i+1,j-1);f(i-1,j+1) f(i,j+1)
f(i+1,j+1)];
      r3=[f(i-1,j-1) f(i,j-1) f(i-1,j);f(i+1,j+1) f(i+1,j)
f(i,j+1)];
      r4=[f(i-1,j+1) f(i-1,j) f(i,j+1);f(i+1,j-1) f(i,j-1)
```

```
f(i+1,j)];
    R={r1,r2,r3,r4};
    u=R{1,q2};
    if abs(mean(u(1,:))-f(i,j))<abs(mean(u(2,:))-f(i,j))
        c=abs(mean(u(2,:))-f(i,j)/abs(mean(u(2,:))+f(i,j));
        if c>t
        C=c.^0.5;
        if mean(u(2,:))-f(i,j)>0
            f9(i,j)=((1-C)/(1+C))*mean(u(2,:));
        else
            f9(i,j)=((1+C)/(1-C))*mean(u(2,:));
        end
        end


    else
        c=abs(mean(u(1,:))-f(i,j))/abs(mean(u(1,:))+f(i,j));

        if c>t
          C=c.^0.5;
        if mean(u(1,:))-f(i,j)>0
            f9(i,j)=((1-C)/(1+C))*mean(u(1,:));
        else
            f9(i,j)=((1+C)/(1-C))*mean(u(1,:));
        end
        end
      end


    end
  end
y9=uint8(round(f9));
figure(q);
imshow(y9)
str9='新算法增强图';
Q=num2str(q);
T=num2str(t);
g9=sprintf('%s%s%s%s%s',str0,Q,str9,T,strext);
imwrite(y9,g9);
q=q+1;
f10=f;
```

```
for i=2:m-1
    for j=2:n-1
     b=min([f9(i-1,j-1) f9(i-1,j) f9(i-1,j+1) f9(i,j-1)
f9(i,j) f9(i,j+1) f9(i+1,j-1) f9(i+1,j) f9(i+1,j+1)]);
        f10(i,j)=abs(f9(i,j)-b);
    end
end
y10=uint8(round(f10));
figure(q);
imshow(y10)
Q=num2str(q);
str10='新算法增强图边缘检测结果';
g10=sprintf('%s%s%s%s%s',str0,Q,str10,T,strext);
imwrite(y10,g10);
q=q+1;
end
```

%8.2 基于灰色关联度增强指数的路面图像局部对比度增强算法

```
clear;clc;close all;
I1=imread('D:\matlab\专著算法源程序2017\8.2\lena256.bmp');
%I1=imread('D:\matlab\专著算法源程序2017\8.2\1原路面图像.bmp');
figure(1);
imshow(I1);
%原图像
str0='D:\matlab\专著算法源程序2017\8.2\A\';
str1='1原图像';
strext='.bmp';
g1=sprintf('%s%s%s',str0,str1,strext);
imwrite(I1,g1);
[m,n]=size(I1);
f=double(I1);
f2=zeros([m n]);
for i=2:m-1
    for j=2:n-1
        b=min([f(i-1,j-1) f(i-1,j) f(i-1,j+1) f(i,j-1) f(i,j)
f(i,j+1) f(i+1,j-1) f(i+1,j) f(i+1,j+1)]);
        f2(i,j)=abs(f(i,j)-b);
    end
end
```

```
y2=uint8(round(f2));
figure(2);
imshow(y2)
str2='2 原图像边缘检测图';
g2=sprintf('%s%s%s',str0,str2,strext);
imwrite(y2,g2);

%传统对比度增强算法
f3=f;
for i=3:m-2
    for j=3:n-2
        d1=[f(i-2,j-1) f(i,j-1) f(i-1,j-2) f(i-1,j)];
        d2=[f(i-2,j) f(i,j) f(i-1,j-1) f(i-1,j+1)];
        d3=[f(i-2,j+1) f(i,j+1) f(i-1,j) f(i-1,j+2)];
        d4=[f(i-1,j-1) f(i+1,j-1) f(i,j-2) f(i,j)];
        d5=[f(i-1,j) f(i+1,j) f(i,j-1) f(i,j+1)];
        d6=[f(i-1,j+1) f(i+1,j+1) f(i,j) f(i,j+2)];
        d7=[f(i,j-1) f(i+2,j-1) f(i+1,j-2) f(i+1,j)];
        d8=[f(i,j) f(i+2,j) f(i+1,j-1) f(i+1,j+1)];
        d9=[f(i,j+1) f(i+2,j+1) f(i+1,j) f(i+1,j+2)];
        d=[d1' d2' d3' d4' d5' d6' d7' d8' d9'];
        D=mean(d);
        Q=[f(i-1,j-1) f(i-1,j) f(i-1,j+1) f(i,j-1) f(i,j)
f(i,j+1) f(i+1,j-1) f(i+1,j) f(i+1,j+1)];
        W=abs(D-Q);
        E=W*Q'/sum(W);
         c=abs((f(i,j)-E)/(f(i,j)+E));
         C=c.^0.5;
        if f(i,j)<=E
        f3(i,j)=E*(1-C)/(1+C);
        else
        f3(i,j)=E*(1+C)/(1-C);
        end
    end
end
y3=uint8(round(f3));
figure(3);
imshow(y3)
str3='3 传统对比度增强算法';
```

```
g3=sprintf('%s%s%s',str0,str3,strext);
imwrite(y3,g3);
f4=zeros([m n]);
for i=2:m-1
    for j=2:n-1
     b=min([f3(i-1,j-1) f3(i-1,j) f3(i-1,j+1) f3(i,j-1)
f3(i,j) f3(i,j+1) f3(i+1,j-1) f3(i+1,j) f3(i+1,j+1)]);
        f4(i,j)=abs(f3(i,j)-b);
    end
end
y4=uint8(round(f4));
figure(4);
imshow(y4)
str4='4 传统对比度增强后的边缘检测图';
g4=sprintf('%s%s%s',str0,str4,strext);
imwrite(y4,g4);

%李久贤等的模糊对比度增强算法
f5=f;
fmax=max(max(f5));
fmin=min(min(f5));
u=(f5-fmin)./(fmax-fmin);
u1=u;
for i=2:m-1
    for j=2:n-1
        v=mean([u(i-1,j-1) u(i-1,j) u(i-1,j+1) u(i,j-1) u(i,j)
u(i,j+1) u(i+1,j-1) u(i+1,j) u(i+1,j+1)]);
        c=abs(v-u(i,j))/(v+u(i,j));
        C=4*c-6*(c^2)+4*(c^3)-(c^4);
        if u(i,j)<=v
            u1(i,j)=v*(1-C)/(1+C);
        else
            u1(i,j)=1-(1-v)*(1-C)/(1+C);
            % u1(i,j)=v*(1+C)/(1-C);
        end
    end
end
 f5=u1*(fmax-fmin)+fmin;
y5=uint8(round(f5));
```

```
figure(5);
imshow(y5)
str5='5 李久贤等模糊增强算法';
g5=sprintf('%s%s%s',str0,str5,strext);
imwrite(y5,g5);
f6=zeros([m n]);
for i=2:m-1
    for j=2:n-1
     b=min([f5(i-1,j-1) f5(i-1,j) f5(i-1,j+1) f5(i,j-1)
f5(i,j) f5(i,j+1) f5(i+1,j-1) f5(i+1,j) f5(i+1,j+1)]);
     f6(i,j)=abs(f5(i,j)-b);
    end
end
y6=uint8(round(f6));
figure(6);
imshow(y6)
str6='6 李久贤等模糊增强后边缘检测图';
g6=sprintf('%s%s%s',str0,str6,strext);
imwrite(y6,g6);

%李刚等的模糊对比度增强算法
f7=f;
fmax=max(max(f7));
fmin=min(min(f7));
u=(f7-fmin)./(fmax-fmin);
u1=u;
for i=2:m-1
    for j=2:n-1
        v=mean([u(i-1,j-1) u(i-1,j) u(i-1,j+1) u(i,j-1)
u(i,j+1) u(i+1,j-1) u(i+1,j) u(i+1,j+1)]);
        c=abs(v-u(i,j))/v;
        C=4*c-6*(c^2)+4*(c^3)-(c^4);
        if u(i,j)<=v
            u1(i,j)=v*(1-C);
        else
            u1(i,j)=1-(1-v)*(1-C);
            % u1(i,j)=v*(1+C)/(1-C);
        end
    end
```

```
end
 f7=u1*(fmax-fmin)+fmin;
y7=uint8(round(f7));
figure(7);
imshow(y7)
str7='7 李刚等模糊增强算法';
g7=sprintf('%s%s%s',str0,str7,strext);
imwrite(y7,g7);
f8=zeros([m n]);
for i=2:m-1
    for j=2:n-1
     b=min([f7(i-1,j-1) f7(i-1,j) f7(i-1,j+1) f7(i,j-1)
f7(i,j) f7(i,j+1) f7(i+1,j-1) f7(i+1,j) f7(i+1,j+1)]);
     f8(i,j)=abs(f7(i,j)-b);
    end
end
y8=uint8(round(f8));
figure(8);
imshow(y8)
str8='8 李刚等模糊增强后边缘检测图';
g8=sprintf('%s%s%s',str0,str8,strext);
imwrite(y8,g8);

%基于灰色关联度增强指数的图像对比度增强算法
f9=f;
q=9;
for t=10:10:40
for i=2:m-1
    for j=2:n-1
     d=[f(i-1,j-1) f(i-1,j) f(i-1,j+1) f(i,j-1) f(i,j+1)
f(i+1,j-1) f(i+1,j) f(i+1,j+1)];
     v=mean(d);
     e0=1./(1+abs(d-v)/t);
     e1=mean(e0);
     E=mean(d);
     c=abs(f(i,j)-E)/(f(i,j)+E);
      C=c.^(e1);
     if f(i,j)>=E
         f9(i,j)=((1+C)/(1-C))*E;
```

```
        else
            f9(i,j)=((1-C)/(1+C))*E;
        end
    end
end
y9=uint8(round(f9));
figure(q);
imshow(y9)
str9='新算法增强图';
Q=num2str(q);
T=num2str(t);
g9=sprintf('%s%s%s%s%s',str0,Q,str9,T,strext);
imwrite(y9,g9);
q=q+1;
f10=f;
for i=2:m-1
    for j=2:n-1
      b=min([f9(i-1,j-1) f9(i-1,j) f9(i-1,j+1) f9(i,j-1)
f9(i,j) f9(i,j+1) f9(i+1,j-1) f9(i+1,j) f9(i+1,j+1)]);
        f10(i,j)=abs(f9(i,j)-b);
    end
end
y10=uint8(round(f10));
figure(q);
imshow(y10)
Q=num2str(q);
str10='新算法增强图边缘检测结果';
g10=sprintf('%s%s%s%s%s',str0,Q,str10,T,strext);
imwrite(y10,g10);
q=q+1;
end
```

%8.3 基于灰熵增强指数的路面图像局部对比度增强算法

```
clear;clc;close all;
I1=imread('D:\matlab\专著算法源程序 2017\8.3\lena256.bmp');
%I1=imread('D:\matlab\专著算法源程序 2017\8.3\1 原路面图像.bmp');
 figure(1);
imshow(I1);
%原图像
```

```matlab
str0='D:\matlab\专著算法源程序 2017\8.3\B\';
str1='1 原图像';
strext='.bmp';
g1=sprintf('%s%s%s',str0,str1,strext);
imwrite(I1,g1);
[m,n]=size(I1);
f=double(I1);
f2=zeros([m n]);
for i=2:m-1
    for j=2:n-1
        b=min([f(i-1,j-1) f(i-1,j) f(i-1,j+1) f(i,j-1) f(i,j)
f(i,j+1) f(i+1,j-1) f(i+1,j) f(i+1,j+1)]);
        f2(i,j)=abs(f(i,j)-b);
    end
end
y2=uint8(round(f2));
figure(2);
imshow(y2)
str2='2 原图像边缘检测图';
g2=sprintf('%s%s%s',str0,str2,strext);
imwrite(y2,g2);

%传统对比度增强算法
f3=f;
for i=3:m-2
    for j=3:n-2
        d1=[f(i-2,j-1) f(i,j-1) f(i-1,j-2) f(i-1,j)];
        d2=[f(i-2,j) f(i,j) f(i-1,j-1) f(i-1,j+1)];
        d3=[f(i-2,j+1) f(i,j+1) f(i-1,j) f(i-1,j+2)];
        d4=[f(i-1,j-1) f(i+1,j-1) f(i,j-2) f(i,j)];
        d5=[f(i-1,j) f(i+1,j) f(i,j-1) f(i,j+1)];
        d6=[f(i-1,j+1) f(i+1,j+1) f(i,j) f(i,j+2)];
        d7=[f(i,j-1) f(i+2,j-1) f(i+1,j-2) f(i+1,j)];
        d8=[f(i,j) f(i+2,j) f(i+1,j-1) f(i+1,j+1)];
        d9=[f(i,j+1) f(i+2,j+1) f(i+1,j) f(i+1,j+2)];
        d=[d1' d2' d3' d4' d5' d6' d7' d8' d9'];
        D=mean(d);
        Q=[f(i-1,j-1) f(i-1,j) f(i-1,j+1) f(i,j-1) f(i,j)
f(i,j+1) f(i+1,j-1) f(i+1,j) f(i+1,j+1)];
```

```
        W=abs(D-Q);
        E=W*Q'/sum(W);
         c=abs((f(i,j)-E)/(f(i,j)+E));
         C=c.^0.5;
        if f(i,j)<=E
        f3(i,j)=E*(1-C)/(1+C);
        else
        f3(i,j)=E*(1+C)/(1-C);
        end
    end
end
y3=uint8(round(f3));
figure(3);
imshow(y3)
str3='3 传统对比度增强算法';
g3=sprintf('%s%s%s',str0,str3,strext);
imwrite(y3,g3);
f4=zeros([m n]);
for i=2:m-1
    for j=2:n-1
      b=min([f3(i-1,j-1) f3(i-1,j) f3(i-1,j+1) f3(i,j-1)
f3(i,j) f3(i,j+1) f3(i+1,j-1) f3(i+1,j) f3(i+1,j+1)]);
      f4(i,j)=abs(f3(i,j)-b);
    end
end
y4=uint8(round(f4));
figure(4);
imshow(y4)
str4='4 传统对比度增强后的边缘检测图';
g4=sprintf('%s%s%s',str0,str4,strext);
imwrite(y4,g4);

%李久贤等的模糊对比度增强算法
f5=f;
fmax=max(max(f5));
fmin=min(min(f5));
u=(f5-fmin)./(fmax-fmin);
u1=u;
for i=2:m-1
```

```
    for j=2:n-1
        v=mean([u(i-1,j-1) u(i-1,j) u(i-1,j+1) u(i,j-1) u(i,j)
u(i,j+1) u(i+1,j-1) u(i+1,j) u(i+1,j+1)]);
        c=abs(v-u(i,j))/(v+u(i,j));
        C=4*c-6*(c^2)+4*(c^3)-(c^4);
        if u(i,j)<=v
            u1(i,j)=v*(1-C)/(1+C);
        else
            u1(i,j)=1-(1-v)*(1-C)/(1+C);
            % u1(i,j)=v*(1+C)/(1-C);
        end
    end
end
 f5=u1*(fmax-fmin)+fmin;
y5=uint8(round(f5));
figure(5);
imshow(y5)
str5='5 李久贤等模糊增强算法';
g5=sprintf('%s%s%s',str0,str5,strext);
imwrite(y5,g5);
f6=zeros([m n]);
for i=2:m-1
    for j=2:n-1
     b=min([f5(i-1,j-1) f5(i-1,j) f5(i-1,j+1) f5(i,j-1)
f5(i,j) f5(i,j+1) f5(i+1,j-1) f5(i+1,j) f5(i+1,j+1)]);
     f6(i,j)=abs(f5(i,j)-b);
    end
end
y6=uint8(round(f6));
figure(6);
imshow(y6)
str6='6 李久贤等模糊增强后边缘检测图';
g6=sprintf('%s%s%s',str0,str6,strext);
imwrite(y6,g6);

%刘艳莉等基于灰阶熵的模糊增强算法
f7=f;
u=tan((pi/4)*f7/255);
h=zeros(m,n);
```

```
for j=2:n-1
    p1=[u(1,j-1) u(1,j) u(1,j+1)];
    pp1=p1/sum(p1);
    h(1,j)=-pp1*log(pp1');
    p2=[u(m,j-1) u(m,j) u(m,j+1)];
    pp2=p2/sum(p2);
    h(m,j)=-pp2*log(pp2');
end
for i=2:m-1
    p3=[u(i-1,1) u(i,1) u(i+1,1)];
    pp3=p3/sum(p3);
    h(i,1)=-pp3*log(pp3');
    p4=[u(i-1,n) u(i,n) u(i+1,n)];
    pp4=p4/(sum(p4));
    h(i,n)=-pp4*log(pp4');
end
    p5=[u(1,1) u(1,2) u(2,1) u(2,2)];
    pp5=p5/sum(p5);
    h(1,1)=-pp5*log(pp5');
    p6=[u(1,n-1) u(1,n) u(2,n-1) u(2,n)];
    pp6=p6/sum(p6);
    h(1,n)=-pp6*log(pp6');
    p7=[u(m-1,1) u(m-1,2) u(m,1) u(m,2)];
    pp7=p7/sum(p7);
    h(m,1)=-pp7*log(pp7');
    p8=[u(m-1,n-1) u(m-1,n) u(m,n-1) u(m,n)];
    pp8=p8/sum(p8);
    h(m,n)=-pp8*log(pp8');

for i=2:m-1
    for j=2:n-1
        p0=[u(i-1,j-1) u(i-1,j) u(i-1,j+1) u(i,j-1) u(i,j)
u(i,j+1) u(i+1,j-1) u(i+1,j) u(i+1,j+1)];
        pp0=p0/sum(p0);
        h(i,j)=-pp0*log(pp0');
    end
end
hmin=min(min(h));
hmax=max(max(h));
```

```
umax=max(max(u));
e=2.3;
b1=0.5;
b2=0.7;
u1=u;
for i=2:m-1
for j=2:n-1
    v=mean([u(i-1,j-1) u(i-1,j) u(i-1,j+1) u(i,j-1) u(i,j+1)
u(i+1,j-1) u(i+1,j) u(i+1,j+1)]);
    c=abs(v-u(i,j))/(v+u(i,j));
  if h(i,j)>e
  s=(umax/u(i,j))*(b1+(b2-b1)*(h(i,j)-hmin)/(hmax-hmin));
  else
  s=b1+(b2-b1)*(h(i,j)-hmin)/(hmax-hmin);
  C=c^s;
  end

   if u(i,j)<=v
      u1(i,j)=v*(1-C)/(1+C);
   else
      u1(i,j)=v*(1+C)/(1-C);
   end
end
end
f7=4*255*atan(u1)/pi;
y7=uint8(round(f7));
figure(7);
imshow(y7)
str7='7 刘艳莉等基于灰阶熵的模糊增强算法';
g7=sprintf('%s%s%s',str0,str7,strext);
imwrite(y7,g7);
f8=zeros([m n]);
for i=2:m-1
   for j=2:n-1
    b=min([f7(i-1,j-1) f7(i-1,j) f7(i-1,j+1) f7(i,j-1)
f7(i,j) f7(i,j+1) f7(i+1,j-1) f7(i+1,j) f7(i+1,j+1)]);
    f8(i,j)=abs(f7(i,j)-b);
   end
end
```

```
y8=uint8(round(f8));
figure(8);
imshow(y8)
str8='8 刘艳莉等基于灰阶熵的模糊增强算法边缘检测图';
g8=sprintf('%s%s%s',str0,str8,strext);
imwrite(y8,g8);

%基于灰熵增强指数的图像局部对比度增强算法
f1=f+1;
sh=zeros([m,n]);
for i=2:m-1
    for j=2:n-1
 d=[f1(i-1,j-1) f1(i-1,j) f1(i-1,j+1) f1(i,j-1) f1(i,j)
f1(i,j+1) f1(i+1,j-1) f1(i+1,j) f1(i+1,j+1)];
 d1=d/sum(d);
 sh(i,j)=-log(d1)*d1';
    end
end
a=sh(2:m-1,2:n-1);
t1=min(min(a));
t2=max(max(a));
t2-t1;
q=8;
for k=3:1:6
f9=f;
for i=2:m-1
    for j=2:n-1
 d=[f(i-1,j-1) f(i-1,j) f(i-1,j+1) f(i,j-1) f(i,j) f(i,j+1)
f(i+1,j-1) f(i+1,j) f(i+1,j+1)];
 v=mean(d);
 c=abs(f(i,j)-v)/(f(i,j)+v);
% k=5;
 F1=c.^(log(sh(i,j))/log(k));
 if f1(i,j)<=v
    f9(i,j)=v*(1-F1)/(1+F1);
 else
  %  f(i,j)=1-(1-v)*(1-F1)/(1+F1);
    f9(i,j)=v*(1+F1)/(1-F1);
 end
```

```
        end
    end

    q=q+1;
    y9=uint8(round(f9));
    figure(q);
    imshow(y9)
    K=num2str(k);
    Q=num2str(q);
    str9='新算法增强图';
    g9=sprintf('%s%s%s%s%s%s',str0,Q,str9,K,strext);
    imwrite(y9,g9);
    f10=f;
    for i=2:m-1
        for j=2:n-1
        b=min([f9(i-1,j-1) f9(i-1,j) f9(i-1,j+1) f9(i,j-1)
f9(i,j) f9(i,j+1) f9(i+1,j-1) f9(i+1,j) f9(i+1,j+1)]);
            f10(i,j)=abs(f9(i,j)-b);
        end
    end
    q=q+1;
    y10=uint8(round(f10));
    figure(q);
    imshow(y10)
    str10='新算法增强图边缘检测结果';
    Q=num2str(q);
    g10=sprintf('%s%s%s%s%s%s',str0,Q,str10,K,strext);
    imwrite(y10,g10);
end
```

%8.4 基于灰熵边缘测度的路面图像模糊对比度增强算法

```
clear;clc;close all;
I1=imread('D:\matlab\专著算法源程序 2017\8.4\lena256.bmp');
%I1=imread('D:\matlab\专著算法源程序 2017\8.4\1 原路面图像.bmp');
figure(1);
imshow(I1);
%原图像
str0='D:\matlab\专著算法源程序 2017\8.4\A\';
str1='1 原图像';
```

```
strext='.bmp';
g1=sprintf('%s%s%s',str0,str1,strext);
imwrite(I1,g1);
[m,n]=size(I1);
f=double(I1);
f2=zeros([m n]);
for i=2:m-1
    for j=2:n-1
        b=min([f(i-1,j-1) f(i-1,j) f(i-1,j+1) f(i,j-1) f(i,j)
f(i,j+1) f(i+1,j-1) f(i+1,j) f(i+1,j+1)]);
        f2(i,j)=abs(f(i,j)-b);
    end
end
y2=uint8(round(f2));
figure(2);
imshow(y2)
str2='2原图像边缘检测图';
g2=sprintf('%s%s%s',str0,str2,strext);
imwrite(y2,g2);
%传统对比度增强算法
f3=f;
for i=3:m-2
    for j=3:n-2
        d1=[f(i-2,j-1) f(i,j-1) f(i-1,j-2) f(i-1,j)];
        d2=[f(i-2,j) f(i,j) f(i-1,j-1) f(i-1,j+1)];
        d3=[f(i-2,j+1) f(i,j+1) f(i-1,j) f(i-1,j+2)];
        d4=[f(i-1,j-1) f(i+1,j-1) f(i,j-2) f(i,j)];
        d5=[f(i-1,j) f(i+1,j) f(i,j-1) f(i,j+1)];
        d6=[f(i-1,j+1) f(i+1,j+1) f(i,j) f(i,j+2)];
        d7=[f(i,j-1) f(i+2,j-1) f(i+1,j-2) f(i+1,j)];
        d8=[f(i,j) f(i+2,j) f(i+1,j-1) f(i+1,j+1)];
        d9=[f(i,j+1) f(i+2,j+1) f(i+1,j) f(i+1,j+2)];
        d=[d1' d2' d3' d4' d5' d6' d7' d8' d9'];
        D=mean(d);
        Q=[f(i-1,j-1) f(i-1,j) f(i-1,j+1) f(i,j-1) f(i,j)
f(i,j+1) f(i+1,j-1) f(i+1,j) f(i+1,j+1)];
        W=abs(D-Q);
        E=W*Q'/sum(W);
        c=abs((f(i,j)-E)/(f(i,j)+E));
```

```
        C=c.^0.5;
        if f(i,j)<=E
        f3(i,j)=E*(1-C)/(1+C);
        else
        f3(i,j)=E*(1+C)/(1-C);
        end
    end
end
y3=uint8(round(f3));
figure(3);
imshow(y3)
str3='3 传统对比度增强算法';
g3=sprintf('%s%s%s',str0,str3,strext);
imwrite(y3,g3);
f4=zeros([m n]);
for i=2:m-1
    for j=2:n-1
     b=min([f3(i-1,j-1) f3(i-1,j) f3(i-1,j+1) f3(i,j-1)
f3(i,j) f3(i,j+1) f3(i+1,j-1) f3(i+1,j) f3(i+1,j+1)]);
     f4(i,j)=abs(f3(i,j)-b);
    end
end
y4=uint8(round(f4));
figure(4);
imshow(y4)
str4='4 传统对比度增强后的边缘检测图';
g4=sprintf('%s%s%s',str0,str4,strext);
imwrite(y4,g4);

%李久贤等的模糊对比度增强算法
f5=f;
fmax=max(max(f5));
fmin=min(min(f5));
u=(f5-fmin)./(fmax-fmin);
u1=u;
for i=2:m-1
    for j=2:n-1
        v=mean([u(i-1,j-1) u(i-1,j) u(i-1,j+1) u(i,j-1) u(i,j)
u(i,j+1) u(i+1,j-1) u(i+1,j) u(i+1,j+1)]);
```

```
            c=abs(v-u(i,j))/(v+u(i,j));
            C=4*c-6*(c^2)+4*(c^3)-(c^4);
            if u(i,j)<=v
                u1(i,j)=v*(1-C)/(1+C);
            else
                u1(i,j)=1-(1-v)*(1-C)/(1+C);
                % u1(i,j)=v*(1+C)/(1-C);
            end
        end
end
 f5=u1*(fmax-fmin)+fmin;
y5=uint8(round(f5));
figure(5);
imshow(y5)
str5='5 李久贤等模糊增强算法';
g5=sprintf('%s%s%s',str0,str5,strext);
imwrite(y5,g5);
f6=zeros([m n]);
for i=2:m-1
    for j=2:n-1
    b=min([f5(i-1,j-1) f5(i-1,j) f5(i-1,j+1) f5(i,j-1)
f5(i,j) f5(i,j+1) f5(i+1,j-1) f5(i+1,j) f5(i+1,j+1)]);
    f6(i,j)=abs(f5(i,j)-b);
    end
end
y6=uint8(round(f6));
figure(6);
imshow(y6)
str6='6 李久贤等模糊增强后边缘检测图';
g6=sprintf('%s%s%s',str0,str6,strext);
imwrite(y6,g6);

%刘艳莉等基于灰阶熵的模糊增强算法
f7=f;
u=tan((pi/4)*f7/255);
h=zeros(m,n);
for j=2:n-1
    p1=[u(1,j-1) u(1,j) u(1,j+1)];
    pp1=p1/sum(p1);
```

```
    h(1,j)=-pp1*log(pp1');
    p2=[u(m,j-1) u(m,j) u(m,j+1)];
    pp2=p2/sum(p2);
    h(m,j)=-pp2*log(pp2');
end
for i=2:m-1
    p3=[u(i-1,1) u(i,1) u(i+1,1)];
    pp3=p3/sum(p3);
    h(i,1)=-pp3*log(pp3');
    p4=[u(i-1,n) u(i,n) u(i+1,n)];
    pp4=p4/(sum(p4));
    h(i,n)=-pp4*log(pp4');
end
    p5=[u(1,1) u(1,2) u(2,1) u(2,2)];
    pp5=p5/sum(p5);
    h(1,1)=-pp5*log(pp5');
    p6=[u(1,n-1) u(1,n) u(2,n-1) u(2,n)];
    pp6=p6/sum(p6);
    h(1,n)=-pp6*log(pp6');
    p7=[u(m-1,1) u(m-1,2) u(m,1) u(m,2)];
    pp7=p7/sum(p7);
    h(m,1)=-pp7*log(pp7');
    p8=[u(m-1,n-1) u(m-1,n) u(m,n-1) u(m,n)];
    pp8=p8/sum(p8);
    h(m,n)=-pp8*log(pp8');

for i=2:m-1
    for j=2:n-1
        p0=[u(i-1,j-1) u(i-1,j) u(i-1,j+1) u(i,j-1) u(i,j)
u(i,j+1) u(i+1,j-1) u(i+1,j) u(i+1,j+1)];
            pp0=p0/sum(p0);
            h(i,j)=-pp0*log(pp0');
    end
end
hmin=min(min(h));
hmax=max(max(h));
umax=max(max(u));
e=2.3;
b1=0.5;
```

```
b2=0.7;
u1=u;
for i=2:m-1
for j=2:n-1
    v=mean([u(i-1,j-1) u(i-1,j) u(i-1,j+1) u(i,j-1) u(i,j+1)
u(i+1,j-1) u(i+1,j) u(i+1,j+1)]);
    c=abs(v-u(i,j))/(v+u(i,j));
  if h(i,j)>e
    s=(umax/u(i,j))*(b1+(b2-b1)*(h(i,j)-hmin)/(hmax-hmin));
  else
    s=b1+(b2-b1)*(h(i,j)-hmin)/(hmax-hmin);
    C=c^s;
  end

    if u(i,j)<=v
        u1(i,j)=v*(1-C)/(1+C);
    else
        u1(i,j)=v*(1+C)/(1-C);
    end
end
end
f7=4*255*atan(u1)/pi;
y7=uint8(round(f7));
figure(7);
imshow(y7)
str7='7 刘艳莉等基于灰阶熵的模糊增强算法';
g7=sprintf('%s%s%s',str0,str7,strext);
imwrite(y7,g7);
f8=zeros([m n]);
for i=2:m-1
   for j=2:n-1
    b=min([f7(i-1,j-1) f7(i-1,j) f7(i-1,j+1) f7(i,j-1)
f7(i,j) f7(i,j+1) f7(i+1,j-1) f7(i+1,j) f7(i+1,j+1)]);
    f8(i,j)=abs(f7(i,j)-b);
   end
end
y8=uint8(round(f8));
figure(8);
imshow(y8)
```

```
str8='8 刘艳莉等基于灰阶熵的模糊增强后边缘检测结果';
g8=sprintf('%s%s%s',str0,str8,strext);
imwrite(y8,g8);

%基于灰熵边缘测度的图像模糊对比度增强
q=8;
f9=f;
for k=0.5:0.1:0.8
g=(f+1)/256;
g9=g;
P=zeros([m,n]);
for i=2:m-1
    for j=2:n-1
    x1=[g(i,j-1) g(i,j) g(i,j+1)];
    x2=[g(i-1,j) g(i,j) g(i+1,j)];
    x3=[g(i-1,j-1) g(i,j) g(i+1,j+1)];
    x4=[g(i+1,j-1) g(i,j) g(i-1,j+1)];
    m1=sum(x1);y1=x1./m1;e1=-y1*log(y1)';
    m2=sum(x2);y2=x2./m2;e2=-y2*log(y2)';
    m3=sum(x3);y3=x3./m3;e3=-y3*log(y3)';
    m4=sum(x4);y4=x4./m4;e4=-y4*log(y4)';
    M1=max([m1 m2 m3 m4]);
    M2=min([m1 m2 m3 m4]);
     P(i,j)=abs(M1-M2);
 d=[g(i-1,j-1) g(i-1,j) g(i-1,j+1) g(i,j-1) g(i,j+1)
g(i+1,j-1) g(i+1,j) g(i+1,j+1)];
 v=mean(d);
 c=abs(g(i,j)-v)/(g(i,j)+v);

C=c.^(k*(1-P(i,j)));
 if g(i,j)<=v
    g9(i,j)=v*(1-C)/(1+C);
 else
   %  f(i,j)=1-(1-v)*(1-F1)/(1+F1);
    g9(i,j)=v*(1+C)/(1-C);
 end
    end
end
q=q+1;
```

```
f9=g9*256-1;
y9=uint8(round(f9));
figure(q);
imshow(y9)
K=num2str(k);
Q9=num2str(q);
str9='新算法增强图';
g9=sprintf('%s%s%s%s%s',str0,Q9,str9,K,strext);
imwrite(y9,g9);

f10=zeros([m n]);
for i=2:m-1
    for j=2:n-1
     b=min([f9(i-1,j-1) f9(i-1,j) f9(i-1,j+1) f9(i,j-1)
f9(i,j) f9(i,j+1) f9(i+1,j-1) f9(i+1,j) f9(i+1,j+1)]);
        f10(i,j)=abs(f9(i,j)-b);
    end
end
q=q+1;
y10=uint8(round(f10));
figure(q);
imshow(y10)
Q10=num2str(q);
str10='新算法增强后边缘检测结果';
g10=sprintf('%s%s%s%s%s',str0,Q10,str10,K,strext);
imwrite(y10,g10);
end
```

%8.5 基于 GM(1,1) 幂指数动态判决的路面图像对比度增强算法

```
clear;clc;close all;
I1=imread('D:\matlab\专著算法源程序 2017\8.5\lena256.bmp');
%I1=imread('D:\matlab\专著算法源程序 2017\8.4\1 原路面图像.bmp');
figure(1);
imshow(I1);
%原图像
str0='D:\matlab\专著算法源程序 2017\8.5\A\';
str1='1 原图像';
strext='.bmp';
g1=sprintf('%s%s%s',str0,str1,strext);
```

```
imwrite(I1,g1);
[m,n]=size(I1);
f=double(I1);
f2=zeros([m n]);
for i=2:m-1
    for j=2:n-1
        b=min([f(i-1,j-1) f(i-1,j) f(i-1,j+1) f(i,j-1) f(i,j)
f(i,j+1) f(i+1,j-1) f(i+1,j) f(i+1,j+1)]);
        f2(i,j)=abs(f(i,j)-b);
    end
end
y2=uint8(round(f2));
figure(2);
imshow(y2)
str2='2 原图像边缘检测图';
g2=sprintf('%s%s%s',str0,str2,strext);
imwrite(y2,g2);
%传统对比度增强算法
f3=f;
for i=3:m-2
    for j=3:n-2
        d1=[f(i-2,j-1) f(i,j-1) f(i-1,j-2) f(i-1,j)];
        d2=[f(i-2,j) f(i,j) f(i-1,j-1) f(i-1,j+1)];
        d3=[f(i-2,j+1) f(i,j+1) f(i-1,j) f(i-1,j+2)];
        d4=[f(i-1,j-1) f(i+1,j-1) f(i,j-2) f(i,j)];
        d5=[f(i-1,j) f(i+1,j) f(i,j-1) f(i,j+1)];
        d6=[f(i-1,j+1) f(i+1,j+1) f(i,j) f(i,j+2)];
        d7=[f(i,j-1) f(i+2,j-1) f(i+1,j-2) f(i+1,j)];
        d8=[f(i,j) f(i+2,j) f(i+1,j-1) f(i+1,j+1)];
        d9=[f(i,j+1) f(i+2,j+1) f(i+1,j) f(i+1,j+2)];
        d=[d1' d2' d3' d4' d5' d6' d7' d8' d9'];
        D=mean(d);
        Q=[f(i-1,j-1) f(i-1,j) f(i-1,j+1) f(i,j-1) f(i,j)
f(i,j+1) f(i+1,j-1) f(i+1,j) f(i+1,j+1)];
        W=abs(D-Q);
        E=W*Q'/sum(W);
        c=abs((f(i,j)-E)/(f(i,j)+E));
        C=c.^0.5;
        if f(i,j)<=E
```

```
            f3(i,j)=E*(1-C)/(1+C);
        else
            f3(i,j)=E*(1+C)/(1-C);
        end
    end
end
y3=uint8(round(f3));
figure(3);
imshow(y3)
str3='3 传统对比度增强算法';
g3=sprintf('%s%s%s',str0,str3,strext);
imwrite(y3,g3);
f4=zeros([m n]);
for i=2:m-1
    for j=2:n-1
      b=min([f3(i-1,j-1) f3(i-1,j) f3(i-1,j+1) f3(i,j-1)
f3(i,j) f3(i,j+1) f3(i+1,j-1) f3(i+1,j) f3(i+1,j+1)]);
        f4(i,j)=abs(f3(i,j)-b);
    end
end
y4=uint8(round(f4));
figure(4);
imshow(y4)
str4='4 传统对比度增强后的边缘检测图';
g4=sprintf('%s%s%s',str0,str4,strext);
imwrite(y4,g4);

%李久贤等的模糊对比度增强算法
f5=f;
fmax=max(max(f5));
fmin=min(min(f5));
u=(f5-fmin)./(fmax-fmin);
u1=u;
for i=2:m-1
    for j=2:n-1
        v=mean([u(i-1,j-1) u(i-1,j) u(i-1,j+1) u(i,j-1) u(i,j)
u(i,j+1) u(i+1,j-1) u(i+1,j) u(i+1,j+1)]);
        c=abs(v-u(i,j))/(v+u(i,j));
        C=4*c-6*(c^2)+4*(c^3)-(c^4);
```

```
            if  u(i,j)<=v
                u1(i,j)=v*(1-C)/(1+C);
            else
                u1(i,j)=1-(1-v)*(1-C)/(1+C);
                % u1(i,j)=v*(1+C)/(1-C);
            end
        end
    end
end
 f5=u1*(fmax-fmin)+fmin;
y5=uint8(round(f5));
figure(5);
imshow(y5)
str5='5 李久贤等模糊增强算法';
g5=sprintf('%s%s%s',str0,str5,strext);
imwrite(y5,g5);
f6=zeros([m n]);
for i=2:m-1
    for j=2:n-1
    b=min([f5(i-1,j-1) f5(i-1,j) f5(i-1,j+1) f5(i,j-1)
f5(i,j) f5(i,j+1) f5(i+1,j-1) f5(i+1,j) f5(i+1,j+1)]);
    f6(i,j)=abs(f5(i,j)-b);
    end
end
y6=uint8(round(f6));
figure(6);
imshow(y6)
str6='6 李久贤等模糊增强后边缘检测图';
g6=sprintf('%s%s%s',str0,str6,strext);
imwrite(y6,g6);

%刘艳莉等基于灰阶熵的模糊增强算法
f7=f;
u=tan((pi/4)*f7/255);
h=zeros(m,n);
for j=2:n-1
    p1=[u(1,j-1) u(1,j) u(1,j+1)];
    pp1=p1/sum(p1);
    h(1,j)=-pp1*log(pp1');
    p2=[u(m,j-1) u(m,j) u(m,j+1)];
```

```matlab
    pp2=p2/sum(p2);
    h(m,j)=-pp2*log(pp2');
end
for i=2:m-1
    p3=[u(i-1,1) u(i,1) u(i+1,1)];
    pp3=p3/sum(p3);
    h(i,1)=-pp3*log(pp3');
    p4=[u(i-1,n) u(i,n) u(i+1,n)];
    pp4=p4/(sum(p4));
    h(i,n)=-pp4*log(pp4');
end
    p5=[u(1,1) u(1,2) u(2,1) u(2,2)];
    pp5=p5/sum(p5);
    h(1,1)=-pp5*log(pp5');
    p6=[u(1,n-1) u(1,n) u(2,n-1) u(2,n)];
    pp6=p6/sum(p6);
    h(1,n)=-pp6*log(pp6');
    p7=[u(m-1,1) u(m-1,2) u(m,1) u(m,2)];
    pp7=p7/sum(p7);
    h(m,1)=-pp7*log(pp7');
    p8=[u(m-1,n-1) u(m-1,n) u(m,n-1) u(m,n)];
    pp8=p8/sum(p8);
    h(m,n)=-pp8*log(pp8');

for i=2:m-1
    for j=2:n-1
        p0=[u(i-1,j-1) u(i-1,j) u(i-1,j+1) u(i,j-1) u(i,j)
u(i,j+1) u(i+1,j-1) u(i+1,j) u(i+1,j+1)];
        pp0=p0/sum(p0);
        h(i,j)=-pp0*log(pp0');
    end
end
hmin=min(min(h));
hmax=max(max(h));
umax=max(max(u));
e=2.3;
b1=0.5;
b2=0.7;
u1=u;
```

```
for i=2:m-1
for j=2:n-1
    v=mean([u(i-1,j-1) u(i-1,j) u(i-1,j+1) u(i,j-1) u(i,j+1)
u(i+1,j-1) u(i+1,j) u(i+1,j+1)]);
    c=abs(v-u(i,j))/(v+u(i,j));
  if h(i,j)>e
    s=(umax/u(i,j))*(b1+(b2-b1)*(h(i,j)-hmin)/(hmax-hmin));
  else
    s=b1+(b2-b1)*(h(i,j)-hmin)/(hmax-hmin);
    C=c^s;
  end

    if u(i,j)<=v
        u1(i,j)=v*(1-C)/(1+C);
    else
        u1(i,j)=v*(1+C)/(1-C);
    end
end
end
f7=4*255*atan(u1)/pi;
y7=uint8(round(f7));
figure(7);
imshow(y7)
str7='7 刘艳莉等基于灰阶熵的模糊增强算法';
g7=sprintf('%s%s%s',str0,str7,strext);
imwrite(y7,g7);
f8=zeros([m n]);
for i=2:m-1
    for j=2:n-1
    b=min([f7(i-1,j-1) f7(i-1,j) f7(i-1,j+1) f7(i,j-1)
f7(i,j) f7(i,j+1) f7(i+1,j-1) f7(i+1,j) f7(i+1,j+1)]);
    f8(i,j)=abs(f7(i,j)-b);
    end
end
y8=uint8(round(f8));
figure(8);
imshow(y8)
str8='8 刘艳莉等基于灰阶熵的模糊增强后边缘检测结果';
g8=sprintf('%s%s%s',str0,str8,strext);
```

```
imwrite(y8,g8);

%新算法增强与边缘检测
e=zeros([m n]);
for i=2:m-1
    for j=2:n-1
 xx=[f(i-1,j-1) f(i-1,j) f(i-1,j+1) f(i,j+1) f(i+1,j+1)
f(i+1,j) f(i+1,j-1) f(i,j-1) f(i,j)];
 x0=sort(xx);
 x1=[x0(1);
    x0(1)+x0(2);
    x0(1)+x0(2)+x0(3);
    x0(1)+x0(2)+x0(3)+x0(4);
    x0(1)+x0(2)+x0(3)+x0(4)+x0(5);
    x0(1)+x0(2)+x0(3)+x0(4)+x0(5)+x0(6);
    x0(1)+x0(2)+x0(3)+x0(4)+x0(5)+x0(6)+x0(7);
    x0(1)+x0(2)+x0(3)+x0(4)+x0(5)+x0(6)+x0(7)+x0(8);
    x0(1)+x0(2)+x0(3)+x0(4)+x0(5)+x0(6)+x0(7)+x0(8)+x0(9)];
 z1=0.5*[x1(1)+x1(2) x1(2)+x1(3) x1(3)+x1(4) x1(4)+x1(5)
x1(5)+x1(6) x1(6)+x1(7) x1(7)+x1(8) x1(8)+x1(9) ];
 Y=(x0(2:9))';
 B=[-z1(1) 1;
    -z1(2) 1;
    -z1(3) 1;
    -z1(4) 1;
    -z1(5) 1;
    -z1(6) 1;
    -z1(7) 1;
    -z1(8) 1];
P=pinv(B'*B)*(B')*Y;
k=[1 2 3 4 5 6 7 8];
%k=[1 2 3 4 ];
xx1=(x0(1)-P(2)/P(1))*exp(-P(1)*k)+P(2)/P(1);
xx0=[ x0(1) xx1(1)-x1(1) xx1(2)-xx1(1) xx1(3)-xx1(2)
xx1(4)-xx1(3) xx1(5)-xx1(4) xx1(6)-xx1(5) xx1(7)-xx1(6)
xx1(8)-xx1(7) ];
%xx0=[ xx1(1)-x1(1) xx1(2)-xx1(1) xx1(3)-xx1(2)
xx1(4)-xx1(3)];
xy0=x0(1:9);
```

```
    e(i,j)=mean(abs(xy0-xx0));
        end
end
e1=e(2:m-1,2:n-1);
min(min(e1));
max(max(e1));

f9=f;
q=8;
  for k=1.1:0.1:1.4
for i=2:m-1
    for j=2:n-1
        d=[f(i-1,j-1) f(i-1,j) f(i-1,j+1) f(i,j-1) f(i,j+1)
f(i+1,j-1) f(i+1,j) f(i+1,j+1)];
        v=mean(d);
        c=abs(f(i,j)-v)/(f(i,j)+v);
        p=k.^(-e(i,j));
        F1=c.^(p);
        if f(i,j)<=v
         f9(i,j)=v*(1-F1)/(1+F1);
         else
      % f9(i,j)=1-(1-v)*(1-F1)/(1+F1);
         f9(i,j)=v*(1+F1)/(1-F1);
         end
      end
end
q=q+1;
y9=uint8(round(f9));
figure(q);
imshow(y9)
K=num2str(k);
Q=num2str(q);
str9='新算法增强图';
g9=sprintf('%s%s%s%s%s',str0,Q,str9,K,strext);
imwrite(y9,g9);

f10=f;
for i=2:m-1
    for j=2:n-1
```

```
        b=min([f9(i-1,j-1) f9(i-1,j) f9(i-1,j+1) f9(i,j-1)
f9(i,j) f9(i,j+1) f9(i+1,j-1) f9(i+1,j) f9(i+1,j+1)]);
        f10(i,j)=abs(f9(i,j)-b);
    end
end

y10=uint8(round(f10));
q=q+1;
figure(q);
imshow(y10)
Q=num2str(q);
str10='新算法增强图边缘检测结果';
g10=sprintf('%s%s%s%s%s',str0,Q,str10,K,strext);
imwrite(y10,g10);
end
```

%8.6 基于离散灰色预测模型多方向边缘判决的图像对比度增强算法

```
clear;clc;close all;
I1=imread('D:\matlab\专著算法源程序 2017\8.6\lena256.bmp');
%I1=imread('D:\matlab\专著算法源程序 2017\8.6\1 原路面图像.bmp');
figure(1);
imshow(I1);
%原图像
str0='D:\matlab\专著算法源程序 2017\8.6\A\';
str1='1 原图像';
strext='.bmp';
g1=sprintf('%s%s%s',str0,str1,strext);
imwrite(I1,g1);
[m,n]=size(I1);
f=double(I1);
f2=zeros([m n]);
for i=2:m-1
    for j=2:n-1
        b=min([f(i-1,j-1) f(i-1,j) f(i-1,j+1) f(i,j-1) f(i,j)
f(i,j+1) f(i+1,j-1) f(i+1,j) f(i+1,j+1)]);
        f2(i,j)=abs(f(i,j)-b);
    end
end
y2=uint8(round(f2));
```

```
figure(2);
imshow(y2)
str2='2 原图像边缘检测图';
g2=sprintf('%s%s%s',str0,str2,strext);
imwrite(y2,g2);
%传统对比度增强算法
f3=f;
for i=3:m-2
    for j=3:n-2
        d1=[f(i-2,j-1) f(i,j-1) f(i-1,j-2) f(i-1,j)];
        d2=[f(i-2,j) f(i,j) f(i-1,j-1) f(i-1,j+1)];
        d3=[f(i-2,j+1) f(i,j+1) f(i-1,j) f(i-1,j+2)];
        d4=[f(i-1,j-1) f(i+1,j-1) f(i,j-2) f(i,j)];
        d5=[f(i-1,j) f(i+1,j) f(i,j-1) f(i,j+1)];
        d6=[f(i-1,j+1) f(i+1,j+1) f(i,j) f(i,j+2)];
        d7=[f(i,j-1) f(i+2,j-1) f(i+1,j-2) f(i+1,j)];
        d8=[f(i,j) f(i+2,j) f(i+1,j-1) f(i+1,j+1)];
        d9=[f(i,j+1) f(i+2,j+1) f(i+1,j) f(i+1,j+2)];
        d=[d1' d2' d3' d4' d5' d6' d7' d8' d9'];
        D=mean(d);
        Q=[f(i-1,j-1) f(i-1,j) f(i-1,j+1) f(i,j-1) f(i,j)
f(i,j+1) f(i+1,j-1) f(i+1,j) f(i+1,j+1)];
        W=abs(D-Q);
        E=W*Q'/sum(W);
         c=abs((f(i,j)-E)/(f(i,j)+E));
         C=c.^0.5;
        if f(i,j)<=E
        f3(i,j)=E*(1-C)/(1+C);
        else
        f3(i,j)=E*(1+C)/(1-C);
        end
    end
end
y3=uint8(round(f3));
figure(3);
imshow(y3)
str3='3 传统对比度增强算法';
g3=sprintf('%s%s%s',str0,str3,strext);
imwrite(y3,g3);
```

```matlab
f4=zeros([m n]);
for i=2:m-1
    for j=2:n-1
    b=min([f3(i-1,j-1) f3(i-1,j) f3(i-1,j+1) f3(i,j-1)
f3(i,j) f3(i,j+1) f3(i+1,j-1) f3(i+1,j) f3(i+1,j+1)]);
        f4(i,j)=abs(f3(i,j)-b);
    end
end
y4=uint8(round(f4));
figure(4);
imshow(y4)
str4='4 传统对比度增强后的边缘检测图';
g4=sprintf('%s%s%s',str0,str4,strext);
imwrite(y4,g4);

%李久贤等的模糊对比度增强算法
f5=f;
fmax=max(max(f5));
fmin=min(min(f5));
u=(f5-fmin)./(fmax-fmin);
u1=u;
for i=2:m-1
    for j=2:n-1
        v=mean([u(i-1,j-1) u(i-1,j) u(i-1,j+1) u(i,j-1) u(i,j)
u(i,j+1) u(i+1,j-1) u(i+1,j) u(i+1,j+1)]);
        c=abs(v-u(i,j))/(v+u(i,j));
        C=4*c-6*(c^2)+4*(c^3)-(c^4);
        if u(i,j)<=v
            u1(i,j)=v*(1-C)/(1+C);
        else
            u1(i,j)=1-(1-v)*(1-C)/(1+C);
            % u1(i,j)=v*(1+C)/(1-C);
        end
    end
end
 f5=u1*(fmax-fmin)+fmin;
y5=uint8(round(f5));
figure(5);
imshow(y5)
```

```
str5='5 李久贤等模糊增强算法';
g5=sprintf('%s%s%s',str0,str5,strext);
imwrite(y5,g5);
f6=zeros([m n]);
for i=2:m-1
    for j=2:n-1
     b=min([f5(i-1,j-1) f5(i-1,j) f5(i-1,j+1) f5(i,j-1)
f5(i,j) f5(i,j+1) f5(i+1,j-1) f5(i+1,j) f5(i+1,j+1)]);
      f6(i,j)=abs(f5(i,j)-b);
    end
end
y6=uint8(round(f6));
figure(6);
imshow(y6)
str6='6 李久贤等模糊增强后边缘检测图';
g6=sprintf('%s%s%s',str0,str6,strext);
imwrite(y6,g6);

%刘艳莉等基于灰阶熵的模糊增强算法
f7=f;
u=tan((pi/4)*f7/255);
h=zeros(m,n);
for j=2:n-1
    p1=[u(1,j-1) u(1,j) u(1,j+1)];
    pp1=p1/sum(p1);
    h(1,j)=-pp1*log(pp1');
    p2=[u(m,j-1) u(m,j) u(m,j+1)];
    pp2=p2/sum(p2);
    h(m,j)=-pp2*log(pp2');
end
for i=2:m-1
    p3=[u(i-1,1) u(i,1) u(i+1,1)];
    pp3=p3/sum(p3);
    h(i,1)=-pp3*log(pp3');
    p4=[u(i-1,n) u(i,n) u(i+1,n)];
    pp4=p4/(sum(p4));
    h(i,n)=-pp4*log(pp4');
end
    p5=[u(1,1) u(1,2) u(2,1) u(2,2)];
```

```
    pp5=p5/sum(p5);
    h(1,1)=-pp5*log(pp5');
    p6=[u(1,n-1) u(1,n) u(2,n-1) u(2,n)];
    pp6=p6/sum(p6);
    h(1,n)=-pp6*log(pp6');
    p7=[u(m-1,1) u(m-1,2) u(m,1) u(m,2)];
    pp7=p7/sum(p7);
    h(m,1)=-pp7*log(pp7');
    p8=[u(m-1,n-1) u(m-1,n) u(m,n-1) u(m,n)];
    pp8=p8/sum(p8);
    h(m,n)=-pp8*log(pp8');

for i=2:m-1
    for j=2:n-1
        p0=[u(i-1,j-1) u(i-1,j) u(i-1,j+1) u(i,j-1) u(i,j)
u(i,j+1) u(i+1,j-1) u(i+1,j) u(i+1,j+1)];
            pp0=p0/sum(p0);
            h(i,j)=-pp0*log(pp0');
    end
end
hmin=min(min(h));
hmax=max(max(h));
umax=max(max(u));
e=2.3;
b1=0.5;
b2=0.7;
u1=u;
for i=2:m-1
for j=2:n-1
    v=mean([u(i-1,j-1) u(i-1,j) u(i-1,j+1) u(i,j-1) u(i,j+1)
u(i+1,j-1) u(i+1,j) u(i+1,j+1)]);
    c=abs(v-u(i,j))/(v+u(i,j));
  if h(i,j)>e
    s=(umax/u(i,j))*(b1+(b2-b1)*(h(i,j)-hmin)/(hmax-hmin));
  else
    s=b1+(b2-b1)*(h(i,j)-hmin)/(hmax-hmin);
    C=c^s;
  end
```

```
        if u(i,j)<=v
            u1(i,j)=v*(1-C)/(1+C);
        else
            u1(i,j)=v*(1+C)/(1-C);
        end
    end
end
f7=4*255*atan(u1)/pi;
y7=uint8(round(f7));
figure(7);
imshow(y7)
str7='7 刘艳莉等基于灰阶熵的模糊增强算法';
g7=sprintf('%s%s%s',str0,str7,strext);
imwrite(y7,g7);
f8=zeros([m n]);
for i=2:m-1
    for j=2:n-1
     b=min([f7(i-1,j-1) f7(i-1,j) f7(i-1,j+1) f7(i,j-1)
f7(i,j) f7(i,j+1) f7(i+1,j-1) f7(i+1,j) f7(i+1,j+1)]);
        f8(i,j)=abs(f7(i,j)-b);
    end
end
y8=uint8(round(f8));
figure(8);
imshow(y8)
str8='8 刘艳莉等基于灰阶熵的模糊增强后边缘检测结果';
g8=sprintf('%s%s%s',str0,str8,strext);
imwrite(y8,g8);

%改进的灰色预测增强
t=zeros([m,n]);
for i=2:m-1
    for j=2:n-1
        p1=mean([f(i-1,j-1) f(i-1,j) f(i-1,j+1) f(i,j-1)
f(i,j+1) f(i+1,j-1) f(i+1,j) f(i+1,j+1)]);
        t(i,j)=abs(p1-f(i,j))/(p1+f(i,j));
    end
end
for i=2:m-1
```

```
   p2=mean([f(i-1,1) f(i+1,1)]);
    t(i,1)=abs(p2-f(i,1))/(p2+f(i,1));
  p3=mean([f(i-1,n) f(i+1,n)]);
    t(i,n)=abs(p3-f(i,n))/(p3+f(i,n));
end
for j=2:n-1
   p4=mean([f(1,j-1) f(1,j+1)]);
    t(1,j)=abs(p4-f(1,j))/(p4+f(1,j));
   p5=mean([f(m,j-1) f(m,j+1)]);
    t(m,j)=abs(p5-f(m,j))/(p5+f(m,j));
end
p6=mean([f(1,2) f(2,1)]);
t(1,1)=abs(p6-f(1,1))/(p6+f(1,1));
p7=mean([f(1,n-1) f(2,n)]);
t(1,n)=abs(p7-f(1,n))/(p7+f(1,n));
p8=mean([f(m-1,1) f(m,2)]);
t(m,1)=abs(p8-f(m,1))/(p8+f(m,1));
p9=mean([f(m-1,n) f(m,n-1)]);
t(m,n)=abs(p9-f(m,n))/(p9+f(m,n));

f9=f;
s=zeros(m,n);
q=8;
for k=0.001:0.002:0.01
    for i=2:m-1
    for j=2:n-1
        p1=[f(i-1,j-1) f(i,j) f(i+1,j+1)];
        p2=[f(i-1,j) f(i,j) f(i+1,j)];
        p3=[f(i-1,j+1) f(i,j) t(i+1,j-1)];
        p4=[f(i,j+1) f(i,j) f(i,j-1)];
        p5=[f(i+1,j+1) f(i,j) f(i-1,j-1)];
        p6=[f(i+1,j) f(i,j) f(i-1,j)];
        p7=[f(i+1,j-1) f(i,j) t(i-1,j+1)];
        p8=[f(i,j-1) f(i,j) f(i,j+1)];

        x01=[p1(1) 0.5*(p1(1)+p1(2)) p1(2) 0.5*(p1(2)+p1(3)) p1(3)];
        x02=[p2(1) 0.5*(p2(1)+p2(2)) p2(2) 0.5*(p2(2)+p2(3)) p2(3)];
        x03=[p3(1) 0.5*(p3(1)+p3(2)) p3(2) 0.5*(p3(2)+p3(3)) p3(3)];
        x04=[p4(1) 0.5*(p4(1)+p4(2)) p4(2) 0.5*(p4(2)+p4(3)) p4(3)];
```

```
      x05=[p5(1) 0.5*(p5(1)+p5(2)) p5(2) 0.5*(p5(2)+p5(3)) p5(3)];
      x06=[p6(1) 0.5*(p6(1)+p6(2)) p6(2) 0.5*(p6(2)+p6(3)) p6(3)];
      x07=[p7(1) 0.5*(p7(1)+p7(2)) p7(2) 0.5*(p7(2)+p7(3)) p7(3)];
      x08=[p8(1) 0.5*(p8(1)+p8(2)) p8(2) 0.5*(p8(2)+p8(3)) p8(3)];

      x11=[x01(1);x01(1)+x01(2);x01(1)+x01(2)+x01(3);x01(1)+
   x01(2)+x01(3)+x01(4);x01(1)+x01(2)+x01(3)+x01(4)+x01(5)];
      x12=[x02(1);x02(1)+x02(2);x02(1)+x02(2)+x02(3);x02(1)
   +x02(2)+x02(3)+x02(4);x02(1)+x02(2)+x02(3)+x02(4)+x02(5)];
      x13=[x03(1);x03(1)+x03(2);x03(1)+x03(2)+x03(3);x03(1)
   +x03(2)+x03(3)+x03(4);x03(1)+x03(2)+x03(3)+x03(4)+x03(5)];
      x14=[x04(1);x04(1)+x04(2);x04(1)+x04(2)+x04(3);x04(1)
   +x04(2)+x04(3)+x04(4);x04(1)+x04(2)+x04(3)+x04(4)+x04(5)];
      x15=[x05(1);x05(1)+x05(2);x05(1)+x05(2)+x05(3);x05(1)
   +x05(2)+x05(3)+x05(4);x05(1)+x05(2)+x05(3)+x05(4)+x05(5)];
      x16=[x06(1);x06(1)+x06(2);x06(1)+x06(2)+x06(3);x06(1)
   +x06(2)+x06(3)+x06(4);x06(1)+x06(2)+x06(3)+x06(4)+x06(5)];
      x17=[x07(1);x07(1)+x07(2);x07(1)+x07(2)+x07(3);x07(1)
   +x07(2)+x07(3)+x07(4);x07(1)+x07(2)+x07(3)+x07(4)+x07(5)];
      x18=[x08(1);x08(1)+x08(2);x08(1)+x08(2)+x08(3);x08(1)
   +x08(2)+x08(3)+x08(4);x08(1)+x08(2)+x08(3)+x08(4)+x08(5)];
      Y1=[x11(2)  x11(3)  x11(4)  x11(5)]';
      Y2=[x12(2)  x12(3)  x12(4)  x12(5)]';
      Y3=[x13(2)  x13(3)  x13(4)  x13(5)]';
      Y4=[x14(2)  x14(3)  x14(4)  x14(5)]';
      Y5=[x15(2)  x15(3)  x15(4)  x15(5)]';
      Y6=[x16(2)  x16(3)  x16(4)  x16(5)]';
      Y7=[x17(2)  x17(3)  x17(4)  x17(5)]';
      Y8=[x18(2)  x18(3)  x18(4)  x18(5)]';
      B1=[x11(1)  1;
          x11(2)  1;
          x11(3)  1;
          x11(4)  1];
      B2=[x12(1)  1;
          x12(2)  1;
          x12(3)  1;
          x12(4)  1];
      B3=[x13(1)  1;
          x13(2)  1;
```

```
         x13(3) 1;
         x13(4) 1];
     B4=[x14(1) 1;
         x14(2) 1;
         x14(3) 1;
         x14(4) 1];
     B5=[x15(1) 1;
         x15(2) 1;
         x15(3) 1;
         x15(4) 1];
     B6=[x16(1) 1;
         x16(2) 1;
         x16(3) 1;
         x16(4) 1];
     B7=[x17(1) 1;
         x17(2) 1;
         x17(3) 1;
         x17(4) 1];
     B8=[x18(1) 1;
         x18(2) 1;
         x18(3) 1;
         x18(4) 1];
b1=pinv(B1'*B1)*B1'*Y1;
b2=pinv(B2'*B2)*B2'*Y2;
b3=pinv(B3'*B3)*B3'*Y3;
b4=pinv(B4'*B4)*B4'*Y4;
b5=pinv(B5'*B5)*B5'*Y5;
b6=pinv(B6'*B6)*B6'*Y6;
b7=pinv(B7'*B7)*B7'*Y7;
b8=pinv(B8'*B8)*B8'*Y8;

%第1组
xx11(4)=b1(1)*x11(3)+b1(2);
xx11(5)=b1(1)*xx11(4)+b1(2);
xx01(5)=xx11(5)-xx11(4);
xx11(2)=(1/b1(1))*x11(3)-b1(2)/b1(1);
xx11(1)=(1/b1(1))*xx11(2)-b1(2)/b1(1);
xx01(1)=xx11(1);
e1=0.5*(abs(x01(1)-xx01(1))+abs(x01(5)-xx01(5)));
```

```
%第 2 组
xx12(4)=b2(1)*x12(3)+b2(2);
xx12(5)=b2(1)*xx12(4)+b2(2);
xx02(5)=xx12(5)-xx12(4);
xx12(2)=(1/b2(1))*x12(3)-b2(2)/b2(1);
xx12(1)=(1/b2(1))*xx12(2)-b2(2)/b2(1);
xx02(1)=xx12(1);
e2=0.5*(abs(x02(1)-xx02(1))+abs(x02(5)-xx02(5)));
%第 3 组
xx13(4)=b3(1)*x13(3)+b3(2);
xx13(5)=b3(1)*xx13(4)+b3(2);
xx03(5)=xx13(5)-xx13(4);
xx13(2)=(1/b3(1))*x13(3)-b3(2)/b3(1);
xx13(1)=(1/b3(1))*xx13(2)-b3(2)/b3(1);
xx03(1)=xx13(1);
e3=0.5*(abs(x03(1)-xx03(1))+abs(x03(5)-xx03(5)));
%第 4 组
xx14(4)=b4(1)*x14(3)+b4(2);
xx14(5)=b4(1)*xx14(4)+b4(2);
xx04(5)=xx14(5)-xx14(4);
xx14(2)=(1/b4(1))*x14(3)-b4(2)/b4(1);
xx14(1)=(1/b4(1))*xx14(2)-b4(2)/b4(1);
xx04(1)=xx14(1);
e4=0.5*(abs(x04(1)-xx04(1))+abs(x04(5)-xx04(5)));
%第 5 组
xx15(4)=b5(1)*x15(3)+b5(2);
xx15(5)=b5(1)*xx15(4)+b5(2);
xx05(5)=xx15(5)-xx15(4);
xx15(2)=(1/b5(1))*x15(3)-b5(2)/b5(1);
xx15(1)=(1/b5(1))*xx15(2)-b5(2)/b5(1);
xx05(1)=xx15(1);
e5=0.5*(abs(x05(1)-xx05(1))+abs(x05(5)-xx05(5)));
%第 6 组
xx16(4)=b6(1)*x16(3)+b6(2);
xx16(5)=b6(1)*xx16(4)+b6(2);
xx06(5)=xx16(5)-xx16(4);
xx16(2)=(1/b6(1))*x16(3)-b6(2)/b6(1);
xx16(1)=(1/b6(1))*xx16(2)-b6(2)/b6(1);
xx06(1)=xx16(1);
```

```
    e6=0.5*(abs(x06(1)-xx06(1))+abs(x06(5)-xx06(5)));
  %第 7 组
    xx17(4)=b7(1)*x17(3)+b7(2);
    xx17(5)=b7(1)*xx17(4)+b7(2);
    xx07(5)=xx17(5)-xx17(4);
    xx17(2)=(1/b7(1))*x17(3)-b7(2)/b7(1);
    xx17(1)=(1/b7(1))*xx17(2)-b7(2)/b7(1);
    xx07(1)=xx17(1);
    e7=0.5*(abs(x07(1)-xx07(1))+abs(x07(5)-xx07(5)));
  %第 8 组
    xx18(4)=b8(1)*x18(3)+b8(2);
    xx18(5)=b8(1)*xx18(4)+b8(2);
    xx08(5)=xx18(5)-xx18(4);
    xx18(2)=(1/b8(1))*x18(3)-b8(2)/b8(1);
    xx18(1)=(1/b8(1))*xx18(2)-b8(2)/b8(1);
    xx08(1)=xx18(1);
    e8=0.5*(abs(x08(1)-xx08(1))+abs(x08(5)-xx08(5)));
     g=[e1 e2 e3 e4 e5 e6 e7 e8];
     s(i,j)=k*(max(g)-min(g));
     v=mean([f(i-1,j-1) f(i-1,j) f(i-1,j+1) f(i,j-1) f(i,j)
f(i,j+1) f(i+1,j+1) f(i+1,j) f(i+1,j+1)]);
    c=abs(f(i,j)-v)/(f(i,j)+v);
    C=log(1+s(i,j)*c)/log(1+s(i,j));
     if f(i,j)>v
        f9(i,j)=((1+C)/(1-C))*v;
     else
        f9(i,j)=((1-C)/(1+C))*v;
     end
   end
end


y9=uint8(round(f9));
q=q+1;
figure(q);
imshow(y9);

h=num2str(k);
w=num2str(q);
str9='灰色预测对比度增强结果';
```

```
g9=sprintf('%s%s%s%s%s%s',str0,w,str9,h,strext);
imwrite(y9,g9);

f10=f;
  for i=2:m-1
    for j=2:n-1
     b=min([f9(i-1,j-1) f9(i-1,j) f9(i-1,j+1) f9(i,j-1)
f9(i,j) f9(i,j+1) f9(i+1,j-1) f9(i+1,j) f9(i+1,j+1)]);
     f10(i,j)=abs(f9(i,j)-b);
    end
  end
y10=uint8(round(f10));
q=q+1;
figure(q);
imshow(y10)
str10='灰色预测对比度增强边缘检测结果';
w=num2str(q);
g10=sprintf('%s%s%s%s%s%s',str0,w,str10,h,strext);
imwrite(y10,g10);
end
```

%8.7 基于邻域向心预测的路面图像对比度增强算法

```
clear;clc;close all;
I1=imread('D:\matlab\专著算法源程序 2017\8.7\lena256.bmp');
%I1=imread('D:\matlab\专著算法源程序 2017\8.7\1 原路面图像.bmp');
figure(1);
imshow(I1);
%原图像
str0='D:\matlab\专著算法源程序 2017\8.7\A\';
str1='1 原图像';
strext='.bmp';
g1=sprintf('%s%s%s',str0,str1,strext);
imwrite(I1,g1);
[m,n]=size(I1);
f=double(I1);
f2=zeros([m n]);
for i=2:m-1
    for j=2:n-1
        b=min([f(i-1,j-1) f(i-1,j) f(i-1,j+1) f(i,j-1) f(i,j)
```

```
f(i,j+1) f(i+1,j-1) f(i+1,j) f(i+1,j+1)]);
        f2(i,j)=abs(f(i,j)-b);
    end
end
y2=uint8(round(f2));
figure(2);
imshow(y2)
str2='2原图像边缘检测图';
g2=sprintf('%s%s%s',str0,str2,strext);
imwrite(y2,g2);
%传统对比度增强算法
f3=f;
for i=3:m-2
    for j=3:n-2
        d1=[f(i-2,j-1) f(i,j-1) f(i-1,j-2) f(i-1,j)];
        d2=[f(i-2,j) f(i,j) f(i-1,j-1) f(i-1,j+1)];
        d3=[f(i-2,j+1) f(i,j+1) f(i-1,j) f(i-1,j+2)];
        d4=[f(i-1,j-1) f(i+1,j-1) f(i,j-2) f(i,j)];
        d5=[f(i-1,j) f(i+1,j) f(i,j-1) f(i,j+1)];
        d6=[f(i-1,j+1) f(i+1,j+1) f(i,j) f(i,j+2)];
        d7=[f(i,j-1) f(i+2,j-1) f(i+1,j-2) f(i+1,j)];
        d8=[f(i,j) f(i+2,j) f(i+1,j-1) f(i+1,j+1)];
        d9=[f(i,j+1) f(i+2,j+1) f(i+1,j) f(i+1,j+2)];
        d=[d1' d2' d3' d4' d5' d6' d7' d8' d9'];
        D=mean(d);
        Q=[f(i-1,j-1) f(i-1,j) f(i-1,j+1) f(i,j-1) f(i,j) f(i,j+1)
f(i+1,j-1) f(i+1,j) f(i+1,j+1)];
        W=abs(D-Q);
        E=W*Q'/sum(W);
        c=abs((f(i,j)-E)/(f(i,j)+E));
        C=c.^0.5;
        if f(i,j)<=E
        f3(i,j)=E*(1-C)/(1+C);
        else
        f3(i,j)=E*(1+C)/(1-C);
        end
    end
end
y3=uint8(round(f3));
```

```
figure(3);
imshow(y3)
str3='3 传统对比度增强算法';
g3=sprintf('%s%s%s',str0,str3,strext);
imwrite(y3,g3);
f4=zeros([m n]);
for i=2:m-1
    for j=2:n-1
     b=min([f3(i-1,j-1) f3(i-1,j) f3(i-1,j+1) f3(i,j-1) f3(i,j)
f3(i,j+1) f3(i+1,j-1) f3(i+1,j) f3(i+1,j+1)]);
     f4(i,j)=abs(f3(i,j)-b);
    end
end
y4=uint8(round(f4));
figure(4);
imshow(y4)
str4='4 传统对比度增强后的边缘检测图';
g4=sprintf('%s%s%s',str0,str4,strext);
imwrite(y4,g4);

%李久贤等的模糊对比度增强算法
f5=f;
fmax=max(max(f5));
fmin=min(min(f5));
u=(f5-fmin)./(fmax-fmin);
u1=u;
for i=2:m-1
    for j=2:n-1
        v=mean([u(i-1,j-1) u(i-1,j) u(i-1,j+1) u(i,j-1) u(i,j) u(i,j+1)
u(i+1,j-1) u(i+1,j) u(i+1,j+1)]);
        c=abs(v-u(i,j))/(v+u(i,j));
        C=4*c-6*(c^2)+4*(c^3)-(c^4);
        if u(i,j)<=v
            u1(i,j)=v*(1-C)/(1+C);
        else
            u1(i,j)=1-(1-v)*(1-C)/(1+C);
          % u1(i,j)=v*(1+C)/(1-C);
        end
    end
```

```
end
 f5=u1*(fmax-fmin)+fmin;
y5=uint8(round(f5));
figure(5);
imshow(y5)
str5='5 李久贤等模糊增强算法';
g5=sprintf('%s%s%s',str0,str5,strext);
imwrite(y5,g5);
f6=zeros([m n]);
for i=2:m-1
    for j=2:n-1
     b=min([f5(i-1,j-1) f5(i-1,j) f5(i-1,j+1) f5(i,j-1) f5(i,j)
f5(i,j+1) f5(i+1,j-1) f5(i+1,j) f5(i+1,j+1)]);
     f6(i,j)=abs(f5(i,j)-b);
    end
end
y6=uint8(round(f6));
figure(6);
imshow(y6)
str6='6 李久贤等模糊增强后边缘检测图';
g6=sprintf('%s%s%s',str0,str6,strext);
imwrite(y6,g6);

%李刚等的模糊对比度增强算法
f7=f;
fmax=max(max(f7));
fmin=min(min(f7));
u=(f7-fmin)./(fmax-fmin);
u1=u;
for i=2:m-1
    for j=2:n-1
        v=mean([u(i-1,j-1) u(i-1,j) u(i-1,j+1) u(i,j-1) u(i,j+1)
u(i+1,j-1) u(i+1,j) u(i+1,j+1)]);
        c=abs(v-u(i,j))/v;
        C=4*c-6*(c^2)+4*(c^3)-(c^4);
        if u(i,j)<=v
            u1(i,j)=v*(1-C);
        else
            u1(i,j)=1-(1-v)*(1-C);
```

```
%  u1(i,j)=v*(1+C)/(1-C);
        end
    end
end
 f7=u1*(fmax-fmin)+fmin;
y7=uint8(round(f7));
figure(7);
imshow(y7)
str7='7 李刚等模糊增强算法';
g7=sprintf('%s%s%s',str0,str7,strext);
imwrite(y7,g7);
f8=zeros([m n]);
for i=2:m-1
    for j=2:n-1
    b=min([f7(i-1,j-1) f7(i-1,j) f7(i-1,j+1) f7(i,j-1) f7(i,j)
f7(i,j+1) f7(i+1,j-1) f7(i+1,j) f7(i+1,j+1)]);
    f8(i,j)=abs(f7(i,j)-b);
    end
end
y8=uint8(round(f8));
figure(8);
imshow(y8)
str8='8 李刚等模糊增强后边缘检测图';
g8=sprintf('%s%s%s',str0,str8,strext);
imwrite(y8,g8);


%刘艳莉等基于灰阶熵的模糊增强算法
f9=f;
u=tan((pi/4)*f9/255);
h=zeros(m,n);
for j=2:n-1
    p1=[u(1,j-1) u(1,j) u(1,j+1)];
    pp1=p1/sum(p1);
    h(1,j)=-pp1*log(pp1');
    p2=[u(m,j-1) u(m,j) u(m,j+1)];
    pp2=p2/sum(p2);
    h(m,j)=-pp2*log(pp2');
end
for i=2:m-1
```

```
        p3=[u(i-1,1) u(i,1) u(i+1,1)];
        pp3=p3/sum(p3);
        h(i,1)=-pp3*log(pp3');
        p4=[u(i-1,n) u(i,n) u(i+1,n)];
        pp4=p4/(sum(p4));
        h(i,n)=-pp4*log(pp4');
end
        p5=[u(1,1) u(1,2) u(2,1) u(2,2)];
        pp5=p5/sum(p5);
        h(1,1)=-pp5*log(pp5');
        p6=[u(1,n-1) u(1,n) u(2,n-1) u(2,n)];
        pp6=p6/sum(p6);
        h(1,n)=-pp6*log(pp6');
        p7=[u(m-1,1) u(m-1,2) u(m,1) u(m,2)];
        pp7=p7/sum(p7);
        h(m,1)=-pp7*log(pp7');
        p8=[u(m-1,n-1) u(m-1,n) u(m,n-1) u(m,n)];
        pp8=p8/sum(p8);
        h(m,n)=-pp8*log(pp8');

for i=2:m-1
    for j=2:n-1
        p0=[u(i-1,j-1) u(i-1,j) u(i-1,j+1) u(i,j-1) u(i,j) u(i,j+1)
u(i+1,j-1) u(i+1,j) u(i+1,j+1)];
            pp0=p0/sum(p0);
            h(i,j)=-pp0*log(pp0');
    end
end
hmin=min(min(h));
hmax=max(max(h));
umax=max(max(u));
e=2.3;
b1=0.5;
b2=0.7;
u1=u;
for i=2:m-1
for j=2:n-1
    v=mean([u(i-1,j-1) u(i-1,j) u(i-1,j+1) u(i,j-1) u(i,j+1)
u(i+1,j-1) u(i+1,j) u(i+1,j+1)]);
```

```
        c=abs(v-u(i,j))/(v+u(i,j));
    if h(i,j)>e
        s=(umax/u(i,j))*(b1+(b2-b1)*(h(i,j)-hmin)/(hmax-hmin));
    else
        s=b1+(b2-b1)*(h(i,j)-hmin)/(hmax-hmin);
        C=c^s;
    end

    if u(i,j)<=v
        u1(i,j)=v*(1-C)/(1+C);
    else
        u1(i,j)=v*(1+C)/(1-C);
    end
    end
end
f9=4*255*atan(u1)/pi;
y9=uint8(round(f9));
figure(9);
imshow(y9)
str9='9 刘艳莉等基于灰阶熵的模糊增强算法';
g9=sprintf('%s%s%s',str0,str9,strext);
imwrite(y9,g9);
f10=zeros([m n]);
for i=2:m-1
    for j=2:n-1
     b=min([f9(i-1,j-1) f9(i-1,j) f9(i-1,j+1) f9(i,j-1) f9(i,j)
f9(i,j+1) f9(i+1,j-1) f9(i+1,j) f9(i+1,j+1)]);
        f10(i,j)=abs(f9(i,j)-b);
    end
end
y10=uint8(round(f10));
figure(10);
imshow(y10)
str10='10 刘艳莉等基于灰阶熵的模糊增强后边缘检测结果';
g10=sprintf('%s%s%s',str0,str10,strext);
imwrite(y10,g10);

%离散灰色增强算法
t=zeros([m,n]);
```

```
for i=2:m-1
    for j=2:n-1
        p1=mean([f(i-1,j-1) f(i-1,j) f(i-1,j+1) f(i,j-1) f(i,j)
f(i,j+1) f(i+1,j-1) f(i+1,j) f(i+1,j+1)]);
        t(i,j)=abs(p1-f(i,j));
    end
end
for i=2:m-1
  p2=mean([f(i-1,1) f(i,1) f(i+1,1)]);
    t(i,1)=abs(p2-f(i,1));
  p3=mean([f(i-1,n) f(i,n) f(i+1,n)]);
    t(i,n)=abs(p3-f(i,n));
end
for j=2:n-1
    p4=mean([f(1,j-1) f(1,j) f(1,j+1)]);
    t(1,j)=abs(p4-f(1,j));
    p5=mean([f(m,j-1) f(m,j) f(m,j+1)]);
    t(m,j)=abs(p5-f(m,j));
end
p6=mean([f(1,2) f(1,1) f(2,1)]);
t(1,1)=abs(p6-f(1,1));
p7=mean([f(1,n-1) f(1,n) f(2,n)]);
t(1,n)=abs(p7-f(1,n));
p8=mean([f(m-1,1) f(m,1) f(m,2)]);
t(m,1)=abs(p8-f(m,1));
p9=mean([f(m-1,n) f(m,n) f(m,n-1)]);
t(m,n)=abs(p9-f(m,n));

f11=f;
for i=3:m-2
    for j=3:n-2
        w1=[t(i,j+2) t(i,j+1) t(i,j)];
        w2=[t(i+2,j+2) t(i+1,j+1) t(i,j)];
        w3=[t(i+2,j) t(i+1,j) t(i,j)];
        w4=[t(i+2,j-2) t(i+1,j-1) t(i,j)];
        w5=[t(i,j-2) t(i,j-1) t(i,j)];
        w6=[t(i-2,j-2) t(i-1,j-1) t(i,j)];
        w7=[t(i-2,j) t(i-1,j) t(i,j)];
        w8=[t(i-2,j+2) t(i-1,j+1) t(i,j)];
```

```
        g1=1/(1+abs(w1(1)-w1(2)))+1/(1+abs(w1(2)-w1(3)));
        g2=1/(1+abs(w2(1)-w2(2)))+1/(1+abs(w2(2)-w2(3)));
        g3=1/(1+abs(w3(1)-w3(2)))+1/(1+abs(w3(2)-w3(3)));
        g4=1/(1+abs(w4(1)-w4(2)))+1/(1+abs(w4(2)-w4(3)));
        g5=1/(1+abs(w5(1)-w5(2)))+1/(1+abs(w5(2)-w5(3)));
        g6=1/(1+abs(w6(1)-w6(2)))+1/(1+abs(w6(2)-w6(3)));
        g7=1/(1+abs(w7(1)-w7(2)))+1/(1+abs(w7(2)-w7(3)));
        g8=1/(1+abs(w8(1)-w8(2)))+1/(1+abs(w8(2)-w8(3)));
        gg=[g1 g2 g3 g4 g5 g6 g7 g8];
        [u1,u2]=max(gg);
        ff=[w1;w2; w3; w4; w5; w6; w7; w8];
       x=ff(u2,:);
       x0=[x(1) 0.5*(x(1)+x(2)) x(2) 0.5*(x(2)+x(3)) x(3)];
       x1=[x0(1) x0(1)+x0(2) x0(1)+x0(2)+x0(3) x0(1)+x0(2)+x0(3)
+x0(4) x0(1)+x0(2)+x0(3)+x0(4)+x0(5)];
       Y=[x1(2) x1(3) x1(4) x1(5)]';
       B=[x1(1) 1;x1(2) 1;x1(3) 1;x1(4) 1];
       b=(pinv(B'*B))*B'*Y;

       xx1(5)=x1(5);
       xx1(6)=b(1)*xx1(5)+b(2);

       v=mean([f(i-1,j-1) f(i-1,j) f(i-1,j+1) f(i,j-1) f(i,j+1) f(i+1,
j-1) f(i+1,j) f(i+1,j+1)]);
       if f(i,j)<v
           f11(i,j)=f(i,j)-xx1(6);
       else
           f11(i,j)=f(i,j)+xx1(6);
       end
    end
end

y11=uint8(round(f11));
figure(11);
imshow(y11);
str11='11 灰色预测对比度增强结果';
g11=sprintf('%s%s%s',str0,str11,strext);
imwrite(y11,g11);
 f12=f;
```

```
    for i=2:m-1
      for j=2:n-1
        b=min([f11(i-1,j-1) f11(i-1,j) f11(i-1,j+1) f11(i,j-1)
f11(i,j) f11(i,j+1) f11(i+1,j-1) f11(i+1,j) f11(i+1,j+1)]);
        f12(i,j)=abs(f11(i,j)-b);
      end
    end
y12=uint8(round(f12));
figure(12);
imshow(y12)
str12='12 灰色预测对比度增强边缘检测结果';
g12=sprintf('%s%s%s',str0,str12,strext);
imwrite(y12,g12);
```